정통한 부대/자원관리체계

안태호 · 이영구 著

도서출판 진 영 사

정통한 부대/자원관리체계

안태호 · 이영구 著

2012년 6월 13일 초판 인쇄
2012년 6월 15일 초판 발행
2016년 2월 25일 초판2쇄 발행

발행인 박 진 영
발행처 도서출판 진영사
인천광역시 부평구 갈산동 35-3번지
전화 : 032)505-4207
팩스 : 032)505-4206
E-mail : 0183734207@hanmail.net
등록 : 122-91-77317

ISBN 978-89-6541-086-7 93390
값 20,000원

교재를 발간하면서

투철한 국가관과 국가안보를 책임질 군 초급간부의 부대관리 및 자원관리 교육을 통해 사고를 미연에 예방하고 정통한 부대관리능력을 향상시키어 부대전투력을 극대화하기 위하여 발간하였다.

특히 이번에 이 교재를 발간하게 된 데는 몇 가지 이유가 있습니다.

첫째, 본 저자는 약30여년 간 군복무 중 초급간부 분대장, 소대장, 중대장의 부대관리 및 자원관리의 승패가 군전투력 창출의 열쇄임을 통감하였으나 현재 대학(교)의 군사학과에서 체계적인 교재 및 교육이 미흡하며, 둘째, 분대원, 소대원, 중대원을 지휘통솔과, 솔선수범, 신상파악 등 정통한 부대관리 및 자원관리 교육을 통해 정통한 간부로 가르쳐서 사고를 예방하여 전투력을 보존하고 향상시키는데 발간목적을 두었고, 셋째, 군 간부부로 임관전 대학(교)에서 주문식 교육을 통해 똑똑한 간부를 육성하는데 일익을 담당하기 위함이며, 창군이례 현재까지 부대사고예방을 위하여 노력하는 선후배 지휘자 및 지휘관님의 짐을 덜어드리고 싶어 간절한 마음으로 이 책을 발간하였습니다.

본서의 구성은 총 8장으로 구성되었고, 그 내용은 다음과 같다.

제1장은 부대관리 개요, 개념, 중요성, 부대관리의 요체, 제2장은 장병기본권보장, 개념 및 중요성, 예방대책, 제3장은 안전문화 사고예방, 이론, 구타 및 가혹행위예방, 총기 및 탄약, 폭발물 사고예방, 군무이탈사고예방, 자살사고예방 등, 제4장 재난관리, 제5장 보급관리(편성부대 보급, 급양 및 시설관리) 제6장 정비관리(정비 및 장비관리, 정비기록관리 등), 제7장 환경보존 및 저탄소 녹색성장, 제8장 시설 및 소파견지 관리(월동 및 월하준비) 참고자료(부대일지 작성요령, 각종규정 소개, 징계사유 및 처벌기준 등)

군 초급간부가 반드시 알아야 될 부분만 쉽게 소개를 하였다.

끝으로 저자의 바램은 본서가 정통한 부대관 및 자원관리를 공부하는 미래 군

초급간부에게 좋은 학습서로서 활용되어 군 사고예방에 기여함으로서 군전투력 보존과 똑똑하고 정통한 군 초급간부를 양성하는데 조금이나마 보탬이 되고자 합니다.

감사합니다.

2012. 6

예비역 육군대령 안태호

교재구성 및 편성

□ 교재구성

○ 부대관리와 자원관리를 비롯하여 군 간부가 반드시 알아야 할 내용을 순서적으로 교제를 구성하였다.

□ 편 성

참 고 자 료

제1장

부대관리 개요

제1장 부대관리 개요

제1절 부대관리개념

1. 개 요

부대관리란 "부대의 임무 또는 과업을 경제적이고 효율적으로 완수하기 위하여 인원, 물자, 장비, 시설, 예산 및 시간을 활용하는 과정으로 지휘의 필수적인 분야"이다.

부대관리는 주로 유형전투력의 제 요소를 지휘관이 부여된 계급과 직책에 의하여 관리하기 때문에, 이러한 자원들을 보다 효율적으로 활용하고 운용하기 위해서는 부하들을 보다 능동적이고 적극적으로 통솔해야 하며, 또한 교육 훈련을 강화하고 무형전력인 정신전력을 극대화시킴으로써 부여된 임무를 달성할 수 있는 것이다.

제2절 부대관리의 필요성

1. 부대관리는 전투준비태세 확립의 근간이다.

"부대를 잘 관리 한다"는 것은 전투력을 보존하고 사고를 예방하며 안정적인 부대 운영을 통해 전투준비태세 확립에 기여하는 것이다.

흔히 "훈련과 전투준비를 잘하는 부대"는 사고가 많을 수 밖에 없다.

"안전을 강조하다 보니 임무수행이 어렵다" "부대관리나 사고예방에 대한 강조하는 지휘관은 소심한 지휘관이다" 등 잘못된 생각을 하는 경우가 있다.

그러나 부대관리가 미흡하여 사고가 발생하면 전투력의 실뿐만 아니라 국민들로부터는 지탄을 받고 또한 사고수습을 위한 노력으로 전투준비 및 교육훈련 등 부대임무수행에 많은 지장을 초래함으로 부대관리의 중요성을 아무리 강조해도 지나치지 않다.

따라서 부대관리를 기본임무 외 부가적인 과업으로 생각해서는 안되며, 부대를 안정되게 관리하는 것이야말로 지휘관의 기본임무로서 전투준비태세 확립의 근간임을 명확히 인식해야 한다.

2. 부대관리는 부대안정유지의 핵심이다.

부대관리를 잘하여 안정된 부대를 유지해야 효율적으로 부대를 운영할 수 있는 여건이 마련된다.

정비가 안 된 자동차를 안심하고 운행할 수 없듯이 안정되지 않은 부대를 잘 운용할 수 없다.

부대 내에서 사고가 발생하면 전투준비 및 교육훈련에 지장을 초래할 뿐만 아니라 이를 수습하는데 짧게는 며칠로부터 길게는 수 개월이 소요되어 정상적인 부대 운영 자체가 어려워진다.

따라서 부여된 임무를 성공적으로 완수하고 정상적인 부대 운영을 보장하기 위해서는 체계적인 부대관리를 통해 반드시 부대안정을 유지해야 한다.

3. 부대관리는 사고예방과 대군 신뢰 증진의 기본이다.

우리 군을 둘러싸고 있는 환경은 급격히 변화되고 있다.

IT기술의 발달로 인터넷 등 정보화가 크게 진전되었고 전체의 이익보다는 개인의 기본권보장이 더 중요한 고려요소가 되고 있으며, 국민들은 군에 대한 알권리를 주장하고 있어서 병영내에서 일어나는 모든 것이 투명하게 공개되고 있다.

평시 가장 소중한 가치는 인간의 생명이다. 최근 사회적 현상으로 독자입대,

결손가정, 자살률 증가 등의 추세가군의 병원관리에 부담이 되고 있으며 인명사고가 발생하면 한 가정이 파괴되고 집안의 대가 끊어지는 등의 심각한 결과를 초래하게 된다.

따라서 군 간부들은 변화된 지휘환경을 올바르게 인식 하고 보다 창의적이고 체계적인 부대관리 방안을 지속적로 개발하고 적용함으로써 각종 사고를 예방하고 대군신뢰를 증진시켜야 한다.

제3절 부대관리의 요체

1. 개 요

부대관리의 핵심요소는 인원, 총기 및 탄약관리, 차량안전관리, 화재예방이며, 대대급 이하 제대에서 부대관리 주체는 지휘관 및 참모 뿐만 아니라 병사들과 늘 함께하는 초급간부이다. 또한 부대관리 기법은 존중과 배려 인간중심의 리더십 솔선수범, 부하와 동고동락 원활한 의사소통, 현장지휘, 규정 및 방침준수 등이며 부대관리를 위한 세부 기법은 각 과제별로 KNOW-HOW에 포함하였으며, 본절에서는 부대관리의 기본이 되고 반드시 준수되어야 할 사항을 핵심적으로 제시하였다.

2. 부대관리의 요체

- 기본과 기초에 충실한 부대관리를 해야 한다.
- 실사구시 정신에 입각한 부대지휘를 해야 한다.
- 인간중심의 리더십을 발휘해야 한다.
- 주기적인 부대진단과 과감한 조치를 해야 한다.
- 모든 부대활동시 METT+TC+S를 고려해야 한다.

가. 기본과 기초에 충실한 부대관리를 해야 한다.

병영내에서 일어나는 사고는 의외로 작은 것, 사소한 것, 당연한 것에 대한 소홀함에서 비롯되어 대형사고로 이어지기도 한다. 우리 주변에 만연되어 있는 무사안일주위를 배척하고 주인의식과 책임감을 바탕으로 각종 규정 및 방침을 비롯하여 기본적이고 기초적인 것을 철저하게 준수하는 가운데 부여된 과업에 충실할 때 사고를 예방함은 물론 국민으로부터 신뢰와 사랑을 받을 수 있는 것이다.

나. 실사구실 정신에 입각한 부대지휘를 해야 한다.

부대관리 측면에서 실사구시의 구현은 철저한 현장중심 실천위주 행동위주 활동을 의미한다. 즉 가시적인 실적과 행정위주에서 탈피하여 능률과 실적 위주로 행동하고 실천함으로써 사고를 예방하고 부대안정을 도모할 수 있다.

아무리 완벽한 제도와 규정 지침서를 만들어 놓아도 이를 시행하는 제대에서 행동화하지 않으면 무용지물에 불과하다. 특히 대대급 이하 제대에서는 현장에서 눈으로 보고 손으로 만지고 발로 밟으면서 실천함으로써 성공적인 부대관리를 달성 할 수 있다.

다. 인간중심의 리더십을 발휘해야 한다.

동서고금의 전사를 살펴볼 때 화합·단결되지 않은 부대가 전투에서 승리한 예를 찾아보기 어려우며 오늘날의 시대적 상황은 존중과 배려를 통한 인간중심의 리더십을 더욱 요구하고 있다.

또한 부대지휘 및 관리의 근본은 간부가 솔선수범하고 상하간에 진실된 의사소통이 이루어지고 부하의 자발적인 참여를 유도하는 것이다.

그러므로 군 간부들은 부하를 진정으로 사랑하고 군 생활의 동반자 및 전우로 인식하여 원활한 의사소통보장 기본권존중 등을 통해 화합되고 단결된 부대분위기를 조성하도록 노력해야 한다.

라. 주기적인 부대진단과 과감한 조치를 해야 한다.

지휘관(자)으로서 가장 위험한 것은 타성에 젖어 어제도 이상 없었으니 오늘도 이상없겠지 사고가 안 나겠지 라고 생각하는 것이다.

즉 사고에 대한 의식은 부대가 이상 없거나 사고가 안 나겠지 아니라 이상 있거나 사고가 날 수도 있다는 생각에서부터 비롯되므로 지휘관(자)은 부단히 반복하여 부대에 무슨 문제가 있는가?를 확인하고 그 결과에 대해 고감한 지휘조치를 통해 근본적인 해결책을 강구해야 한다.

따라서 지휘관(자)은 입체적이고 과학적인 부대진단 방법을 강구하고 주기적인 부대진단을 통해 현재 자기부대가 안고 있는 문제점을 정확하게 식별하고 조치하는 노력을 게을리 해서는 안 된다.

마. 모든 부대활동시 METT+TC+S를 고려해야 한다.

안전은 부대 임무수행에 있어서 가장 기본적인 사항으로 아무리 강조해도 지나치지 않다.

그러므로 모든 부대활동에서 안전에 대한 행동화가 이루어질 수 있도록 기존의 METT+TC요소에 안전 요소를 추가하여 “METT+TC+S”요소를 고려해야 한다.

즉 작전활동, 교육훈련, 진지공사, 체육활동 등 모든 부대활동을 계획하고 실시할 때 안전요소를 반드시 고려하여 조치해야 하며 부대활동 시작 전에 위험예지훈련을 생활화해야 한다.

제2장

장병 기본권 보장

제2장 장병 기본권 보장

제1절 기본권의 개념 및 중요성

1. 기본권(인권)의 개념과 유형

가. 인권이란 ?

"인간으로서의 존엄과 가치 및 자유와 권리"
- 인간이면 누구나 누릴 수 있는 당연한 권리
- 사람이기 때문에 당연히 가지는 권리

※ 인종, 성별, 신앙, 사회적 신분에 관계없이 똑같이 보장되는 권리임. 따라서 어떤 사람이든지 "인간" 이라는 사실 자체만으로도 하나의 인격체로서 존중해 주고 인권을 보장해 주어야 함.

나. 기본권이란 ?

인간이면 누구나 갖게 되는 인권 외에 헌법에 의해 보장되는 권리까지 포함하는 국민의 기본적 권리

※ 우리나라 헌법에 "모든 국민은 인간의 존엄과 가치를 갖고, 행복을 추구할 권리를 가지며 국가는 개인이 가지는 불가침의 기본적 인권을 확인하고 보장할 의무가 있다"고 명시(헌법 제10조)

다. 헌법에 보장된 기본권의 유형

○ 인간의 존엄과 가치와 관련된 기본권 : 생명권
  인격권, 자기결정권

※ 병영 내 폭언, 폭설, 인격 모독 등 언어폭력을 금지하는 것은 바로 인격권에 바탕을 두고 있음

○ 행복 추구권 : 수면권, 휴식권, 스포츠권, 일조권, 끽연권 등

○ 평등권(법 앞에 평등) 불평등한 취급을 받지 않고 평등한 대우를 요구할 수 있는 권리

○ 자유권 : 신체, 주거, 사생활의 비밀, 통신, 양심, 종교, 언론·출판, 직업 선택, 집회·결사의 자유, 참정권, 재산권 등

2. 기본권의 제한과 한계

가. 기본권의 보편성, 천부성, 불가침성

○ 기본권은 보편적으로 누리는 권리이며, 하늘로부터 부여받은 권리임

○ 따라서 국가는 기본권을 최대한 존중하고 보장할 의무를 지며, 제한할 경우에도 기본권의 본질적 내용은 침해 불가

나. 헌법상 기본권의 제한과 한계

○ 국민의 자유와 권리는 헌법과 법률에 명시되지 않았다고 하여 경시되지 아니함.

○ 단, 국가안전보장, 질서유지 또는 공공복리를 위하여 필요한 경우에 한하여 법률로서 제한이 가능(헌법 37조 2항)

○ 그러나 제한하는 경우도 기본권의 본질적 내용을 침해할 수 없음

다. 병영내 기본권의 제한과 한계

○ 군은 국가안전보장 즉 국토방위와 국민의 생명과 재산을 보호하는 막중한 임무를 수행 함. 따라서 단체성과 규율성으로 인해 일부 기본권이 제한되고, 상관은 부하에게 포괄적인 명령과 지시의 권한이 있음.

○ 군에서 제한되는 기본권에는 군 기밀과 관련된 알권리 및 표현의 자유 제한, 해외여행 제한, 군무 외의 집단행위 제한, 근로3권 제한, 거주이전의 자유 제한과 엄격한 정치적 중립유지 등 임.

○ 그러나 제한되는 사항도 군의 각종법규와 방침에 명백히 규정 되어 있는 범위를 넘어설 수 없음. 특히 생명권이나 인격권은 침해할 수 없음.

○ 따라서 상관의 명령, 지시라 하더라도 합법적이고 정당하지 않을 경우는 그 효력이 없음.

※ 군대의 임무수행과 기강 확립을 위해 개인의 기본권을 일부 제한할 수 있으나 기본권을 침해하는 위법행위와 혼돈해서는 안됨.

3. 기본권 보장의 중요성

가. 기본권에 대한 국민의식의 성숙

○ 우리나라는 인권 국가를 지향하고 있음. 인권에 대한 국민의식의 성장과 관심이 고조됨에 따라 국가에서도 국가인권위원회를 설치하여 국민의 기본권 신장을 위해 노력하고 있음.

○ 대부분의 가정이 외아들을 군에 보내고, 가장들 역시 군에 복무한 경력이 있으므로 군의 모든 문제에 국민적 관심이 집중되며, 특히 기본권에 관한 문제는 국민 모두의 관심사가 될 수밖에 없음.

○ 인터넷 등 첨단 통신매체의 발달은 군 조직의 투명성을 높이고 언론들은 군의 기본권 문제를 중점 확인하고 경쟁적으로 보도하고 있는 실정임 따라서 기본권을 무시하는 행위는 군내외에 반드시 노출되고 그에 따른 처벌을 피할 수 없는 사회적 환경이 되었음

○ 이제 기본권을 침해하는 사고는 사회적 파장이 클 뿐만 아니라 군도 큰 상처를 받게 됨을 명심하여 기본권 보장에 대한 일대의식 전환이 필요함.

나. 신세대 병사의 의식구조 변화

○ 사회의 변화와 함께 군의 지휘환경도 변화되었음을 인식해야 함. 신세대 장병들은 핵가족의 외아들로 남하선호 풍토와 인터넷 환경에서 풍요롭고 자유롭게 성장하여 창의적이고 합리적인 반면에 자기중심적이고 개인주의적 성향이 매우 강한 특징이 있음

○ 따라서 정당한 명령과 지시에는 자발적으로 복종 하고 강한 훈련에도 불평없이 적극적으로 참여하면서 보다 효과적인 방법을 모색하려는 창의적이고 자율적인 자세를 가지고 있음

○ 반면에 권위주의적 행태 및 부당한 지시에는 즉각 거부감을 표출하며 특히 구타 가혹행위 폭언 등의 기본권침해 행위에 대해서는 스스로 참고 견딜 수 있는 저항력이 없어 즉각 자살 근무이탈 등의 사고로 직결되는 경향이 있음

○ 더구나 최소한의 사생활보장도 어려운 열악한 병영 환경에서 신세대의 자율과 책임의 특성을 살리기 위해서는 솔선수범하는 가운데 가족 같은 정과 사랑이 기본이 되는 지휘통솔을 해야 함

다. 국민의 군대로서의 기본권 보장

○ 우리나라는 북한의 위협에 대비하기 위해 모든 남자는 병역의 의무를 이행해야만 하는 징병제를 실시

○ 따라서 병사들은 스스로 원하지 않은 병역의 의무를 다하기 위해 또한 병역의 형편성 때문에 일부 신체적 정신적 그리고 경제적 능력이 부족함에도 어쩔 수 없이 국가와 군을 위해서 자신의 소중한 인생을 희생하는 숭고한 애국자임

○ 이러한 병사들은 모두 존경받아야 하고 군에서 보호해야 할 소중한 존재이지 결코 무시당하거나 핍박받아야 할 대상이 아님

※ 국민의 생명과 재산을 보호해야 할 군이 병사 개개인의 기본권조차 보호하지 못하는 것은 국민의 군대로서의 의무를 저버리는 것임

라. 강한 군대 육성을 위한 기본권보장

○ 아무리 무기와 장비가 발전하도라도 이를 운용하는 것은 인간임. 따라서 부하의 인격을 존중하고 배려하는 풍토를 조성하여 전우애로 화합·단결하는 것이 가장 중요하면서도 근본적인 전투력임.

○ 강한 훈련이란 기본권을 침해하는 비인격적인 지휘가 아니라 명확한 훈련목표를 제시하고 효과적인 훈련방법을 통하여 인내의 한계까지 실전적으로 훈련하는 것임. 또한 병영생활은 가정과같이 편하게 마음 놓고 쉴 수 있는 분위기와 여건을 조성해야 함.

○ 따라서 강한군대 육성과 기본권 보장은 대립되는 개념이 아니라 병립되어야 하는 개념임

※ 결국 상호 존중과 배려의 풍토를 바탕으로 "기본권이 보장"된 가운데 "생활은 내 집같이 편하게" 그러나 "훈련은 인내의 한계까지 실전적으로"실시할 때만이 진정 강한군대가 될 수 있음

제2절 군내 기본권 관련 법규 / 침해사례

1. 기본권 관련 군 법규

- ○ 법령 : 군 인사법, 병역법, 군형법, 군인복무규율
- ○ 규정 : 육군 규정(인사 139 사고예방 및 안전관리 규정)
- ○ 명령 : 병영생활 행동강령(육군 일반명령 제03-21호)
- ○ 방침 : 사고예방 종합대책(육군 방침 제03-35호)
- ○ 내규 : 부대별 내규, 교육기관 훈련지도 지침서 등)

※ 이러한 법규들은 기본권 관련 준수사항, 금지사항 그리고 위반시 처벌을 위한 절차와 한계를 명시하여 군내 기본권 보장의 기능을 하고 있음.

2. 병영내 기본권 보장을 위한 준수사항 / 처벌 규정

가. 병영내 기본권 보장이란 다른 거창한 것이 아니라 장병 상호간에 서로 존중하고 배려하는 가운데 병영생활 행동강령을 준수하는 것임.

나. 단순히 군 기강 확립, 사고예방차원 뿐만 아니라 기본권 보장차원에서 새롭게 인식하고 접근해야 함.

3. 병영 내 기본권 침해 사례

가. 폭행과 상해

폭행과 상해는 일반사회나 군대를 막론하고 신체적 자유라는 가장 기초적인 인권을 침해하는 대표적 행위이다. 이런 행위는 형사처벌의 대상이 되며, 사안이 경미할 경우라도 징계처벌의 대상이 된다. 따라서 군기확립, 교육 기타 여하한 명분으로도 폭행과 상해는 허용될 수 없다.

상명하복의 위계질서나 강력한 군기의 확립은 부하의 자발성에 바탕을 두어야 한다. 구타는 오히려 인격적 굴욕감과 정서적 반감을 초래함으로써 진정한 전우애, 군 구성원간 단결을 저해할 뿐이다. 하급자의 지시불이행 등의 동기유발이 있었던 경우라도 징계처리 또는 규정에 따라 얼차려를 부여하거나 적법한 절차에 따라 하급자를 처벌하도록 해야 한다. 어떠한 경우라도 사적인 제재를 가하는 것은 허용될 수 없다.

○ 군기확립 또는 교육목적을 이유로 한 영내 폭행

○ 사례1)

사고자는 병사들이 말다툼하는 것을 보고 "선임병에게 대든다."는 이유를 들어 군기를 잡을 목적으로 수차례 폭행하고, 소대원 다수를 생활관 침상에 엎드려 뻗쳐 시켜 놓고 봉으로 엉덩이를 폭행함

→ 폭력행위 등 처벌에 관한 법률위반(야간 · 공동상해)죄로 형사처벌

ㅇ 사례2)

사고자는 후임병이 행동이 느리다는 이유로 폭행을 가하는 등 후임병 10여명에게 총 23차례에 걸쳐 자신의 지시에 따르지 않거나, 관물대 정리가 맘에 들지 않는다는 각종 이유로 후임병들을 90여회 폭행함

→ 폭력행위 등 처벌에 관한 법률위반(상습상해) 죄로 형사처벌

○ 부하의 동기유발로 인한 폭행

ㅇ 사례1)

사고자는 소속부대 부소대장직에 근무하는 자로서, GOP 지역 적사장 설치용 모래 운반을 위해 B사병에게 "차량운행을 나가자"고 하였으나 "수송부에서 차량운행 지시를 받지 않았다"며 운행을 거부하는 것에 격분하여 손바닥으로 머리를 때리고 각목으로 폭행하여 상해를 입힘

→ 폭력행위 등 처벌에 관한 법률위반(집단 · 흉기등 상해)죄로 처벌

ㅇ 사례2)

사고자는 0000년 0월 야간에 소속대 막사 뒤편에서, 특이방송에 관한 보고서 작성업무를 가르치기 위해 E일병을 깨웠으나 응하지 않고 오히려 이를 지적하고 자신에게 불쾌한 반응을 보이며 자신을 미치고 막사로 들어가려고 하는데 화가 나 주먹으로 피해자의 얼굴을 때려 상해를 입힘

→ 폭력행위 등 처벌에 관한 법률위반(야간 · 상습상해)죄로 형사처벌

○ 개인적인 감정으로 하급자를 상습적으로 괴롭히는 경우

ㅇ 사례1)

E중사는 K하사에게 BEQ를 돌며 선임자들 깨우기, 선임자들의 방청소 등을 지시하였음에도 K하사가 이를 제대로 수행하지 않음을 이유를 K하사의 배를 주먹으로 때리는 등 수차례에 걸쳐 폭행함

→ 폭력죄로 형사입건되어 형사처벌

○ 사례2)

사고자는 야간에 생활관에서 J상병이 코를 곤다고 손바닥으로 머리를 때려 깨워 코를 골지 말라고 주위를 준 후에도, 다시 코를 곤다는 이유로 주먹으로 피해자의 머리, 얼굴을 때려 폭행한 것을 비롯하여 10여회 폭행함

→ 폭력죄로 형사입건되어 형사처벌

나. 가혹행위와 강요

직권을 남용하여 학대하거나 가혹한 행위로 개인의 정신적 · 육체적 안전을 침해하는 것은 명백한 인권 침해이다. 가혹행위는 구타와 유사한 부정적 결과를 초래하므로 병여에서 근절해야 할 일이다.

이러한 행위는 군형법상 가혹행위로 처벌된다. 또한 가혹행위에 이르지 않더라도 상급자가 정당한 권한 범위를 넘어 하급자의 권리행사를 방해하거나 타인에게 의무없는 일을 강요할 경우 형법상 강요죄에 해당된다.

○ 정신교육이나 하급자의 잘못을 고친다는 명목으로 행해진 가혹행위

○ 사례1)

중대장 W대위는 사격훈련 때 병사 5명이 통제에 잘 따르지 않자 전장의 공포를 체험시켜 정신을 차리게 해준다는 명목으로 병사들을 사로 중간에 위치한 배수로 안에 웅크리고 있게 한 다음, 중대원들로 하여금 그 위로 K-2 소총실타 사격을 하게 함으로써 가혹한 행위를 함

→ 가혹행위죄로 형사처벌

○ 사례2)

사고자는 육군훈련소 중대장으로 근무기하는 자로서, 막사 화장실 변기에 대변이 남아있는 것을 발견하고 훈련병 192명을 집합시킨 후 변을 내리지 않은 사람을 추궁하였으나 아무도 자인하지 않는 것에 격분하여, 각자의 손으로 대변을 집어 중대 막사 앞에 집합하도록 한 후 약 30초간 입에 넣고 있게 함으로써 그 직권을 남용해 훈련병들에게 가혹한 행위를 함.

→ 가혹행위죄로 형사처벌

○ 교육훈련 과정에서 행해지는 가혹행위

훈련은 병사들의 체력조건 기상상태 등을 감안하여 합리적인 범위 내에서 이루어져야 하며, 훈련의 강도가 지나쳐 그로 인한 신체적·정신적 고통을 병사들이 감내할 수 없는 정도에 이를 경우에는 병사들을 괴롭히려는 동기가 없다 하더라도 가혹행위가 될 수 있다.

실제 교육훈련과정에서 빈번히 일어나는 인권침해 사례로는 한겨울에 병사들에게 냉수마찰을 강제하는 경우, 정신 교육을 이유로 잠을 재우지 않고 교육을 실시하는 경우 휴식시간을 보장하지 않고 과도한 작업을 시키는 경우 등이 있다.

○ 얼차려의 명목으로 행해지는 가혹행위

얼차려는 정당한 결재권자로부터 결재를 얻어 집행할 수 있는 권한(부사관 분대장 이상 간부)을 가진 간부가 공개된 장소에서 실시해야 하며, 얼차려의 내용은 병사의 교육훈련과 관련된 내용(예 군가제창, 총검술, 완전군장 구보, 태권도, PT체조 등)이어야 한다. 얼차려를 부여하는 자는 피교육자의 체력수준을 고려하여 얼차려 방법과 횟수를 결정해야 하고 얼차려를 극심한 고통으로 느끼지 않고 체력단련을 통해 성취감을 느끼도록 합리적으로 부여해야 하며 인정된 얼차려도 객관적으로 보았을 때 수인 한도를 넘을 정도로 육체적·정신적 고통을 주는 정도에 이를 경우 가혹행위죄로 처벌 받을 수 있음을 주의해야 한다.

○ 사례1)

권한없는 자에 의해 행해진 얼차려 분대장 J병장은 분대원 Y일병의 자주포 조작이 미숙하여 여러 번 교육을 실시하였음에도 오조작이 계속되자 얼차려를 주어서라도 후임병을 교육시켜야겠다는 생각으로 Y일병으로 하여금 팔굽혀펴기 50회, 쪼그려 뛰기 100회를 실시하게 함

→ 분대장이라고 하더라도 독자적인 판단에 따라 얼차려를 부여할 수 있는 권한이 업으므로 위 사고자는 징계처벌(영창)됨

다. 욕설, 인격모독

폭행이나 가혹행위 외에도 욕설, 모욕적인 언사 등을 하는 것을 상대방의 인격권과 인간으로서의 존엄성을 침해하는 것이다. 상급자가 무심코 내뱉은 욕설로 인해 상·하급자간의 신뢰와 유대가 파괴될 수 있으며, 군무이탈이나 자살과 같은 사고를 촉발할 수 있으므로 지양해야 한다.

또한 군대의 호칭은 항상 성과 계급 또는 직책을 부르도록 되어 있다. 따라서 상급자가 부하 간부나 병사에 대하여 비하된 호칭이나 모욕적 별명을 사용하는 등의 언행을 해서는 안 된다. 말하는 사람은 관행이나 친근감의 표시라고 생각할 수 있으나 듣는 사람의 입장에선 심각한 인격모독이 될 수 있음을 유의해야 한다. 특히 불특정 또는 다수인이 듣는 가운데 다른 사람을 모욕한 자는 형법상 모욕제로 처벌 받을 수 있다.

○ 사례1)

선임인 E중사가 상습적으로 병사들이 보고 있는 가운데 초임 D하사에게 "병사만도 못한 버러지 같은 놈아, 똑바로 하지 못해 XXX야" 등의 욕설을 하여, 이를 견디다 못한 D하사가 자살에 이르게 함

→ 모욕죄로 형사처벌 받고, 현역복무 부적합으로 전역함

라. 성추행, 성희롱

성추행이란 동성 또는 이성간에 상대가 원하지 않는 성적인 행동을 강요하는 행위이다. 폭행, 협박, 위계, 위력 등을 통해 타인을 추행한 자는 형법상 강간죄와 강제 추행죄 성폭력 범죄의 처벌 및 피해자 보호등에 관한 법률(이하 성폭력법이라 함) 등에 의해 무겁게 처벌될 뿐만 아니라 폭행, 협박, 위계, 위력 등을 수반하지 않는 단순한 신체 접촉 기타 추행행위도 군 형법상 추행죄로 처벌되며, 군대에서 상급자가 업무상 자신의 감독을 받는 하급자를 위계 또는 위력으로 추행할 경우 성폭력법상 업무상위력 등에 의한 추행죄로 처벌 된다

아울러 군대 내에서는 동성간의 합의에 의한 성관계 역시 군형법상 추행죄로 처벌됨을 유의해야 한다.

성희롱이란 함은 업무, 고용기타 관계에서 공공기관의 종사자, 사용자 또는 근로자가 그 지위를 이용하거나 업무 등과 관련하여 성적 언동 등으로 성적 굴욕감 또는 협오감을 느끼게 하거나 성적 언동 기타 요구 등에 대한 불응을 이유로 고용상의 불이익을 주는 것을 말한다. (남녀 차별금지 및 구제에 관한법률 제2조) 국방부 훈령(성군기 위반사고방지에 관한 지침, 국방부훈령 제686호, '01.6.11)에서는 “군내에서의 성희롱이란 군인 및 군무원이 그 지위를 이용하거나 업무 등과 관련하여 상대방이 원하지 아니하는 성적 의미가 내포된 육체적 · 언어적 · 시각적 행위로 성적 굴욕감 또는 혐오감을 느끼게 하는 행위 성적 언동 기타 요구에 대한 불응이나 성별 차이를 이유로 복무, 근무평가·근무조건, 사기 · 복지 등에서 불이익과 불공정한 환경을 조성하는 행위 및 성희롱 행위자에 동조하여 피해자에게 협박이나 강압 등을 가하여 피해자의 합리적인 주관적 판단을 따르는 것을 원칙으로 한다.”라고 하여 성희롱을 좀 더 구체적으로 정의하고 있다. (동지침 제3조 제3항 참고) 성희롱의 피해자는 여자에만 한정되는 것이 아니며, 또 신체접촉 여부를 불문하고 다른 사람의 의사에 반하여 성적 굴욕감 또는 협오감을 일으키는 일체의 행위를 말하는 것으로 군에서는 형사처벌을 원칙으로 하고 있으며 그 정도가 형사처벌할 정도에 이르지 않더라도 반드시 징계처벌을 하고 있음에 유의해야 한다. 성희롱은 언어적 행위, 육체적 행위, 시각적 행위 기타행위로 분류할 수 있다. 언어적 행위는 음란한 농담, 음담패설 외모에 대한 성적 비유나 평가를 하는 행위 성적인 사실관계를 묻거나 성적인 내용의 정보를 의도적으로 유포하는 행위 성적인 관계를 강요하거나 회유하는 행위 등이 있다. 육체적 행위는 입맞춤이나 포옹, 뒤에서 껴안는 등의 신체적 접촉행위 가슴·엉덩이 등 특정 신체부위를 만지는 행위, 안마나 애무를 강요하는 행위를 말한다. 시각적 행위는 음란한 사진 · 낙서 · 출판물 등을 게시하거나 보여주는 행위 자신의 특정 신체부위를 고의적으로 노출하거나 만지는 행위가 그 예이다. 기타 행위는 회식자리 등에서 무리하게 옆에 앉혀 술을 따르도록 강요하는 행위 등 사회통념상 성적 굴욕감 또는 협오감을 느끼게 하는 것으로 인정되는 언어나 행동도 성희롱에 포함된다.

○ 사례1)

K병장은 야간에 소속대 휴게실에 피해자 B상병에게 자위행위를 하게 하였으나 피해자가 말을 듣지 않자 주먹으로 피해자의 머리를 수회 때려 강제로 자위행위를 하게 하여 피해자를 추행하는 등 총 4회에 걸쳐 추행하고 피해자를 폭행하여 상해를 입힘

→ 추행죄 및 폭행치상죄로 형사처벌

○ 사례2)

B병장은 신병이 전입을 올 때마다 신병으로 하여금 옷을 다 벗고 팬티만 엉덩이 사이에 꽉 끼도록 입게 만든 다음 노래를 부르고 춤을 추게 하여 성적 수치심을 야기함

→ 품위유지의무 위반으로 징계처벌(영창) 됨

마. 위법한 징계에 의한 인권 침해

징계처분은 병사와 간부를 불문하고 이를 당하는 자에게는 심대한 불이익이 된다. 따라서 법규에서는 엄격한 절차를 걸쳐 징계처분이 이루어지도록 규정하고 있다. 즉 징계처분을 할 때는 반드시 징계위원회를 개최하여 징계혐의자에게 왜 징계처분을 받는지에 대해 고지하고 자신의 비행사실을 인정하는지 여부를 묻고, 자신에게 유리한 증거나 진술을 제시할 기회를 부여해야 한다. 또한 징계처분의 내용은 반드시 징계위원회를 투표에 의해 1차적으로 결정되어야 한다.

특히 병사의 경우 이러한 절차를 무시한 채 지휘관의 지시에 의해 징계위원회조차 개최하지 않고 징계처분을 내리는 경우가 많으나 병사의 경우에도 반드시 위와 같이 절차가 엄격하게 지켜야 한다. 징계담당 간부(징계권자, 징계위원회 위원장 및 위원, 징계 간사 등)는 자신이 맡은 일이 징계혐의자에게 얼마나 중대한 일인지를 잘 인식하고 적법한 절차에 의해 징계가 이루어 질 수 있도록 해야 한다.

또 징계가 절차적으로 적법하다고 하더라도 그 양정이 지나치다면 과도한 인권

침해가 되므로 징계혐의자의 책임에 맞는 합리적인 양정이 이루어지도록 노력해야 한다. 즉 일벌백계나 부대 운영의 편의만을 강조하여 비행사실이 가벼운 혐의자에 대해 더 무거운 징계처분을 하는 것 등은 인권침해가 될 수 있다.

특히 병사에 대한 영창처분의 경우 법관의 결정없이 지휘관의 명령에 의해 구금이 이루어지고 있다는 점에서 자의적 구금에 해당한다는 지적이 있고 이에 따라 위헌 논란이 있는 만큼 병사에 대한 영창 처분을 함에 있어서는 특히 신중해야 한다.

○ 사례1)

00연대 00대대에서는 선임병이 후임병을 폭행한 사고가 확인되자 대대장이 상황회의 중 "그 놈의 자식 영창 보내"라고 지시를 하였고 이에 인사장교 Y대위는 징계위원회를 개최하지 않았는데도 징계의결서에 위원회를 개최한 것처럼 허위 내용을 기재하고, 징계위원장, 징계위원, 징계간사가 허위의 징계의결서에 서명을 하여 K병장에 대해영창 15일의 징계처분을 하였음

→ 징계위원장, 징계위원, 징계간사는 허위공문서작성죄의 공범으로 징계권자는 불법감금죄로 형사처벌

제3절 기본권 침해 발생시 조치 요령

1. 부하로서 지켜야 할 자세

가. 상관의 적법한 지시나 명령은 반드시 복종해야 하며 만약 불복종하거나 항명시에는 법에 의해 처벌됨을 명심

나. 상관의 위법한 지시나 명령에 대해서는 NO라고 말할 수 있는 용기를 발휘

○ 위법한 지시에 대한 답변(예)

분대장이 선임병에게 “야 후임병 교육 똑바로 시켜, 말 안들면 때려서라도 듣게 해야 할 꺼 아냐”

→ 후임병에게 충고하겠습니다. 그러나 저에게는 지시 권한이 없고, 구타는 병영생활행동 강령에서 어떠한 경우에도 금지하고 있습니다.

※ 상관의 위법한 지시나 명령을 따를 경우 오히려 처벌을 받을 수 있음

다. 기본권 침해 행위자에게 위법사실을 떳떳하게 말할 것

○ 위법한 지시에 대한 답변(예)

상급자가 병사의 잘못을 이유로 폭언 및 구타를 하려 할 경우

→ 죄송합니다. 제가 잘못 했습니다. 그러나 구타와 욕설은 병영생활 행동 강령에서 금지하고 있습니다. 얼차려를 받겠습니다.

※ 상관 또는 선임병의 기분을 나쁘지 않게 하면서도 자신의 권리를 명확하게 요구해야 함.

라. 위법한 지시를 계속 강요받거나 피해시는 즉각 보고 또는 신고할 것

2. 상관으로서 지켜야 할 자세

가. 신중한 판단과 품위있는 언행 견지

○ 자신의 명령과 지시가 합법적이고 정당한지, 또는 공·사의 구분에서 올바른지 신중히 판단한다.

○ 합법적이고 정당한 명령과 지시도 부하의 입장을 고려하여 위엄있고 품위있는 언행을 사용

※ 부하의 잘못에 대해 폭력적 언행을 하거나 직접 관련없는 약점을 거론하는 등 인격적 모욕을 하면 부하는 반성보다는 반발심을 갖게 됨

나. 합법적이고 정당한 명령과 지시를 거부시 조치

"심호흡을 하면서 마음의 평정을 얻은 다음"
- ○ 부하의 항의에 대해 경청할 것
- ○ 흥분하거나 폭언이나 욕설을 하지 말 것
- ○ 명령과 지시의 합법, 정당성을 다시 설명할 것
- ○ 그래도 거부시 처벌할 것을 분명하게 경고할 것

※ 보고 및 징계절차가 귀찮다고 하여 구타하거나 욕설시 이를 행한 상관도 위법행위를 하게 되는 것임. 또한 이를 묵인할 경우 결정적으로 군기강을 해치는 것임.

다. 위법하고 부당한 명령과 지시를 거부시 조치

"평정심을 유지한 다음"
- ○ 자신의 지시가 적법한지 다시 한번 판단할 것
- ○ 위법하다고 판단되면 즉각 중지하고 다른 방법을 찾아볼 것

→ 좋다. 원산폭격은 가혹행위임을 인정한다. 대신 지금부터 완전군장 보행을 실시한다.

※ 부하의 거부에 계급적 권이가 훼손되었다고 감정적 행동을 하는 것은 오히려 사태를 악화 시키게 됨.

3. 기본권 침해 사례 발생시 신고

가. 신고에 대한 마음가짐

○ 기본권침해 행위에 대한 신고는 고자질이 아님. 병영내 악·폐습을 근절하기 위해서 꼭 필요한 조치이자 의무사항임.

○ 단, 과장하거나 허위로 하는 투서 행위시에는 불이익을 받게 됨.

나. 신고자

○ 피해자

○ 피해 상황을 목격 또는 다른 방법으로 인지한 자

※ 제3자에 의한 대리 신고도 가능.

다. 신고 방법

○ 직접 대면신고, 상향식 결산시 보고, 전화, 편지, E-mail, 소원수리, 설문, 신고함 등

※ 어떠한 수단과 방법도 제한하지 않음

라. 신고 내용

○ 침해당한 피해

○ 예상되는 피해

※ 상관 또는 선임병의 위협과 언행으로 볼 때 예상되는 피해도 신고 가능

마. 신고 대상

○ 지휘계통
○ 고충상담관 : 주임원사/행보관, 군종장교/군종병, 군위관
○ 군관련기관 : 헌병, 기무, 감찰, 고충처리센타 (인권상담실)
○ 기타 : 가족이나 친지, 친구 등
※ 기본권 침해 사례 발생시는 지휘계통을 벗어나 신고했다는 이유로 어떠한 불이익도 줄 수 없음

바. 유의사항

○ 가능한 지휘계통을 통한 해결이 바람직(대부분 사·여단에서 조치 가능)
○ 이제 군의 지휘계통에서도 인지된 사안을 은폐 왜곡할 수 없는 환경임 (미 조치시 관계관도 강력히 처벌되고 있음)
○ 상·하간에 건의하고, 분명히 조치하는 풍토가 부대 내에서 이루어 질 때 서로의 신뢰가 높아지고 민주군대로 성장 가능
○ 이렇게 하는 것이 후배와 자손들이 계속 입대해야 하는 군의 민주적 제도와 의식을 발전시킬 우리의 책임을 다하는 것임.

4. 기본권 침해 신고 접수 또는 인지시 지휘관(자) 조치

가. 우리 부대에 "그런 일이 없을 것이다."가 아닌 "반드시 찾아내서 조치한다" 라는 책임의식 견지

나. 지체없이 상관에게 보고 및 관련 수사기관에 의뢰

※ 지체하면 사고가 외부로 확대되거나 예상치 못했던 제2의 사고가 발생할 수 있음

다. 피해자 및 신고자 보호를 최우선적으로 고려

○ 즉각 가해자와 피해자 및 신고자를 분리하여 보호
○ 보직조정 및 전출 요구시 특별한 이유없는 한 허용
○ 피해자/신고자 동의없이 신원노출 금지
※ 상관 또는 선임병의 위협과 언행으로 볼 때 예상되는 피해도 신고 가능

라. 규정대로 처리, 피해자와 가해자를 설득시켜 무마하지 말 것.

○ 사안의 경중을 고려 얼차려, 징계, 형사처벌 실시
○ 경미한 사안도 일단 징계 절차를 거친 후에 훈육하는 것이 재발방지 효과가 증대됨.
※ 자체적으로 무마시키면 사건을 더욱 악화시키거나 피해자들이 지휘계통을 신뢰하지 않게 되어 더 큰 문제 야기 우려

마. 유사사건 발생 가능성 확인 및 재발방지 조치 강구

○ 간담회, 설문, 양심보고, 소원수리 등 다양한 방업을 동원하여 병영저변의 제반 문제점을 파악 및 규정에 의한 조치 실시
○ 관련법규와 지휘관의 조치를 전원에게 재교육
○ 구조적인 문제 발견시 부대 내규 등 제도적 보완대책 강구 시행

제4절 기본권 침해 예방대책

1. 정과 신뢰로 단결된 부대육성

가. 병영생활의 모든 행동을 법과 규정으로만 통제하는 것은 불가능함 정과 신뢰로 단결된 부대가 되면 대부분의 모든 문제는 발생하지 않거나 저절로 해결되는 것임

나. 생명의 위협을 무릅쓰고 전투에 적극 참여하는 가장 큰 이유는 전우애이며, 진정한전우애로 단결된 부대육성은 지휘관(자)의 솔선수범과 부대원 서로의 존중과 배려에 달려 있음

○ 상관과 부대원으로부터 인정받을 때 그 기대를 저버리지 않기 위해 스스로 노력하고 적극적으로 참여하게 됨

○ 사소한 관심과 배려가 부하를 감동시키며 칭찬과 격려는 최고의 보상이자 동시에 채찍이 되는 것임

※ 정과 신뢰의 분위기는 부대원을 단결시키고 최강의 전투력을 발휘할 수 있게 하는 원동력 임

2. 품성 및 자질 부족자 식별 관리/조치

가. 식별 방법

○ 인성검사(KMPI), 육군 표준인성검사) 실시

○ 상급자, 동료, 부하들의 관찰결과 및 의견청취

○ 군의관, 군종장교 면담

○ 가정환경 및 과거 전과, 비리, 징계 사항 등 확인

※ 하나의 방법만으로 단정적인 정확인 식별은 곤란함 여러 가지 방법을 혼용하여 다면적인 파악 노력이 중요

나. 관리/조치 방법

ㅇ 중증자 : 정신과 감정 의뢰/치료, 복무 부적합 의가사 전역 처리
ㅇ 경증자 : 지속적인 훈육 및 지도, 관리
※ 처리 절차가 복잡하더라도 많은 노력을 기울려 조치해야만 사고 예방이 가능
※ 훈육 및 지도는 단순한 격려가 아닌 가정방문 등 마음을 주고 감동을 느끼게 할 수 있는 방법과 꾸준한 노력 필요

3. 인권에 대한 주기적인 교육

가. 교육 내용

ㅇ 인권에 대한 개념, 중요성
ㅇ 위반사례, 처벌기준(병영생활행동강령, 사고예방 종합대책 참고)
ㅇ 사고발생시 조치, 예방대책
ㅇ 존중과 배려의 병영문화 정착

나. 교육 방업

ㅇ 부대별 특성과 여건을 고려 예상되는 상황을 설정, 사례위주 교육
ㅇ 토의식 교육으로 숙지여부를 명확히 확인

다. 교육주기/교육중점

<table>
<tr><td colspan="2">대 대 장</td><td colspan="2">연 대 장</td></tr>
<tr><td>간 부</td><td>병 사</td><td>지휘관(자)</td><td>병 사</td></tr>
<tr><td>월1회</td><td>주1회</td><td>월1회</td><td>분기1회</td></tr>
<tr><td colspan="2">• 폭행/가혹행위, 욕설금지
• 사적제재의 금지
• 기본권 보장(공정성 유지)
• 기타 병영문화 개선 추진</td><td colspan="2">• 병영생활 행동강령 정착
• 하급자에 대한 인격적 대우
• 존중 · 배려중심의 병영문화 개선추진
• 장병 인권 보장</td></tr>
</table>

4. 존중과 배려의 기본권 보장

가. 기본권에 대한 국민의 의식과 요구 수준은 매우 높으며 군도 이제는 예외의 대상이 될 수 없음

나. 조그만 인권침해 사고 하나가 군 전체를 잘못 매도할 수 있고, 군의 위상을 한 순간에 실추 시킬 수도 있음

다. 이제 우리는 기본권에 대한 의식을 새롭게 하고, 기본권을 중시하는 군대문화를 형성할 수 있도록 우리 모두가 노력해야 함

라. 우선적으로 의사소통 활성화를 위해 위엄있고도 정이 있는 언행으로 부하를 인격적으로 대우함으로서, 신성한 국방의 의무를 수행하고 있다는 보람과 긍지를 갖도록 하고

마. 존중과 배려의 풍토를 바탕으로 기본권이보장된 가운데 생활은 내 집같이 편하며 그러나 훈련은 인내의 한계까지 실전적으로 실시하여 강한 군인과 정예육군 육성

5. 기본권 침해 유형별 예방대책

가. 구타 및 가혹행위 예방대책

- ○ 인성교육 등을 통한 인간존중정신의 제고
- ○ 군 복무의 긍정적 측면에 대한 인식 제고
- ○ 법규 준수의 생활화
- ○ 병영생활 행동강령에 대한 이해 제고
- ○ 분대장의 지위와 권한을 명확히 제시
- ○ 병영생활 임무분담제에 따라 개인별 임무를 명확히 부여
- ○ 구타 및 가혹행위 없는 병영 구현에 대한 확고한 지휘의지 표명과 솔선수범
- ○ 보호·관심병사를 부모와 같이 마음으로 보호
- ○ 구타 및 가혹행위 방지시스템 구축
- ○ 병 상호간 음성적 조직 및 폐습 척결

나. 언어폭력 예방대책

○ 간부의 의식전환 및 지도방법 변화의 선행

○ 선·후임병간 의사소통 활성화로 계층간 갈등을 해소

○ 업무 미숙과 실수에 대해 질책과 잔소리 보다 따뜻한 격려의 말을 통해 북돋워 줄 수 있는 분위기 조성

○ 고운말 쓰기 운동 전개

다. 성군기 사고예방 대책

○ 남·녀 전우 관계 금지사항 준수

○ 남·녀 전우관계에서 업무수행상 준수사항을 숙지하고 실천

○ 군내 이성교제 제한사항을 준수

○ 영내 음란물 유입 및 시청금지

○ 성희롱에 대한 편견을 버리도록 함

○ 병영생활의 암세포인 동성간 성추행을 차단해야 함

○ 피해자 보호대책의 강구 필요

○ 성범죄에 대한 처벌과정 및 기준을 교육하여 인지토록 해야 함

제3장

안전문화

제1절 사고예방 개념
제2절 안전활동 추진계획
제3절 사고예방 이론
제4절 구타 · 가혹행위 예방
제5절 총기 · 탄약 · 폭발물 사고예방
제6절 군무이탈 사고 예방
제7절 자살 사고 예방
제8절 성 군기 위반 사고 예방
제9절 차량 사고예방
제10절 화재 사고예방

제3장 안전문화

제1절 사고예방 개념

1. 사고예방 관련 규정

가. 용어 정의

○ "사고"라 함은 "사건"을 포함한 광고의 의미로, 사건은 정상을 이탈하여 문제가 되거나 관심을 끄는 사안을 말하며, 사고는 그 결과 인적, 물적 피해를 초래한 경우를 말한다.

○ "군기사고란"라 함은 "군인복무규율 및 국군 병영생활 규정을 고의나 과실로 위반하여 발생한 사건, 사고로 징계 또는 형사처벌의 대상이 되는 사고"를 말한다.

○ "안전사고"라 함은 고의성이 없는 불안전한 인간의 행동과 불안전한 물리적 상태 및 조건이 원인으로 작용하여 사망, 부상 또는 물자의 피해를 초래한 사고를 말한다.

○ "부상"이라 함은 사고로 인하여 입은 상해를 말하며, 다음과 같이 부상, 경상, 경미상으로 구분한다.

구 분	중 상	경 상	경 미 상
치료기간	3주 이상	5일이상, 3주미만	5일미만

나. 사고예방 책임

○ 지휘관의 책임

- 주기적인 부대진단을 통한 사고 잠재요인 조기 발견
- 전투력 보존을 위한 사고예방 목표 및 방침 설정
- 사고예방대책(계획) 수립 및 시행 감독
- 사고예방관련 제 참모의 업무한계 및 역할 설정
- 부대 전장병에 대한 사고예방 동기부여 및 생활화 지도
- 사고예방을 위한 부대교육 및 기회교육 실시

○ 참모책임

- 인사참모
  - 부대 사고예방 목표와 방침을 지속적으로 검토 · 보강, 효과적인 사고예방 대책(계획) 건의
  - 전반적인 사고예방 계획의 시행상태 확인감독
  - 사고예방 대책을 교육 및 지도하고, 관련지식과 기술을 전파
  - 각종 점호, 행사, 기타 행동을 통하여 군기 및 안전의식을 고취, 생활화 기풍조성
- 기타참모
  - 소관분야에 대한 사고예방 활동계획을 수립 및 시행하고 관련규정, 방침, 수칙의 검토 및 보완
  - 제반 군사활동계획 또는 지시문에 유무형의 비전투 손실을 방지하기 위한 규칙 · 기준 · 절차 · 경고사항을 포함하고 그 시행을 확인감독
  - 비전투손실을 방지하기 위한 각종 보호장구 및 물자확보 개선
  - 관련 기능부대의 사고예방활동 시행의 확인 감독
- 참모기능별 사고예방활동 및 사고발생시 관련참모는 참모 책임을 지며 주무참모와 더불어 지휘관 및 상급부대에 보고 및 사고처리의 책임이 있다.

○ 감독자의 책임

편제상 지휘관 및 참모 이외의 편의상 특정한 작업 업무를 지휘 감독하도록 책임을 부여받은 자는 사고예방에 대하여 다음과 같은 책임이 있다.

- 특정작업 및 업무와 관련된 규정, 방침, 규칙, 수칙 등을 숙지하고 그 시행을 지도 감독
- 임무수행 전으로부터 종료 시까지 수시 경각심 고취교육 및 모든 환경, 도구 장비 비품에 대한 사고 장애요인을 점검
- 일상생활을 통해 발견된 위험요인을 적시에 보고하여 부대 안전계획을 보완 발전

○ 개인의 책임

- 육군 전장병 개인은 공적, 사적생활을 막론하고 군인복무규율 및 제반 안전에 관한 법규를 자율적으로 준수하여 자신을 보호하고 군 재산의 손실을 방지할 책임이 있다.
- 각종 위험요소는 발견 즉시 시정하고 자력으로 시정이 불가능한 경우는 상관에게 편리한 방법으로 신속히 보고한다.

제2절 안전활동 추진계획

1. 사고예방활동 목표

- '00년 대비 인명사고 20% 감소, 간부사고 30% 감소
- 악성/대민 물의사고 최소화

2. 추진중점

가. 사고예방 4대 중점분야(병력, 차량, 총기·탄약) 역량 집중

나. 간부사고(근무기강 이완) 예방 지휘관심 제고

다. 사건·사고에 대한 제대별·참모 기능별책임과 역할 정립

라. 안전활동 7대 중점 행동화 실천

① 존중과 배려의 선진 병영문화 정착
② 안전문화 행동화 과제 실천
③ 복무 부적응자 효율적 관리/조치
④ 의사소통/보고체계 확립
⑤ 내실있는 부대안전평가 실시
⑥ 군인기본자세 및 군기강 확립
⑦ 안전센터 운용활성화

3. 추진방침/안전활동 7대 활동 중점

가. 추진방침

① 간부사고 예방과 안전활동 7대 중점 추진
② 의식과 행동의 변화를 통해 현장 확인/애로사항조치 활성화
③ 지도방문을 통한 현장 확인/애로사항 조치 활성화
④ 반기 1회 안전활동 추진평가회의를 통한공감대형성
⑤ 인명사고 발생부대 각종포상 및 해택 제한

나. 안전활동 7대 중점 추진

○ 존중과 배려의 선진 병영문화 정착

• 현 상

- 신세대 장병에 맞는 리더십 개발과 상호 존중과 배려의 분위기를 조성하여 자율 속에서 책임을 다하는 병영문화 정착과 구시대의 전형적 악습 제거 노력 요구
- 일부 장병 "상호존중과 배려는 문화 조성"에 대한 곡해로 병 상호간 존칭어 사용 등 바르지 못한 호칭사용에 따른 군 기강 문란 사례발생에 대한 대책 필요

• 시행지침

- 부대별 특성에 맞는 창의적인 병영문화 프로그램 지속 추진
  ※ 국방부 발간 병영문화 개선 모범사례 참고 활용
- 존중과 배려의 리더십 발휘
  • 나부터 상급자부터 의식개혁 : 계급의식· 보상심리 제거
  • 중·대대급 간부 대상 지휘통솔/병력 관리요령 교육
  • 비인격적인 대우, 폭언, 무시행위 근절
  • 질책보다는 시행착오를 범하게 된 원인을 자상하게 지도
- 장병 상호간 올바른 호칭 및 언어사용 준수
  • 병 상호간 언어 사용시 하급자에 대한 존칭어 사용금지
  • 올바른 호칭 및 언어 사용
    * 호칭 : 국군병영생활규정 제13조 호칭
    * 언어 : 국군병영생활규정 제14조 군인의 언어 제15조 언어태도
  • 부사관들이 장교들과 친하다는 이유로 상호 반말대화 근절
  → 군 위계질서 및 군기강 문란/전투임무저해 가능성 내재
  • 초급장교는 부사관인 하사 분대장에게 존중·배려하는 언어를 사용할 때 공적 지시나 교육/전투임무 수행시 명령·지시어 사용

• 각종 훈련 및 부대활동간 명령에 의한 지휘체계 확립

ㅇ 부대활동간 초급장교가 부사관들에게 업무를 지시할 때 00담당관, 차량 선탑해서 부식추진해 오시오라고 명확하게 지시
ㅇ 초급부사관이 선임병장에게 업무를 지시 할 때 김병장 분대원을 인솔하여 오전 중에 배수로 작업을 완료해라라고 명확하게 지시
ㅇ 초급장교가 나이 많은 부사관 호칭시 00담당관, 00행보관으로 당당하게 호칭하되 정중한 자세로 호칭사용
ㅇ 소대장이 교육훈련중에 행보관/부소대장이 작업병력 필요시 반드시 소대장 허락/승인하여 병력 착출
ㅇ 선임병 또는 부사관이 상관의 정당한 지시에 대하여 넌지시 불만을 표시하는 행위 근절

- 지휘관 주도의 위계질서 문란 원인 근절 노력

- 상급자 → 상습적 인격모독, 구타 및 가혹행위, 비합리적인지시, 하급자에 대한 비인격적 대우 등 근절
- 하급자 → 복종심 부족, 상급자에 대한 반발심, 나이 및 군 복무기간 등에 집착하는 사고 근절
- 부대별 가용여건 고려 장교, 부사관 독신숙소 구분입주 조치

 * 불가시 통로별 동일신분, 계급별 입주

- 제대별 가용조직을 활용, 자체위반자 식별활동 적극 추진

- 동기생간담회, 계급별 간담회, 개별면담 등을 통한 현상파악

 * 장병들에게 사전 충분한 설득과 교육선행 → 진단 효과제고
 * 식별활동시 착안사항

ㅇ 대상관 사고는 피해자가 수치스러워 노출을 꺼리는 경우가 많으므로 정밀 관찰 및 면담 등 정교한 지휘력으로 식별 요망
ㅇ 직할대, 격오지, 소파견지에 대한 지휘공백 발생 방지

- 제대별 자수기간을 설정, 자진신고 유도
  * 자진신고자 : 제대별 지휘관 책임하 처리
  * 자수하지 않은 인원 : 지시불이행과 법 위반에 대한 가중처벌
- 부대 안전평가 시 위계질서 위반 관련 설문 주기적 접수/처리
- 식별된 위계질서 문란행위 단호하게 처리(원인제공자 포함)
  * 현상 파악후 과감한 신상필벌(의법처리, 인사조치, 징계등)
  * 피해자의 처벌의사와 상관없이 목격자는 단호히 보고하고 지휘관은 반드시 처벌

– 내실있는 병영생활 상담실 운영

- 용어 변경 사용
  * 장병 기본권상담실 → 병영생활상담실
  * 기본권상담관 → 병영생활상담관
  ※ 적용일자 : '09. 1. 1부
- 인사참모(과장) 책임하 병영생활 상담실 운영

구 분	사(여)단 이상	연대	대대	중대
운영책임	인사참모	인사과장	인사장교	중대장
상담관	군종참모/장교 ※전문상담관 (운용부대)	군종장교 (주임원사) ※전문상담관 (운용부대)	주임원사 (군위관)	행정보급관, 상담병
상담실 자문원원	인사, 법무, 헌병, 의무	헌병 지원수사관, 의무중대장, 주임원사	군위관	부중대장, 선임소대장

- 상담활성화를 위해 별도 상담실 공간 확보운영
  * 사무실 병행 사용시 실질적 상담 불가(주임원사실 등)
- 찾아서 상담하는 능동형 상담관 임무수행
  * 현장에서 상담대상을 찾는 적극적 상담활동 전개 (1일 1명이상)

* 신청자가 없을시 전입신병, 사고우려자, 환자대상, 우선순위 고려 상담실시
* 상담결과는 지휘관 및 관련간부에게 통보하되 신중 처리

- 상담실이 설치된 중대급 이상 제대는 상담병 임명, 활용

* 상담병은 겸무보직으로 활용, 지휘관 임명장 수여

- 사(여)단 군종참모 주관하 상담관(병) 소집교육 정례화(반기1회)

* 전문 상담관 배치부대는 전문상담관이 교육 담당

- 대대급 이상 상담실은 자동응답전확기 설치, 야간 접수내용 확인/조치
- 적극적인 기본권 상담실 홍보 활동

* 전입장병 병영생활 상담실 및 상담관 전화 번호, E-mail홍보
* 부대내 시설(공중전화, 화장실, 식당, PX, 내무반)에 연락번호 및 이용 방법 유인물 부착(자문위원 포함)

- 각급제대 지휘관은 상담요원과 주기적 간담회 실시

* 중대장(주1회), 연 · 대대장(월1회), 사 · 여단장(반기 1회)

– 이등병 · 병장 선진 병영캠프 운용

- 이등병 조기 적응 유도와 병장 진급자들의 의식 전환을 통한 악폐습 차단에 목적을 두고 시행
- 연(대)대 단위 여건 고려 운영계획 수립, 목적에 부합된 프로그램 운영

구분	이등병 병영캠프(2박3일)	병장 병영캠프(1박2일)
목적	• 동화교육으로 조기 적응 능력 부여	• 의식개혁을 통한 안정된 부대관리에 기여
주기	• 전입 1~2개월내/연대단위	• 병장 진급월/연·대대 단위
책임	• 현장지도/교육감독(지휘관/참모), 교육실시(주임원사)	
교육 내용	• 군복무 의의/가치관 • 동기와의 대화/고충 털어놓기 • 사회복지시설 체험/봉사 등	• 후임병 시절 바라본 선임병 모습 • 내무부조리 근절방법 토의/발표 • 선임병으로서 각오

- 제대별 안전활동 추진평가회의시 선진병영캠프 운영결과 보완사항 도출/후속조치 활성화

- 군인복무규율 교육 및 실천

- 정과교육 : 과목 교육전 군인복무규율과 관련된 조항 및 해설내용을 5분 이내로 교육하고 사전 안전평가 실시후 교육 진행
- 생활화 교육
  ① 방송시스템을 활용 군인복무규율 준수, 강조 방송
  ② 일조 및 일석점호 시간활용 병사 교육(지시사항 하달전)
  ③ 상황보고시간 활용 간부 교육
  * 일일상황보고 후 1~2개 조항 및 해설내용을 당직사령이 교육
  ④ 중대급 이하 제대 지휘관 시간(5분이내) 활용 교육
  ⑤ 기타, 각종 회의시 가용수단을 활용하여 회의전·후에 2~3개 조항 및 해설내용 교육
- 행동화 실천
  ① 병영생활 전반에 걸쳐 육군 가치관과 연계하여 실천 독려
  ② 복무규율 위반자 발견시 현지교정, 교육 및 감독강화
  * 지휘관 및 간부부터 수범적 복무자세 견지(Top-down식 행동화 실천)

○ 안전문화 행동화 과제 실천

- 현상

- 안전훈련센터 수료인원, 연대급 자살예방 양성교관자체 활용 미흡
- 병력순환과 망각주기를 고려 분기1회 이상 사고예방반복교육 필요
- 초급간부의 각종 방침 및 규정숙지 미흡/안전학습기회 부족
- 사고예방에 대한 지휘관심도에 따라 부대별 사고발생차이 과다
- 잘못된 음주문화로 인한 음주사고 지속 발생

– **시행지침**

• 안전문화 추진 목표

> • 호흡하는 것처럼 모든 부대활동간 안전활동 포함
> • 사고예방에 대한 관심표명 기피 분위기 전환
> • 안전이 보장된 상태에서 전투준비, 교육훈련 개념정립
> * 사전 안전대책 + 사후 안전평가 생활화
> * 전투준비, 교육훈련 등 모든 계획–준비–실시간 METT+TC+S(Safety) 고려

• 안전문화 추진 시스템 행동화

* 계몽홍보
① 제대별 안전문화 추진평가회의시 안전문화 워크숍 병행
② 1분 영상 프로그램, 포스터, 방송 등 다양한 수단 활용
* 안전학습
① 학교교육 : 장교/부사관 양성 · 보수과정별 교육시간 반영
② 소집교육 : 육군 안전훈련센타 소집교육(직책별/신분별)
③ 순회교육 : 안전학습 헌병 전문교관 활용(취약분야 우선 지원)
④ 정과교육 : 부대관리주 활용 안전학습(7개 필수 프로그램)
* 안전학습 전문교관 양성(사 · 여단급 1개팀 4~5명)
⑤ 보수교육 과정 전 간부 안전자격 인증제 시행
* 점검 · 차단
① 교육훈련체계 적용, 지휘관중심의 부대안전평가 시행
② 현장예방 Check–list 전장병 휴대활용(관리자용/병사용)
* 휴대 · 활용 여부 대대장급 지휘관이 관심을 갖고 확인
③ 과학적 진단척도 개발 활용 : 개인안전지표, 스트레스 진단척도 등
* 사후관리
① 사고우려자는 D/B화 주기적 병력결산시 추적 관리
② 복무결과 소견서에 안전문화 추진실적 기록
③ 제대별 안전활동 우수부대/모범 장병 선발 포상

- 제대별 안전활동 추진평가회의 실시

구분	대대급	연대급	사(여)단급	군단급	군사령부
주관	대대장	연대장	사(여)단장	군단장	인사처장
참석대상	• 중대장 • 대대참모 • 주임원사 • 행보관	• 대대장 • 연대참모 • 직할중대장 • 주임원사	• 연/대대장 • 사(여)단참모 • 직할대장 • 사(여단)연대 주임원사	• 사(여)단장 • 군단참모 • 직할대장 • 사(여단)이상 인사참모, 주임원사	• 사(여단)이상 인사참모, 주임원사, • 군종/법무 참모, • 헌병대장
주기	월1회	분기1회	분기1회	반기 1회	
내용	• 주요 사고분석, 대책 토의(인명, 간부, 악성/대민물의 사고중심) • 신상결산, 부대안전평가/안전활동분석, 우수부대(자)포상 • 성군기 사고예방 간부교육 병행 실시 ※ 시행주기, 참석대상은 제대별 지휘관 판단하 조정 시행 가능				

* 안전활동 추진은 지휘관의 의지와 관심이 중요함으로 지휘관은 반드시 평가회의를 실시하여 결과가 환류되도록 조치

* 평가회의시 간부 및 병에 대한 신상결산과 안전활동에 대한 분석(부대 안전평가 결과, 계절별 취약사고 분석
부대운용/특성에 따른 사고 분석 등)과 대책을 수립 하며 반드시 후속조치 실시

- 자살예방교육

* 분기1회(부대관리 1H×4회), 집중정신교육시 2H

구 분	부대관리주				집중정신교육
	1분기	2분기	3분기	4분기	2H
시 간	1H	1H	1H	1H	2H
교 관	대대장	전문교관	전문교관	수사관	군종장교
교보재	지휘관용 교안	자살예방프로그램		수사단 프로그램	군 종 프로그램
내용	• 사생관 정립 • 죽음이해	• Gate-Keeper 교육 • 자살징후 인지 조치요령		• 자살이해 • 매커니즘	종합교육

* 연대급 자살예방 양성 전문교관 적극활용 : 교육 자료 자기 부대화
* 자살예방 교육 대대급 전문교관 양성(국방부 연계)
① 장기복무자 위주 교관능력 구비자 선정
② 교육수료 12후 연대장 연기강의 후 교육 투입
③ 교육자료 자기부대화/실질적인 교육 계획 수립/시행

- 제대별 지휘관 주기적 사고예방 간담회/교육

교육책임	중대장	대대장	연대장	사단장
대 상	• 병 • 분대장	• 대대참모 • 소대장 • 중대행보관 • 부사관	• 중대장 • 직할중대장 • 대대주임 원사 • 직할중대 간부	• 대대장 • 직할대장 • 사단참모 • 연대/사단 주임원사
교육주기	주 1회 이상		월 1회 이상	분기 1회 이상

※ 주임원사는 해제대 부사관에 대해 주 1회 이상 사고예방 교육

- 동영상 자료를 활용한 안전학습 교육
  * 교육진행 방법(예)

안전학습 프로그램 (6~7분)	→	M-Kiss 형 학습 (6~7분)	→	질의 및 토의 (36~38분)

① 동영상 시청(관심유도) 후 질의 토의식 진행
② 질의 및 토의는 행동학습 기법(Action Learning) 적용
* 지휘관이 명확한 의도를 가지고 학습자료 선정
* 간부, 병사 등 전 구성원이 함께 보고, 듣고 느끼는 참여 · 토의식 학습
* 일회성 탈피한 반복학습
* 교육자료 : 안전학습 프로그램, M-Kiss 프로그램
* M-Kiss 프로그램 : 국군방송 매주 금요일 방영(16:30~16:50)

- 음주문화 혁신 실천 과제 적극 시행
  * 제대별 행동화 실천과제 적용
    ① 회식보고제 시행 : 1차 상급지휘관에게 음주회식 보고/승인
    ② 2·2·2 운동(2차 안가기, 2시간 이내, 22:00 이전 숙소 복귀)
    ③ 1·1·10 운동(1차에 한해, 1가지 술로, 22:00이전 종료)
    ④ 음주운전 콜센터 운영 음성동보/Call-visit 등
  * 음주로 인한 사고 가능성 수시 간부교육/올바른 주법 교육
  * 초급간부 22:00이전 복귀 확인 시스템 구축(지통실/당직실)
  * 지휘관이 솔선수범/행동으로 실천
    ① 개인의 주량과 취향을 배려(개인주량 초과금지, 음료수 준비 등)
    ② 회식 선임자는 참석자의 복귀수단 확인 후 최종복귀
  * 과도한 음주를 유발 할 수 있는 음주관행 근절
  * 폭탄주, 공동 운명주, 원샷, 술잔 좌(우)로 돌리기 등
  * 음주운전 근절 주기적 반복 교육
  * 1분 영상교재(건전 음주문화, 안전센터에 탑재) 상화보고/회의시 시청
- 전 헌병 역량 집중 현장위주 안전활동 전개
  * 장병이 피부로 느낄 수 있는 현장위주 헌병 안전활동 전개
  * 격오지 관리를 위한 기동 안전팀(헌병, 군종, 의무, 통신, 감찰, 부사관단)을 편성 제기능이 통합된 안전활동 활성화
  * 군단 헌병대는 사(여)단 요청시 생명보호 순회 학습 계획 수립, 시행
  * 야외훈련간 지원 수사관 동참 지휘조언
  * 안전문화 시스템 추진 실태 등 병영실상 점검 후 지휘조언
  * 헌병대장은 각종 사고예방 관련자료 적극 제공(지휘관, 병영생활 상담관)
- 신상필벌 강화
  * 사고발생시 사고처리 신상필벌 기준(국방부훈령 702호 '02. 3.19) 적용
    ① 사고유형별 사고결과와 영향에 따라 문책대상 결정
    ② 극히 중대사고 문책강화 : 3차 이상 상급자도 가능

* 3명이상 사망, 7명이상 부상, 인질난동 대민사고, 집단사고 등
③ 온정적, 미온적 처리 지휘관은 차상급부대에서 경고조치
* 부대관리 국방부훈령 제정 이전, 사고처리 신상필벌 기준 유효
* 주요인명·물의사고 관련자 D/B화 관리
* 총기관련 및 주요사고(간부, 대민물의사고) 발생시 지휘관 대면보고
① 사단장 → 군사령관, 군단장 → 참모총장
② 발생사고의 경중을 고려 대면보고 여부 결정 통보
* 인명손실 다발부대 연말 주요 우수부대 선발 대상 제외

○ 복무 부적응자 효율적 관리/조치

- 현 상

- 최근 자살사고는 감소추세이나 '05년 이후 증가 추세로 전환
- 지휘관 및 인사관계관 외 일반장병 자살에 대한 인식/기초지식 부족
  * 자살사고가 인명사고의 64% 차지
- 자살 징후에 대해 인접 동료들의 무관심, 미인지
  * '08년 자살병사 중 보호관심병사 미선정 58%비전캠프 미입소자 90%
- 취약간부에 대한 신상파악, 근무여건개선이 요구됨 (간부자살 27%)
- 장병 인터넷 중독자 관리에 관심이 증대되고 있으나, 체계 적인 식별과 관리에 소홀
  ※ 복무 부적응자에 대한 효율적인 관리/조치로 자살사고 예방 등 인명 손실을 최소화하는 것이 안전 활동의 핵심임

- 시행지침

- 전입시부터 일병 휴가시까지 집중 관리모델 적용

입영부대 (육훈련소, 보충대)		자대전입(식별)		100일 휴가
• 군 인성검사 -생활지도기록부에 합철 -신교대에 송부 **신병교육자 입소** •입체적 신상파악 -입영부대 자료 확인 -면담/관찰 등	→	• 보호관심병사/ 자살우려자 식별 -신교대 자료 확인 -지휘관, 분대장 등 입체적 면담 -가족/친구 연계파악 ※ 선진병영캠프 입소 -100일 휴가전 입소 -심리검사, 집단상담	→	• 출타병사 예방학습 지휘관 면담 • 가족/친구 연계관리 -부적응상태이해/ 협조유도 -전문인 심리치료/ 병원진료 권유

입병 진급		1차 정기 휴가
· 보호관심병사/ 자살우려자 재분류 -장점을 발휘할 임무부여 -부모초청 상담 심리치유	→	· 출타병사 관리 -휴가계획서 작성 -출타자 예방학습 -휴가중 관리 (정신/신체 결함자) ※ 가족연계 관리

⇓

자살우려자 관리	• **비전캠프 우선 입소(반드시)** • 24시간 동료들에 의해 관리(우발적인 결행 기회 차단) •지속적인 외진/약물치료, 부대 적응 유도 노력 •**정신병원 입원, 현역복무 부적합처리 등 제도적인 처리**

- 자살우려자(보호관심병사) 식별대책 강구

* 신병교육대

① 입영부대 인성검사 결과를 기초로 병영생활 지도기록부 작성시 면담, 상담 Check-List 등 활용 관리

② 면담/관찰결과 생활지도 기록부 기록 후 자대 송부

③ 신병교육 기간 중 신체적 결함자 의병전역 조치 → 자대 전입차단

* 실무부대

① 다양한 식별수단 활용 보호관심병사 선정/관리

입영부대 인성검사, 병영생활지도기록부, 스트레스 진단척도, **개인안전지표,** 인터넷 중독 진단, 표준/ 군 간편 인성검사 등

② 전입시 주임원사, 군종장교, 의무중대장 합동면담 결과 활용

③ 보호관심병사 선정 범주에 자살우려자, 구타우려자, 성추행 우려자 및 전력자, 상습적인 언어폭력자 게임 중독자, 마약경험자 등을 포함하여 관리

- 즉각 보고체계 확립

* 『상향식 일일결산』 및 『분대장 관찰 보고제도』 시행

① 수시/상향식 일일결산체계를 확립하여 일반 장병으로부터 지휘관에게까지 즉각 보고체계 확립

② 분·소대장은 자살징후, 구타·가혹행위, 언어폭력, 성추행 등을 발견시 즉각 보고 및 조치

* 지휘관 주도하 입체적인 상담활동체계 확립

① 지휘관, 병영생활 전문상담관, 군종장교, 주임원사, 분대장 등

② 부모·친구·애인과 연계한 상담 및 관리

③ 보호관심병사 일정별 상담, 자살우려자 1:1 밀착 상담

* 실시간 보고체계 확립

① 분대장, 각개병사가 지휘관/간부에게 징후발견시 즉각 보고

→ 지휘관 및 간부 휴대폰, 사무실 전화 등 쉽게 통화토록 교육

② 출타장병 E-mail 주소 파악 및 출타기간 중 2회 이상 접속/확인
③ 자살징후 식별·보고시 인센티브 제공(포상, 휴가, 상점부여 등)

- 식별인원에 대한 관리대책

* 보호관심병사 관리
① 주기적인 병력결산을 통한관리 : 중대~대대(일일), 연대, 사단(월간)
* 병력결산 주기는 제대별 지휘관 판단하 조정 시행 가능
② 대대급이하 부대 : 즉각조치(병원진료, 보직 조정, 부모면담 등)
③ 상급부대 : 추가조치(군종장교 면담, 부대조정, 부대안전평가)
* 자살우려자 관리
① 병영생활 전문상담관/민간 심리상담사 활용 상담
② 정신과 진료, 필요시 사단 의무대 입실 치료(우울증)
③ 비전캠프 입소(계속 부적응시 포스트 비전캠프 재입소)
* 입소자 선정 심의(사단급)를 통해 반드시입소 인원누락 방지
④ 비전캠프 퇴소후 지속 부적응시 병역심사관리대 입소
⑤ 병역심사관리대 원복 병사는 24시간 특별관리
→ 대대·연대는 식별에 주안, 사단급 이상 관리/조치 체계구축
* 제대별 상황/여건 고려 상설 비전센터 운영
* 예하지휘관 지휘부담 경감, 전투력 향상 전념 여건 보장

- 병영생활 전문상담관 운영

* 임 무

① 장병 상담업무 관련 지휘관 보좌
② 현장위주 능동적인 상담활동 시행
③ 보호관심병사 상담/관리
④ 간부/상담병 상담능력 향상 교육
⑤ 장병 소원 및 고충 파악/처리
※ 지휘활동과 연계된 상담업무 적극 이행
(식별된 보호관심인원에 정보 공유 등)

* '09년 전문상담관 확대 운영 : '08년 30명 →'09년 74명
  ① 상비/향토사단 위주 2명씩 운영
  ② 군 경력자/민간 전문일력 상호보완 역할 고려 혼합 편성
* 전문상담관 운영 개선을 통한 효과 제고
  ① 자살우려자 식별 및 관리에 최우선을 두고 기동상담
  ② 업무성과 DB 관리(우수자 인센티브, 저조자 재계약 미실시)
* 운영부대 책임부대별 사고발생 현황 유지
* 월간 과업검수서 작성간 등급평가(5개 등급)
* 반기단위 정기평가 시스템 적용
  ③ 상담효과 제고를 위한 다양한 상담기법 적용
* 집단상담 프로그램, 각종 인성검사 도구 활용
* 부모와 연계한 입체적인 상담활동
  ④ 상담여건 고려 탄력근무제 적용(휴일 상담, 평일 휴무)
  ⑤ 보호관심병사/자살우려자 체계적 관리 시스템 구축
* 신병교육대/보충중대 신병 중 자살우려자 사전 선별활동 강화
* 자살우려자 현황 수시 최신화/지휘관과 정보공유 체계 구축
* 사단/연대 병력결산 회의시 전문상담관 동참
  ⑥ 적극적인 호보활동을 통한 운영 성과 제고
  ⑦ 전문상담관 활동여건 보장
* 운영부대 지휘관은 사무실, 차량, 숙소 지원 등 상담환경 여건 조성
* 대외 공식적인 요청, 자격 획득을 위한 학회, 세미나 등 대외활동은 해부대 장관급 지휘관 승인하 참석(휴가 일수 미포함)
* 업무상 필요시 통제구역 출입이 가능하도록 조치(특히 민통성 등)
* 부대 출입표찰 등 부대근무에 필요한 제증명 발급
* 상담병 임명 지원(심리학, 상담학, 신학 등 상담관련 전공자)

• 인터넷 중독자 식별/관리
* 전입 신병은 전원 『인터넷 중독진단』 시스템 활용 진단 후 결과를 생활지도기록부에 첨부 신상관리 자료로 활용

* 표준/군간편인성검사 결과 중독 증후가 식별된 기존 장병은 『인터넷 중독진단』 시스템 활용 정밀진단

* 진단결과 중독 수준별 관리

구 분	관 리
위험군	• 보호관심병사 선정 관리/일일 신상결산 (분대장) • 집중상담 : 군종장교, 전문상담관 등 • 정신과 진료/전우조 지정 운용
잠재군	• 기타 부적응 요소 고려 보호관심 병사 선정 관리 • 주기적(분기단위) 중독성 점검/계몽교육
일반군	• 올바른 인터넷 이용 계몽교육(분기별)

* 인터넷 중독진단 결과지는 생활지도기록부에 합철 관리하고, 주기적 신상결산시 추적관리

• 취약간부 관리

* 간부사고 예방교육 주기적 실시

① 대대장급 이상 지휘관에 의한 간부교육 : 분기 1회 이상

② 군인복무규율 숙지 → 의식 개혁, 행동화 실천 : 지속

* 취약간부 식별활동

① 초급간부 전입시 반드시 정밀신상파악(임관일 기준 5년 이내 간부)

* 인성검사, 부모 친구 애인 전근무지 지휘관과 연계

② 부대안전평가시 취약간부 재선정

○ 취약간부 선정 기준

- 음주 주벽, 악성부채, 이성관계, 개인질병 등 취약요인 식별
- 우울증, 어두운 표정, 업무수행 저조
- 본인의 입장에서 주관적이고 감성적인 업무처리
- 폭언, 인격모독, 가혹행위 등 지휘통솔 기법과 자제력 부족

* 초급간부 및 취약간부 관리 · 조치 강화

① 업무부담/스트레스 해소 : 초임간부, 보직 변경자, 주요 직위자 등

- 해계급, 직책, 업무량, 능력, 경험 등을 고려한 임무부여
- 초급간부 업무수행 능력 향상을 위한 지휘관심제고
- 소대장 만료후 대대참모업무 수행시 업무부담 해소대책 강구
- 연대급이하 제대 접수문서 지휘관 선결재 권장/ 명확한 업무지침 제공

② 존중과 배려, 칭찬의 리더십 발휘

- 부하들 앞에서 무시, 질책을 지양화고 자상하게 업무지도
- 일과 후 여가생활 의식주 여건 개선, 근무 후 휴식 보장

③ 초임/취약간부에게는 모범 선임간부를 멘토 지정

- 임무수행/야간 사생활 지도철저(술, 여자, 부채 등)
- 지휘관(주임원사)은 적응상태, 멘토의 지나친 간섭 여부 등 확인

④ 단기복무 전역 예정장교 근무기강 확립

- 지연출근, 무단이탈 등 군기강 및 근무 분위기 저해 행동 통제
- 취업설명회 참석 여건보장(휴가, 외박 명령 조치)

* 악성/과다부채자 확인

① 개인 부채현황은 직접면담이나 동료를 통해 구두로 확인

※ 강제성이 없어야 하며, 확인된 개인정보는 철저히 보호 필요

② 간부저축 현황 파악을 통한 간접적 부채현황 확인

③ 업무수행에 필요한 경우 급여채권 압류 현황 확인

※ 육규 41(채권압류 업무규정) 제11조 채권압류자 현황 통보 참조

④ 보증용 복무확인서 발급절차 개선

- 사/여단급 이상 제대 법부무 상담확인서 작성 결과에 의거편성부대 인사과에서 보증용 복무확인서 발급

* 금전, 이권, 총기탄약관리 직위자 관리강화

- 금전 수불 및 계약관련 업무 담당자
- 총기 탄약관리 및 수불담당자
- 물품 출납직위 업무 권련자
- 군사보호구역 담당 등 대민관련 업무자
- 민간지역 출입이 잦은 근무자
- 격오지 소초, 탄약고 책임자, PX관리관, 아파트/복지시설 담당자
- 기타 이권관련 직위자 등

① 임무수행간 정기적인 면담을 통해 고충해소
② 법과 규정, 절차에 의한 업무처리 확인
- 규정에 의한 경리업무 수행, 이중 확인 체계 등 유지

③ 악성/과다 부채 등 취약간부로 확인시 보직 조정
- 부적격 사유 발생시 과감한 현역복무부적합 처리

④ 취약지역 근무자는 일정 주기 교대토록 행정예규 반영
- 품성저열 간부는 과감한 현역복무 부적합 처리

○ 의사소통/보고체계 확립

- 현 상

- 간부와 병사들간의 의사소통 미흡으로 실질적인 병영생활 현장의 문제점 파악이 곤란하여 사고발생 후 문제점이 밝혀지는 경우가 많음
- 분대장들이 모르는 사고는 없으나 초급간부가 이를 인지하지 못해 조치시기를 상실하는 경우 다수 발생
- 자살충돌자 징후노출 사실을 장병들이 무관심으로 미인지/보고체계 미흡
  * 자살자의 72%가 징후 노출 → 인식부족으로 무관심, 미인지
- 사고보고 규정(육규 941)을 인사관계관들이 숙지하지 못하여 보고를 하지 않거나, 상황계통 보고로 인사계선 참모보고를 대체한다는 잘못된 인식 내재

- **시행지침**
  - 각급제대 일일결산 및 지휘보고시 사고예방 관련사항 필히 포함
    * 시행제대 : 분대장 ~ 사단장
    * 시행방법 : 분대 ~ 대대(일일결산), 대대 ~ 사단 (부대별 내규적용)
    * 상향식 결산시 보고내용

① 구타/가혹행위, 언어폭력, 성추행, 자살징후자 여부 ② 분대원의 애로 및 건의사항 ③ 오늘과업 강평 ④ 내일과업과 관련한 교육 및 공지사항 등 ※ ①, ②번 항은 보고사항이 없더라도 없음 을 보고

→ 자살징후 식별/보고시 인센티브 제공(포상휴가, 상점 등)

  - 대대급 이하 부대 상향식 일일결산 구체화 시행
    * 일일결산은 과업시간 내에 실시함을 원칙으로 하나 부대별 여건을 고려 조정 가능하며, 대대장은 매주금요일 ①, ②번 사항에 대해 주간결산 실시
    * 분대, 소대 일일결산은 훈련장, 생활관 등 현장에서 일과 중에 실시할 수 있도록 여건 보장(장소에 구애됨이 없이 시행)
      ※ 상향식 일일결산은 병력결산보고와 상하 간 의사소통을 원활히 하기 위함임 부대운용이 크게 변경된 경우에는 중대급결산보다 대대급 결산을 먼저 실시하여 중대급의불필요한 노력의 낭비를 줄여줄 수 있으며 이때에도 ①, ②번 보고는 반드시 이루어져야 함
    * 휴일 보호관심 병사 관리를 위해 당직사관에게 인계 이수를 하되, 개인정보가 보호되도록 하며 당직사관은 형식에 구해됨이 없이 분대장을 통한 병력관리 및 결산실시
  - 분대 건재유지 생활화 정착
    * 작전, 교육훈련, 작업, 식사 등 제반 부대활동시 분대단위로 과업을 부여하고 건제유지 활동 보장

* 간부들은 병사들에게 임무부여시 가능한 분대장을 통해 지시

* 본부중대 등 분대건제 편성이 제한되는 부대는 잠정분대 편성, 분대장 임명

※ 분대장은 병사들과 24시간을 함께하는 간부임을 명심하고 분대장은 병영저변의 문제를 실시간 파악·조치해야 함

- **계층별·계급별 간담회(매주 금요일, 15:00~16:00)**

구 분	중대행보관	중대장	대대주임원사	대대장
이등병	1주차	3주차	4주차	
분대장		2주차	1주차	
소대장				
부사관		4주차	2주차	1주차
보호관심병사	※ 주중 임의시간을 선정하여 시행			

※ 지정대상외 병력은 간용간부에 의해 사고예방교육 병행 간담회 실시

* 계층별 다양한 의사소통 창구를 보장하여 병영저변의 문제점과 개인 애로사항을 파악하고 사전조치

* 간담회 결과와 조치계획은 일일결산 및 지휘보고에 포함하여 보고

- **인사계선 참모보고 활성화**

예하부대지휘관 ⟹ 상급부대지휘관 ☜ 예하부대 지휘관 및 참모보고 동시접수

↑ ↑

<u>예하부대 인사참모</u> ↔ <u>상급부대 인사참모</u>

※ 지휘보고 전 상급부대 참모에게 보고 및 사전조율 (규정, 방침, 시행가능성 등)

* 업무의 기획/시행 전 상·하·인접부대 협조 의견수렴
* 상급부대에 지휘보고 전 상급부대 차모에게 보고 및 사전조율
① 규정/방침, 시행 가능성, 장·단점(효과) 등 확인
② 예하지휘관 건의시 상급부대 참모는 적시성 있는 검토 후 종합판단 보고하여 상급지휘관의 건전한 결심가능
* 사건·사고 발생시 보고체계 확립
① 최초보고 : 인지된 내용만 최대한 신속히 보고 실무계통 보고 병행

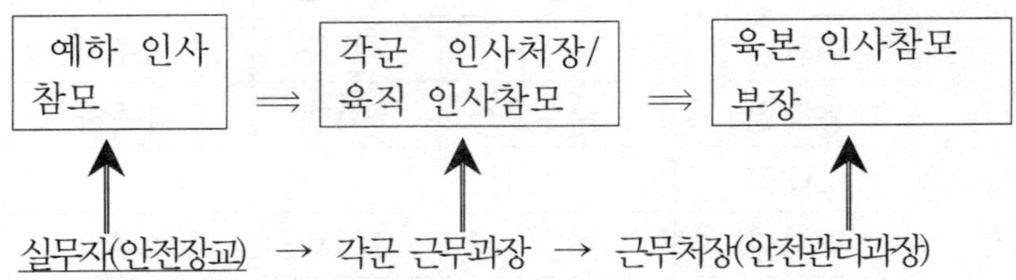

※ 참모보고 대상사고/사망사고 발생시

② 중간보고 : 일일정기 및 수시보고 실시
※ 최초보고 내용의 추가/변동사항, 사후조치/진행 관심사항 등
※ 간부사고는 원인규명과 책임한계, 향후대책을 포함 보고하고, 자살 사고는 비전캠프/병역심사 관리대 입소 향후 대책을 포함 보고(72시간 이내)
③ 최종보고 : 지휘보고 대상사고 및 지시된 사고는 12일 이내 서면보고
※ 사고개요, 원인, 문제점/대책, 사고발생 후 지휘조치, 피해자·사고자·관련자 처리 등 포함

○ 내실 있는 부대안전평가/부대 취약요소 해소

- 현 상

- 제대별로 주기적인 부대안전평가를 통해 부대의 취약점을 도출해야 하나 형식적 실시 또는 예하 부대 보고에 의존
- 구타 및 가혹행위, 성추행 등은 보복우려와 수치심으로 외부표출을 꺼리므로 적발이 어렵고, 초급간부들 또한 지적을 꺼리기 때문에 상급부대에 은폐, 축소 보고하는 경향
- 안정된 부대관리를 위해서는 부대안전평가를 통한 취약요소 진단과 후속조치가 반드시 필요

- **시행지침**
  - 제대별 현장지도 활성화 → 답은 현장에 있다.

* 육군본부

• 예하부대 근무여건 조성 및 현장확인 주력 • 연대급 이하 행동화 Check-List 가 구비되어 있는가 확인/지도

① 육본 현장지도 정례화 : 장군단, 인참부 등
② 육본 화상회의 매월 실시 : 근무기강 이완부대 발표, 대책 토의
③ 지휘보고 대상사고 발생 시 합동조사반 운용
④ 참모기능별 사고예방활동 정착
※ 책임분야별 예방활동, 참모보고 등 사고 후속조치
※ 안전활동 평가회의시 제 기능 참석, 통합지도방문시행 등

* 군사·군단

① 군(사)단급 야외기동훈련시 안전통제반 운용
② 예하부대 움직이는 차량, 인원, 장비에 대한 통제시스템 유지
③ 참모부별 자매 격오지 선정, 분기별 방문(애로사항 청취/해소)

* 사단급 이하 제대

① 병영생활간 기초와 원칙 행동화/습성화
② 독립중대/소초급 격오지 CCTV 이용 통제시스템 운용
③ 기능별 통합 기동지원팀 운영(대대급 분기 1회)
※ 인사, 헌병, 의무, 법무, 군종, 부사관단 등
④ 경계부대(GOP, 해·강안) 우선 병력 보충
⑤ 경계부대 차량은 사단정비대, 군지단 이용격월 정비지원
⑥ 대대장은 움직이는 차량, 병력 장악 책임
※ 육안, 무전기 등 이용 확인 시스템 유지
⑦ GP, GOP, 소대급 격오지 사단/연대 참모와 자매결연 주기적 방문
⑧ 식별된 우울·조울증 환자는 사단장(의무대장)이 책임 관리
⑨ 소초급 격오지/경계부대에 대한 전투근무지원은 연대급 이상 제대가 찾아가서 지원하는 개념 적용

• 부대안전평가 시행 : 안전활동 추진평가회의주기적 연계

구 분	분 · 소대	중 대	대대(대)	연대급	사 · 여단급
주 기	일일	주1회(주간결산)	월1회	분기1회	
비고	상향식 일일 결산		1일이상	가용한 기능 통합편성	

* 대대급 이상 제대는 상기 기준에 실시함을 원측으로 하나, 지휘관 판단하에 교육훈련 순환 주기와 연계하여 부대관리 중에 실시 가능
* 상급부대 부대안전평가시 예하제대는 상급부대와 통합 가능
* 부대안전평가 요령은 면담, 간담회, 확인점검, 교육 등 다양한 방법으로 병영생활 행동강령 실천 신상결산, 취약요인 파악, 각종 규정이 제대로 시행되는가에 중점을 두고 시행하되 대대급 이상 제대는 설문을 분기 1회 이상 접수
* 대대급이하 부대는 부대안전평가시 각종 과학적 식별도구를 이용, 부적응 병사 식별 활동을 하고 보호관심병사와 취약간부를 재분류하여 추가 선정된 인원에 대한 관리대책강구

• 제대별 부대안전평가 시행 요령
* 분 · 소대는 병영생활간에 면담, 관찰, 확인, 점검 등을 통해 병력, 장비, 물자에 대한 취약 및 위험요인을 파악하여 매일 상향식 결산시간에 이를 보고하고 필요한 조치 강구
* 중대는 주1회(몇 시간 또는 1일) 병력, 장비, 물자 등에 대하여 주간결산 개념으로 시행

(예) 월~목요일까지는 상향식 결산, 순찰, 현장확인, 관찰/면담 등을 실시하여 취약요인을 파악하고, 금요일 재진단/조치

* 대대(대)는 월1회 이상 전 중대를 대상 안전평가 실시

① 지휘관이 중점을 선정하고 표준실습계획표를 작성, 교육훈련 시스템을 적용한 세부시행계획 수립 시행

② 참모기능별로 확인 및 검검 후 조치하며, 필요시 상급부대 진단팀을 요청하여 실시

③ 대대장은 점검관별로 점검내용에 대한 임무수행 계획보고를 받고, 점검 중점, 요령 등을 교육하여 정확한 진단이 되도록 지도감독

* 연대급은 분기1회 전 부대(격오지/소파견지 포함)를 대상으로 전 참모기능이 통합 지도방문 형태로 시행하되 기능별로 평가과제 목록에 의해 확인, 점검하고 필요한 조치 강구

* 연대급 이상 부대는 예하부대가 지도방문 등으로 지나친 부담을 갖지 않토록 예하부대의 임무 및 부대운용을 고려하여 실시

* 사단은 반기1회 예하 전 부대를 대상으로 인사, 군수, 교육, 감찰, 의무, 헌병, 군종 등 기능별 통합지도방문 형태로 실시하며, 예하부대가 부대안전평가 등 각종 안전활동을 제대로 시행하고 있는지 중점 확인

- **사고 취약요소/촉발요인 효율적 통제**

* 노끈류, 영내 취약시설물 점검(분기 1회)

① 건조대, 수건거리 등 나일론 끈을 와이어로 교체

② 야전상의 끈 일제제거 노끈류 창고 통합보관(잠금장치)

③ 폐건물 완전폐쇄, 창고, 보일러실 등 잠금장치 일제 점검

* 총기 및 탄약관리 요원 주기적 신상 확인

① 보급병은 병기관, 군수담당관이 면담, 신상관리 책임

② 관련직위 간부는 지휘관, 주임원사가 직접신상 관리

* 아침 점호 후 일과 후 자율시간 사각지역 순찰 정례와

- **병력, 차량, 장비 추적관리 시스템 유지**

* 지통실장 (당직사령)에 의한 24시간 실시간 통제체계 유지

※ 야간 당직근무간 확인 점검사항 Check-list 작성 활용

* 일과 후 휴일 부대운용계획 대대장급이상 지휘관 승인하 시행

* 독신간부 출타/복귀 통제시스템 구축

① 출타, 복귀시 대대장급이상 지휘관(당직계통)이 교육/확인

② 영외 음주시 사전예고제 시행(당사자가 출발, 복귀신고 · 서명)

③ 당직계통(지통실)에서 출타중인 독신간부 추적체계 확립

④ 택시 대리운전이 제한되는 전방/격오지는 부대차량 지원

○ 군인기본자세 및 군기강 확립

- 현 상

- 구타 및 가혹행위, 언어폭력, 성군기 위반사고 근절을 위해 다양한 노력을 강구하고 있으나 병영저변에는 잡초처럼 잔존
- 사회 현상에 편승하여 머리 염색, 장신구 착용, 복장 원현 변경
- 영외 출타시 상급자에 대한 결례 행위/복장 불량자 다수 · 자율 · 존중과 배려 병영문화 왼 기강해이에 대해 상급자 방관
- 초급 간부의 솔선수범, 모범적인 군인 기본자세 미흡
- 여성고충상담관 운영 훈령이 제정 하달('08.9월) 지휘관심도 저하 및 형식적인 운영 등 성군기 사고예방 노력 미흡

- 시행지침

- 병영생활 행동강령 준수

<u>병영생활 행동강령(육군 일반명령 제03-21호)</u>

첫째 : 분대장을 제외한 병 상호간에는 명령이나 지시, 간섭을 금한다.

둘째 : 어떠한 경우에도 구타 및 가혹행위를 금한다.

셋째 : 폭언, 욕설, 인격모독 등 일체의 언어폭력을 금지한다.

넷째 : 언어적 · 신체적 성희롱, 성추행, 성폭력 등 성군기 위반행위를 금지한다.

* 병영생활 행동강령 위반시 즉각보고 및 처리체계 확립

① 보고 : 가해자, 피해자, 목격자

② 후속처리 : 보고 접수후 12시간 이내

③ 후속처리 책임 : 1차(중대장), 2차(대대장)

④ 다양한 보고 채널 유지 → 구두, 전화, E-mail, 상향식 일일결산, 분대장 관찰보고 제도

⑤ 위반사항 경미시 정신교육/얼차려 등 시행

- **병영생활 임무분담제 시행**

① 분대단위 건제유지와 임무분담을 통한 화합된 병영문화 조성

② 개인임무와 공동임무의 명확한 구분 → 육규 120(병영생활 규정) 3장 5절 적용

- **성군기 위반사고 예방**

* 제대별 성군기 사고예방 교육 활성화

① 주기 : 대대(월 1회), 연대~사단(분기 1회), 군단~군사(반기 1회)

② 안전활동 추진평가회의시 성관련 간부교육병행

③ 사·여단급 여군고충상담관에 의한 간담회시 여군 자체 교육

* 전문교관 활용 대대별 순회 교육

① 사단급 이상 제대 성관련 전문교관 양성, 주둔지단위 순회교육

* 순회교육 주기 : 분기 1회(병력 순환율, 망각주기 고려)

② 민간 전문기관 초빙교육 활성화 : 지역 상담센터, 성폭력 상담소 등

③ 주기적 성군기 안전학습프로그램 운용 : 헌병 전문 교관 활용

* 성매매 예방교육 의무화 준수 : 연 1회 이상 실시

① 성매매 예방교육 의무화 강조지시 참조

② 기 배부된 성매매 방지 교육 교재(DVD, CD, 가이드북 활용

* 여성 고충 상담관 효율적 운용

① 사(여)단급 이상 제대 여성고충상담관(정·부) 적임자 임명

* 지휘관이 임명된 여성고충상담관 신고 점수/교육

② 지휘관 주관 정기 간담회 연 1회 이상 실시

③ 인트라넷에 여성고충상담관 코너 개설 운영

※ 여성고충상담관 운영 훈령(국방부훈령 969호 '08.9.5) 참조

* 수시·부대안전평가시 식별 시스템 구축

① 성군기 위반 여부 설문조사(분기 1회)

② 성군기 위반 잠재자 식별/관리

* 장병들이 쉽게 접할 수 있는 신고/보고체계 구축

① 각종 고충처리 상담/신고센타 활용

- 여성고충상담관/병영생활 전문상담관
- 내부공익신고센타(사단급이상 감찰부)
- 육군 성범죄상담 신고센타(080-960-7007 수신자 부담)
- 생명의 전화(080-007-9191 수신자 부담 /960-6979 군전화)
- 인터넷 : 육군 → 범죄상담신고 → 성범죄 상담신고
- 인트라넷 : 육본 → 육군수사단 → 중앙수사대 → 성범죄상담신고

② 상향식 일일결산시 성군기 위반사항 반드시 포함 보고

③ 간담회 각종 포상에서 제외, 규정에 의한 처벌

④ 모범장병에 대한 제대별 포상 조치 등

- **차량 안전운행 규정 준수**

* 운전병/선탑자에 대한 교육강화

부대관리 Know-How 123(68~73과제), 육규 941/462활용

* 군용트럭 탑승 간 방탄헐멧 및 턱끈 착용

① 배차 신고시 방탄헬멧/턱끈 착용 강조, 상태확인

② 운행간 선탑자/적재함 탑승 선임자 책임하 착용 상태감독

③ 훈련 장거리 운행, 행정적이동 등 모든 차량 운행 간 운전병을 포함한 탑승자 전원 방탄헬멧/턱끈 착용 실시

* 야외훈련시 운전병 기량 반드시 확인 후 임무부여

* 운전병 부족시 상급부대 지원 시스템 유지

제3절 사고예방 이론

1. 사고예방 이론

가. 생체 리듬(Bio-Rhythm)이론

○ 생체 리듬(Bio-Rhythm)이란 인간의 몸에는 일정한 주기를 가진 3가지 리듬이 존재하고 있는데 이것은 생물학적 의미에서 생성, 축적 소모되는 순환과정에 관계가 있는 것이다.

- 신체(건강) 리듬 : 23일 주기
- 감성 리듬 : 28일 주기
- 지성리듬 : 33일 주기로서 출생일로부터 일생동안 주파 운동을 반복하면서 인간의 일상생활에 지대한 영향을 미치고 있다

○ 활용방안

- 생체리듬 주기표 개인 통보신병 입소시 부대 전입시에 통보하여 참고토록 한다.
- 운전병 : 큰 위험일 및 2중, 3중 위험일은 운행을 제한하고 기타 위험일에는 안전운행교육 및 선탑자에게 통보
- 관심병사 : 위험일 도래시 특히 관심을 가지고 분·소대장에게 주위를 환기하여야 하고 혼자 있는 시간을 갖지 않도록 한다. 전산으로 리듬을 출력하여 위험일 도래시 장병가슴에 표지를 부착하여 각종훈련 특수임무 수행시 유의하거나 위험한 임무를 지양토록 한다.

나. 골패이론

사고란 단일 원인에 의해 일어나는 것이 아니라 일련의 원인들이 연쇄 반응을 일으킴으로써 발생하는 것으로서 골패의 첫 번째 것을 쓰러트리면 나머지는 연쇄적으로 쓰러지게 되어 사고골패까지 이르게 되는 것과 같다.

이때 중간의 어느 하나만 제거하게 되면 연쇄 반응이 중단되기 때문에 그 다음 골패는 쓰러지지 않게 되는데 여기에 바로 사고예방 노력의 중요성이 있다.

다. 교우도식 이론

조직내의 인간관계나 비공식 집단 형성은 밖으로 드러나는 형상만으로는 분명하지 않은 경우가 많다. 따라서 작은조직(소대)내의 인간관계나 신상파악을 위해 교우도우식은 유용하게 활용될 수가 있다.

2. 사고원인의 누적과정

가. 사고는 어느 날 갑자기 사고의 원인으로 나타나는 것이 아니라 점차적으로 적은 데서부터 크게 누적되어 사고로 이어지는데 사고발생 이전에 발견하지 못할 뿐이다.

나. 사고 발생은 첫째, 기초적 원인, 즉 계획수립, 지시 및 감독기능 그리고 장병의 안전의식 수준 등의 기초원인 교육 미흡과 둘째 간접원인으로 개인이나 장비의 결함, 그리고 환경의 부적응에서 나타나는 현상으로서 과속 및 추월행위, 무면허운전행위, 장비의 정비 미실시, 사소한 구타행위 등 불안전 상태가 노출되는 단계에 접근하게 된다.

다. 사고를 유발하는 직접원인은 인간의 욕구불만, 요구의 불감증으로 하여 불안전한 행동이 자행되어 사람과 장비의 접촉 및 충돌, 정비 불량으로 가스폭발, 차량전복, 등 사고에 접근하는 행동으로 이것은 연속적으로 이루어질 수도 있고 점차적으로 이루어질 수도 있다.

라. 버나드는 도미노 이론을 제시하면서 “징후에 이르기까지는 어느 단계이든지 사고의 원인이 시정된다면 사고를 예방할 수 있다.”고 했다. 그러나 가장 바람직한 예방은 관리 단계에서의 기초적인 제거로서 이것이 사고예방의 당면 과제이다.

3. 사고예방 활동

가. 개 념

사고예방이란 사고의 원인을 규명하여 제거하고 범죄의 발생우려가 있을 경우에는 필요한 경고나 제지 등의 조치를 강구하며, 또한 범죄 발생시에는 이를 신속히 발견하여 범인을 체포하여 사건을 해결함으로써 그 피해 확대를 방지하는 등 사고를 감소시키기 위한 모든 활동을 말한다.

나. 사고예방 활동의 목적

각종 사고를 미연에 방지하여 군과 군 재산을 보호하는데 있다. 군에 있어서 총기 강력사고, 군무이탈, 자살 등 각종 사고는 첫째, 전투력의 기본요소가 되는 병력과 방지에 장비에 대한비전투 손실을 초래하고 있으며, 둘째, 각종 사고는 군기와 질서를 문란시켜 부대의 단결을 와해하며 셋째, 각종 사고는 군의 사기를 저하시키고 군에 대한 국민의 불신을 초래한다. 이와 같이 사고가 군에 미치는 영향은 지대함으로 전투력을 보전하는데 사고예방의 목적이 있는 것이다.

다. 사고예방 활동시 유의사항

사고를 예방하려면 그에 대한 정확한 원인을 모르고서는 정확한 예방을 할 수 없다. 그러므로 사고를 예방할 수 있는 길은 정확한 원인을 찾아내고 그 원인에 대하여 보다 적극적이고 근본적인 대책을 세워야한다. 따라서 사고예방 활동은 사고원인을 사전에 발견하여 제거함으로써 사고발생 그 자체를 억제하는데 있다.

사고원인 발견 및 제거를 위하여 초급지휘관(자)은 적절한 신상파악을 통하여 보호 및 관심병사를 분류하고 그 병사의 고민사항 해소 및 부대와 동료에게 정을 붙이고 생활할 수 있도록 명량한 병영생활을 이룩하도록 지휘역량을 집중해야 한다. 그리고 모든 임무는 임무수령에서부터 수행, 종료시까지 위험예지훈련을 워게임식으로 수행하고 지속적인 점검을 철저히 하여야 하되 점검은 다중점검을 실시하여야 한다. 즉 최초 점검자에 의한 점검, 분대장 및 동료에 의한 점검, 부소대장 및 분대장에 의한 재점검 소대장에 의한 점검, 행정보급관에 의한 점검, 중대장에 의한 최종점검이 연속적으로 이루어져야 한다.

제4절 구타 · 가혹행위 예방

1. 개 요

이 지구상의 130여개 국가가 군대를 보유하고 있는데, 그 중에서 지휘관의 많은 노력이 구타를 예방하기 위해서 소모되는, 그런 야만적이고 후진적인 군대는 우리나라 군대와 북한 군대밖에 없다.

일제 식민지화 조선신민 우민화 정책 의 시행과정에서 일본놈들이 조센징 빠가야로 즉 조선놈 개 · 돼지 같은 새끼라고 하면서 두드려 패기 시작한 것이 아직까지 잔존하고 있고 모든 사고의1차적 원인이 된다는 것은 가슴 아픈 일이다.

병영폭력은 반드시 근절해야 한다.

가. 왜 근절해야 하는가

○ 구타(이하 폭력)은 범죄행위이다.

폭행이나 가혹행위를 흔히 인간 사이에서 일어날 수 있는 비도덕적인 행위로 쉽게 인식하는 경우가 많으나, 폭력은 형법/군형법/폭력행위 등 처벌에 관한 법률 등에 명확히 범죄행위로 명시되어 있고, 전역 후에도 법에 의해 반드시 처벌받고 전과자가 되므로 공소시효조차 없다

○ 고통과 불행의 원이이요, 대군불신의 주범이다.

폭행은 피해자에게 인격적 모멸감과 증오심을 유발하고 가해자에게는 젊은 날의 좋은 시절을 교도소에서 보내게 할 뿐만 아니라 전과자가 되어 각종 불이익과 함께 사회적 냉대를 받게 한다.

그 뿐인가 오늘날 부모들이 자식을 군에 보내면서 불안해하는 가장 큰 원인이 병영내 폭력으로, 만약 자식이 폭행으로 인해 사망하거나 불구자가 된다면 그 가족은 영원히 군을 원망하고 혐오하게 되므로 폭행은 대군불신의 가장 큰 원인이라 할 것이다.

○ 군내의 암적인 존재다.

폭행은 군에서 발생하는 사고 중 가장 많은 비중을 차지하고 부대원 상호간에 불신과 반목을 조성하여 단결을 저해시키며 자살, 군무이탈, 총기강력사고 등 각종 강력사고의 원인을 제공하여 군의 전투력을 가장 크게 저해하는 원인이 되는 무서운 암적인 존재이다.

○ 민족적 감정과 자존심의 문제다.

나라를 지킨다는 군인들이 민족에 대한 자긍심이 있어야 나라를 지킬 수 있음. 그런데 일제의 잔재이면서 지구상 어느 민족도, 우리가 후진국이라고 손가락질하는 국가에서도 없는 폭행은 민족적 감정과 자존심을 걸고서 반드시 뿌리 뽑아야 한다.

나. 타 사고와의 관계(수감자 설문)

○ 자살사고

- 폭행을 당하고 나서 자살하고 싶은 생각이 들었는가 라는 설문에 대해 2,500명의 병사들 중 71.7%(1,792명)이 그렇다고 답변하였으며,
- 실제 자살원인 중 사적제재, 폭행, 고참병 횡포와 이에 따른 복무염증 등이 71.5%를 차지함으로써 감수성이 극도로 예민한 젊은이들에게 폭행은 자살을 하게 되는 큰 원인으로 나타남.

○ 군무이탈사고

- 폭행을 당했을 때 군무이탈을 하고 싶은 생각이 들었는가 라는 설문에 대해 2,500명의 병사들 중 88.8%(2,200명)에 해당하는 인원이 그렇다고 답변하였고
- 실제 군무이탈 원인 중 사적제재, 폭행, 고참병 횡포와 이에 따른 복무염증 등이 71.5%를 차지함으로써 폭행당할 때의 감정이 군무이탈과 직접 연관된다는 생각을 함으로써 폭행이 군무이탈의 주원인으로 나타남

○ 총기강력사고

- 상급자에게 폭행을 당했을 때 그 보복의 방법으로 발생하는 비율이 66.7%를 차지함으로써 폭행이 총기강력사고의 주요 원인으로 작용

2. 폭행 / 가혹행위

가. 용어의 정의

○ 폭행이란 : 사람의 신체에 대한 직·간접의 유형력 행사를 의미(형법 제260조)

○ 구타란 : 고의로 주먹·손바닥·팔꿈치·머리 등의 신체 또는 막대기·야전삽·총기 등의 도구로 타인을 가격하여 통증을 유발시키는 일체의 행위(육규 139)

※ 구타사고와 관련된 형법·군형법상의 죄명은 폭행, 폭행치상, 폭행치사, 상해, 상해치사, 살인, 과실상해, 과실치사, 가혹행위, 폭력처벌법 위반죄 등이다.

○ 가혹행위란

- 정상적인 훈련 및 규정된 얼차려를 제외한 비정상적인 방법(법과 규정에 어긋나며 정상인의 상식을 벗어난 지나친 방법 등)으로 타인에게 육체적, 정신적인 고통과 인격적인 모멸감을 주는 일체의 행위(육방침 03-35호)
- 직권을 남용하여 학대 등 정신적, 육체적으로 고통을 주는 일체의 행위(군형법 제62조)

나. 금지사

○ 폭력행위 등 처벌에 관한 법률 위반(폭처법위반)

: 폭행, 상해, 협박 등을 상습적으로, 야간에, 둘 이상이 함께, 집단으로 흉기 등 위험한 물건으로 범하게 되면 형법보다 무겁게 처벌함

○ 강요죄

: 폭행 또는 협박으로 사람의 권리행사를 방해하거나 의무감 없는 일을 하게 한 자는 5년이하의 징역에 처한다.(형법 324조)

○ 상해죄 : 사람을 다치게 할 생각으로 때리는 것 (형법 제257조)

○ 모욕죄 : 사실을 적시하지 않고 단순히 추상적으로 사람에 대하여 경멸의 표시를 하는 것.(형법 제311조, 군형법 제64조 상관면전모욕죄)

다. 위반자 처벌

○ 구타/가혹행위자

<table>
<tr><th colspan="2">구 분</th><th>처 벌 내 용</th></tr>
<tr><td rowspan="3">형사처벌</td><td>형법</td><td>• 상 해 : 7년이하 징역
• 중상해 : 1년이상 10년이하 징역
• 폭 행 : 2년이하 징역, 특수폭행 : 5년이하 징역
• 강요죄 : 5년이하 징역, 모욕죄 : 1년이하 징역</td></tr>
<tr><td>폭처벌</td><td>• 폭행 : 상해/폭행시 3년 이상유기징역, 형의 $\frac{1}{2}$ 가중
• 집단폭행 : 3년/5년/7년 이상 유기징역</td></tr>
<tr><td>군형법</td><td>• 상관폭행/협박 : 5년이하 징역
• 상관 집단폭행/협박 : 5년이상 징역
• 초병 집단폭행 : 2년이상 유기징역
• 가혹행위 : 5년 이하 징역</td></tr>
<tr><td rowspan="2">징계</td><td>간부</td><td>• 중 한자 : 중징계, 현역복무 부적합처리
• 경 한자 : 경징계</td></tr>
<tr><td>병</td><td>• 자체징계(영창), 인권 제한</td></tr>
</table>

○ 구타 및 가혹행위 관련자

- 구타/가혹행위의 직접적인 가해자 외에 조력자도 사안에 따라 형사입건 또는 징계처리
- 구타를 당한 자도 원인을 규명하여 이유 있을 시 형사입건 또는 징계처리
- 구타를 부지, 은닉, 묵인 시에는 분대장, 부소대장, 소대장, 당직 근무자 및 지휘관 등을 연대 문책하여 징계회부

3. 폭언, 욕설, 인격모독 등 언어폭력

가. 용어의 정의

○ 폭언 : 상대방의 입장과 주변을 고려하지 않고 사납고 거칠게 하는 말

○ 욕설 : 통념상 상스럽고 상대방을 욕되게 하는 말

○ 인격모독 : 개인의 약점을 들춰내거나 자신의 계급적 권한을 이용해 상대방의 마음에 상처를 주는 행위

○ 잘못된 언어문화 : 상대방의 정신적 고통을 느낄 정도의 비난성 발언이나 상스럽고 저속한말을 사용하는 것

나. 금지 및 준수

○ 금지사항

- 개인의 능력을 무시하는 말이다.(모욕죄) : 너 도무지 할 줄 아는 게 뭐냐, 네가 하는 게 다 그렇지 뭐 “야 임마, 그것도 모르냐, 병신 같은 새끼” 등
- 신체적인 약점을 비하시키는 말(모욕죄) : “니네 엄마도 너 같은 놈 낳고 미역국 먹으며 좋아했지” 네 자식이 너 닮을까 걱정된다. 등
- 자존심을 상하게 하는 말 등
  - 모욕죄 : “이등병만도 못한 새끼” “초등학교는 제대로 나왔냐”, “밥도 처먹지 마라 X놈아” 등
  - 협박죄 : “너 군기교육 갈래 영창갈래, 전역시까지 영내대기” 등

○ 건전한 언어문화 정착을 위한 준수사항

건전한 언어문화 정착을 위해서는 저속어, 비난 및 멸시성 은어, 군인답지 않은 비어 언행을 금지하고, 군대 특유의 과장 또는 악쓰기 답변을 지양하며 듣기 싫어하는 말 사용을 금하고 좋아 하는 말 사용을 적극 장려해야 함.

다. 위반자 처벌

형사처벌(형법)	징계처리(형사처벌 사안이 아닌 경우)	
• 협박죄 : 3년이하 징역 • 모욕죄 : 1년이하 징역	간부	• 중한 경우 : 중징계, 현역복무 부적합 처리 • 경한 경우 : 경징계
	병	• 자체징계(영창), 인권 제한

4. 예방 저해요인

가. 초급간부의 근절의식 미흡

○ 형식적인 사고예방 교육

○ 폭언, 인격무시 발언을 폭행과 별개라고 인식

- 심한 욕설, 질책, 자존심을 상하게 하는 행동 강요 등도 악성사고의 원인이 되며 폭행과 동일하다는 인식

※ 자살/군무이탈 중 간부가 원인을 제공한 경우 간부의 질책/욕설이 사고의 주원인으로 작용한 경우가 많이 있음

- 욕설과 폭언을 하면 안면근육이 경직되고, 신체부위에 불필요한 힘이 들어가 공격적인 태도로 바뀌게 되어 폭행/가혹행위로 연결될 확률이 많음

나. 지휘통솔 기법 미숙

○ 권위주위적 지휘통제

- 간부가 권위의식을 가지고 병사들을 질책, 폭행하면 그럴 현상이 선임 병사들에게도 무의식중에 영향을 주어 후임병에게 그대로적용하게 됨
- 권위란 부하에게 욕설, 폭행, 질책함으로써 높아지는 것이 아니라 그들이 마음으로 느껴 권위를 세워줄 때 비로서 높아지는 것이다. “부하를 대하기를 윗사람 섬기듯이 하라.”

○ 지휘통솔 능력 부족

- 민주적 가치관에 대한 인식부족으로 지도능력 및 설득력이 부족하여 합리적인 방법을 찾지 못할 경우 하급자를 “말로는 안되는 놈”으로 생각, 폭행/가혹행위를 자행 ⇒ 남을 이해하려는 마음자세와 설득시키는 지혜/지식 습득이 요구됨

○ 부당한 책임전가

- 간부가 자신의 과오에 대해 부하에게 책임을 전가하거나 화풀이하는 행위는 부하가 상관을 불신하고 병상호간 에도 선임병이 후임병에게 연쇄적으로 책임전가 및 화풀이하게 만들어 폭행사고를 유발시킨다.

다. 병영생활 악습/부조리 잔존

구 일본군 서열의식 영향으로 후임병에게 욕설/인격적 모독행위와 폭행/가혹행위를 일삼고 이로 인해 후임병에게 선임병은 간부보다 더욱 어렵고 무서운 존재로 인식되며 선임병은 자신들의 편의 · 편안을 도모할 목적으로 음성조직을 만들어 후임병의 희생을 강요하고 만약 선임병 요구에 미흡할 경우 제재의 수단으로 폭행을 가한다.

라. 세심한 신상파악/관리미흡

관심병사(허약체질자, 환자, 전입 100일 미만자 복무부적응 병사 등)는 조기에 파악하여 선도하지 않으면 폭행의 피해자가 될 수 있기에 가능한 모든 방법(면담, 지휘관 개별서신, 사적/대인관계/주변인 관찰, 소원수리/건의사항 접수, 분대장 활용 등)을 동원하여, 신상파악 하고 집중 관리하여 폭행으로부터 보호해 주어야 한다.

5. 예방활동

가. 언어순환 운동/인성교육 강화

○ 언어폭력 근절

초급간부들에 의한 욕설, 모욕성 발언, 경고성 질책, 협박성 언어 등 언어폭력으로 인해 자살/군무이탈 등 각종 사고발생을 유발하는 바 간부들에 대한 언어순환운동 전개 등 언어폭력 근절 노력이 요구되고 있음

○ 욕설/폭언 사용자의 특징

- 폭행/가혹행위 우려(욕을 하다보면 스스로 흥분되어 폭행으로 이어짐)
- 사소한 일에도 신경질, 짜증을 잘냄 ⇒ 다혈질 – 아랫사람을 무시하고 윽박지름

○ 언어순화를 위한 의식전환과 지도방법

- 의식의 대전환과 간부의 솔선수범을 통한 욕설/폭언의 근절

※ 욕설과 폭언은 “필요악”이 아닌 “근절과 순화”의 대상

- 결산개념의 목표 지향적 교육

※ 금연운동과 같이 스스로 공감하고 목표를 세우고 실천 이때 상급자는 이를 지도해주고 격려해주는 지도활동필요

- 계층별 특성을 고려한 이원화된 교육
  - 선임병 : 욕설/폭언을 하면 안되는 이유 집중교육, 지도활동
  - 후임병 : 군대는 자기 단련 및 수양의 시간

나. 창의적인 예방기법 활용

○ 취약지역 통제대책 강구

- 경고판/푯말 설치
  (한번웃음=인생의 동반자 얻고, 한번 폭언/구타=전우를 잃고 등)
- 외등설치(밝게 하라)
- 구타직전 벨(통합경보시스템 구축과 연계)/감시카메라 설치
- 간부순찰, 병사 기자제도/몰래카메라

○ 의사소통 활성화

- 제한함 설치, 군생활 전반에 걸쳐 병사의견 수렴
- 일방적 지시·명령에만 익숙해진 병사들에게 제안을 통해 적극적인 참여의식 고취
- 제안에 대한 신속하고 공정한 조치, 결과 공지
- 우수제안자에 대한 포상조치로 동기 부여
- 또한 병사들에게도 언어순화 운동과 인성교육 같은 근본적인 예방노력을 통해 스스로 폭행에 대한 억제할 수 있는 마음이 생겨 자발적으로 폭행/욕설이 근절되도록 유도해야 함

○ 병영생활간 스트레스 해소/병영부조리 척결

- 병영생활 실태 주기적 확인(지휘관)/문제의식을 갖고 지속적 관찰(지휘자)
- 병영생활 임무 분담제의 임무분담 구체화/시행실태 현장 확인
  - 일과표 준수, 자율활동/개인정비 시간 보장
  - 정량제 외출(박), 진급 등 기본권보장과 공정한 부대지휘 및 병사관리
  - 쾌적한 병영 환경 조성(편안하고 아늑하게)
  - 각종 오락기구(노래방, 게임기 등)/서적/운동기구 비치 등

○ 체험적인 언어순화 교육

- 선임병과 간담회시 욕설 체험사례 발표(전역소감문 VTR작성/활용 병행)
  ⇒ 신병당시의 비인간적인 욕설/폭언을 회상하여 괴로운 심정을 상기하고 욕설근절을 위한 공감대 형성
- 후임병은 욕설/폭언과 관련한 각 개인들의 생각과 선임병이 된다면 어떻게 행동할 것인가를 서약서 식으로 기록 ⇒ 서약서 상에 선임병이 된 후에 후임병에게 폭언을 할 경우에는 어떤 벌칙을 감수할 것인가에 대해 구체적으로 명시하여 일병, 상병, 병장 진급시 서약서 내용 회람/교육(중·소대장)
- "칭찬간담회" 실시 ⇒ 후임병에게 부득이하게 욕설/폭언을 한 경우가 있다면 그 후임병의 장점, 칭찬할 사항에 대해 공개적인 칭찬, 격려

※ 칭찬 간담회 후 "욕설과 칭찬의 차이"에 대해 토의식 교육을 진행하여 욕설 근절을 위한공감대 형성

○ 기타 방법

- 세수식/거울보고 다짐하기 : 주단위 정수된 물로 손과 마음을 씻고, 세면장에 "오늘도 깨끗이 씻은 손 더럽히지 않기"라는 문구 써놓고 일일다짐
- 징계 자가 영창입창 기간동안 작성한 수양록을 부대원에게 낭독하여 자신의 행위를 재반성하고 부대원들에게 사고에 대한 경각심 고취
- 초급간부로서 부하의 잘못에 대한 분노를 느낄, 자신의 상관이 동일한 잘못을 했을 때 자신의 태도를 생각하여 부하를 대한다.
- 타부대 사고 발생시 부대안전평가를 통한 사고 고리 단절
- 폭행사고 예방자료(만화) 활용
- 군복무간 명심해야할 사항 휴대용 수첩 제작 활용
- 출타자 정신교육 강화/출타자 수첩 제작 활용

다. 폭행/가혹행위 끝까지 뿌리뽑기

○ 정신교육을 통한 구타근절의 의지 표명이다.

- 구타자 엄중 처벌에 대한 지휘관의 굳은 결심을 주지시키고
- 우리 중대(처부)에는 절대 구타가 없도록 하자는 내용의 교육실시 후 해산

○ 진실되고 허심탄회 하면서 집요한 소원수리이다.

- 계급별 다른 장소 지정, 개인별 16절지 2장씩 주어 최근 3개월이내 폭행 사실로 제한하여 기록케 하고 선·후임병 기록내용 비교 허위 작성자 엄벌할 것임을 교육 후 작성
- 19:00부터 익일 06:00까지 최소한 11시간 이상, 6하 원칙에 의해 어떤 시기에, 어디서 무슨 방법으로 때리고 맞았는가를 기록토록 감독.
  ※ 한사람도 빠짐없이 완벽하게 쓸 때까지 기다린다.

○ 소원수리 결과에 대한 면담 및 설득이다.

- 관심사병(많이 구타당한 병사) : 면담, 명랑한 병영생활에 대한 확신 주지
- 구타를 많이 했던 병사 : 대범한 용서, 자중의 자세유도
  ※ 죄책감에 의한 제2의 사고유발 가능성 항시 내포하고 있음
  ※ 대범한 용서 : 지휘관 재임간 1회 이상 실시는 바람직하지 못함

○ 책임의식이 확실한, 섬뜩할 정도의 서약서 작성이다.

- 소원수리, 결과분석, 면담이 끝난 뒤 구타 근절이 필요성이 반영된 분위기에서 중대장선창으로 자기 손으로 기록
- 서약서에 지장을 찍고, 손톱, 발톱의 일부를 잘라 함께 보관
  ※ 간부 서약서도 같이 작성 보관

○ 지속적이고 끈질긴 구타근절 세뇌 교육이다.

- 눈을 뜨고 일어나는 시간부터, 집합, 교육, 식사, 자유시간, 취침전 명상의 시간에 이르기까지 지속적으로 간부/방송을 통해서 실시

- 중대별 표어/포스터 만들어 부착(생활 공간, 문, 사무실, 화장실, 식당 등) 영구적인 세뢰교육 실시

○ 구타 동기를 유발케 하는 환경을 개선한다.

제5절 총기 · 탄약 · 폭발물 사고예방

1. 개 요

총기 · 탄약 · 폭발물사고는 5개년 평균 20건씩 발생하고 있는데, 단 한건으로도 언론의 집중 조명을 받는 것은 물론, 제2의 사고와 연결됨 으로서 군기강을 문란시키고 대군신뢰를 실추시키는 악성사고이다. 그러나, 총기 · 탄약 · 폭발물사고는 관리 및 취급규정을 준수하면 100% 예방 가능한 사고이며, 간부의 솔선수범이 무엇보다 중요하다.

2. 관리 및 취급요령

가. 총 기

○ 총기관리 기본준칙 준수

- 본인이 직접관리 · 안전검사 · 총구방향전방
- 총기휴대 및 취급시 장난행위 금지
- 타인에게 대여 금지

○ 사격시 필히 총열내 이물질 확인 및 제거

※ K-201사격간 총열내 이물질 확인 및 제거

○ 총기 현황을 항시 파악 유지(어디에, 몇정이, 어떤 상태로 있는가)

- 총기함은 외부에서 육안 실셈이 가능하도록 제작

○ 정상적인 부대활동 시간을 활용 1일 5회 이상 이상유무 확인

- 1일 5회 : 당직근무, 일과 전, 일과 후, 결산시, 점호시

※ 지휘관에 의한 일일/수시 이상 유무 확인체계 확립

○ 분산보관 지양, 통합보관 대책 강구

- 총기 용도별 구분 보관 : 미지급 총기, 영외거주자 총기, 사고자총기
- 보관장소에 경보장치/경계대책(CCTV, 24시간 경계병 배치) 강구

※ 2중 잠금장치/열쇄의 2원화 관리(해당간부 직접휴대, 목걸이화)

※ 절단기 등 시건장치, 파괴장비 관리 철저

○ 총기(탄약포함)관리 사병 신상파악 철저(신원회보 확인) : 월 1회

나. 탄약/폭발물

○ 수불(수령, 반납) 행위철저

- 반드시 간부에 의한 실셈 확인을 통한 수불행위 실시
- 100%탄피 회수 원칙(불가능시 이유서 제출)
- 사용 잔량 당일 회수/보관
- 일일 탄약결산/지휘보고

○ 교육용 탄약/폭약류 용도외 사용금지

○ 사격간 불발탄 발생시 규정에 의한 조치

- 발생 또는 발견즉시 위험표시 및 경계(불발/유기탄에 촉수, 장난금지)

- 폭발물 처리 전문요원에 어떠한 사람도 불발탄은 촉수 및 이동금지
  ※ 사격 후 모든 휴대용기 점검 등 불발탄 은닉여부 철저히 확인

3. 사격간 중(소)대장의 확인점검 및 조치사항

가. 사격형태별 착안사항

○ 영점사격

- 저수준자 및 최근 전입신병 위주로 영점사격 실시
- 저수준자는 가능한 실거리 영점 확인 사격 실시
- 영점사격시 1개 탄창에 1회의 사격용 실탄만 삽입
  * 3발 이상 삽입하여 1차 사격을 하고, 안전장치를 확인 후 2차 사격시는 안전사고 위험
- 영점사격간 개인 고벽의 교정 여부 집중 확인

○ 주간사격

- 전진무이탁 사격 요령 준수
  - 사수 대기선을 표시하고 사격위치를 철저히 통제
  - 의탁사격 금지(탄창을 지면에 의탁하는 행위)
  - 사거리별 사격시간 준수 및 조준점 숙지
  - 소총 가름자의 원·근 표시 위치 확인 및 흑토실시
  - 사격전 소총의 가스통 마개가 정확히 결합되었는지 확인

○ 방독면 사격

- 좌수용 방독면 사용자 및 저시력자의 방독면 안경이 준비되었는지와 이상 유무를 확인 점검
- 사격전에 개인별로 방독면 정비 및 손질
  * 머리끈 고정상태, 정화통 이상유무 등
- 사격전 방독면 착용하 적응훈련실시

○ 야간사격

- 사격간 철저한 방광 조치로 적응시의 저해요인 제거
  - 흡연행위 및 플래쉬 불빛 통제
  - 표적확인, 탄피회수시 불빛 사용이 불가피한 경우에는 사수 및 부사수는 눈을 감도록 하여 적응시 유지
- 야간 실사격전 교도훈련 및 교도사격 실시
  - 표적탐지 요령 숙달에 중점을 두고 실시
  - 조준사격과 지향사격시 오차의 범위 숙지
- 야간사격전 주변시 및 이원시 적용 요령 숙달
  - 명중보다는 원리 이해에 중점을 두고 실시

나. 사격장 안전점검 사항

○ 피탄지 확인사항

- 사격전 마을 방송 및 주민대표 등을 통하여 사전 홍보
- 사격전 피탄지에 민간인 및 병력활동 여부 점검
  * 현장확인 및 경고방송
- 필요시 피탄지 주변 안전지역에 경고 사격 실시
- 사격장의 민간인 출입통제
  - 사격장 진출입도상에 경고간판 설치
  - 사격전 경계병을 배치하여 불필요한 인원의 출입을 통제
- 안전수기 설치
  - 사격장 진입로, 피탄지 주변 및 사격장 주의 감제고지에 적색 경고수기 게양
  - 헬기, 항공기의 상공 이동시 관측이 가능하도록 경고수기의 위치를 확인

다. 탄약수불간 착안 사항

○ 탄약수령

- 교탄 청구서를 작성하여 1일 전에 대대에 제출
  * 탄종, 발수, 용도를 정확하게 기재
- 사격훈련 당일 일과 개시전에 간부의 인솔하에 대(연)대 탄약고에서 교탄을 수령
  * 현지에서 간부에 의한 낱발 확인
- 교탄을 수령후 간부 인솔하에 사격장으로 이동 및 간부에 의한 탄약을 관리

○ 사격장에서의 탄약 분배

- 탄창에 실탄삽입 및 개인분배 준비
  - 중대원 전체의 개인탄창 회수(1인 5개)
  - 간부 통제하에 탄창에 실탄 삽입
  - 특등사수 중 모범병사로 2~3명이 삽입
  - 영점사격시는 1개탄창에 3발 이상 삽입금지
  - 연습 및 기록사격시 1개 탄창에 10발 이상 삽입금지
- 개인분배
  - 1조 사수는 탄창을 휴대하지 않고 사선에 입장
  - 이후부터 부사수가 사수용 탄창에 10발 이상 삽입 금지
- 개인분배
  - 1조 사수는 탄창을 휴대하지 않고 사선에 입장
  - 이후부터 부사수가 사수용 탄창을 휴대하고 사선에 입장하여 사격통제관의 통제에 의하여 사수에게 인계
- 탄약수불 현황유지
  - 탄약을 분배하는 간부는 조별, 사선별 연명부를 휴대
  - 탄약불출 및 탄피반납 현황 파악유지
  - 전체 탄약의 소모량과 탄피수량을 파악 유지
- 탄약분배는 대기조와 충분한 거리를 유지하도록 통제

4. 사격간 안전대책 지시

가. 조치요령

- 사선에서 실탄사격시 사격자세 변경시 마다 기준실탄을 구분하여 지급
- 사격자세가 동일하더라도 사격과 표적지 확인 또는 표적지 부착 등 행위가 구분될 경우는 실탄을 구분하여 지급(예 : 영점사격시)
- 사격간 실탄이 장전된 총기와 사수가 분리되는 행위 금지
- 사격간 실탄이 장전된 총기와 사수가 분리되지 않더라도 사격통제관의 지시 이외의 기타 행동금지

나. 사선통제

○ 주 통제관(중대장)의 사선통제 절차

- 부사수는 우 경계총 자세로 좌수에 탄창을 휴대하고 사선에 입장하여 지정된 사로에 위치하여 개인화기는 총구가 후방으로 향하도록 총기 거치대에 거치
- 사수, 부사수는 주통제관의 명령을 복창하고 명령에 의하여 행동하도록 통제
- 입사호에 있는 사수에게 부사수가 휴대한 10발들이 탄창 1개 인계
- 사수 소총들고 → 총구를 전방으로 거총 → 탄알집 결합 → 탄알 1발 장전 → 조정관 단발확인 → 사로 봐
- 사격간 사수 및 부사수의 불필요한 행동통제(입사호 사격 종료 후)
- 사격이 끝난 사수 소총 놓고 조정간을 안전 위치에 탄창제거 후 약실검사
- 좌·우선사격 종료후 사로별 약실검사 이상 유무를 보고
- 사수 소총 놓고 입사호 밖으로 → 사수 소총들고 전진무의탁 사격준비 → 부사수 10발드리 탄창 인계 → 사수 탄창결합 → 탄약1발 장전 → 조정간을 안전에서 단발확인(총구전방) → 사로 봐
- 사격이 끝난 사수 소총 놓고 조정간을 안전위치에, 탄창제거 후 약실검사

- 좌 · 우선 사격 종료 후 사로별 약실검사 및 소총을 어깨위로 하여 안전검사를 2회 이상 실시 후 이상 유무를 보고
- 사수 소총 놓고 탄피회수 → 사수 소총과 탄창2개, 탄피 20발을 휴대하고 퇴장 → 부사수 소총 들고 입사호 안으로

○ **좌 · 우 사선 통제관(소대장/부소대장)**

- 방탄헬멧 착용 및 적색수기를 휴대하고 좌 · 우선의 중앙에 위치
- 주통제관의 통제사항을 사수/부사수가 이행하는지 확인감독
- 사격종료시 주 통제관에게 좌·우선 사격 끝 보고
- 사선에서 사수의 약실검사 및 안전검사 감독
- 총기 기능장애 발생시는 사수가 스스로 응급처치를 하도록 하고, 불가능시 탄알집 제거 →노리쇠 후퇴 전진하여 탄알제거 → 약실검사 및 안전검사 후 → 사수는 부사수 위치에서 대기토록 조치

다. 안전검사 요령

- 사선에서 안전검사 후 퇴장시 조정간을 안전위치에 놓고 퇴장
- 안전검사관의 임무수행절차(탄약분배 간부 또는 별도의 간부 임명)
- 사수 탄피를 땅에 놓고 → 앞에 총 → 노리쇠 3회 후퇴/전진 → 어깨위에 총 → 조정간을 안전에서 단발위치로 → 격발 → 앞에 총

※ 동일한 절차를 3회 이상 반복

- 안전검사 종료 후 탄피를 낱발 확인하여 회수
- 탄피 분실자는 인적사항과 사로를 확인하여 사격 종료시 수색조치
- 탄피 반납 후 총기를 손질하도록 통제

라. 탄피회수/확인사항

○ 부사수는 탄피의 이탈방향만을 확인하고 방탄헬멧을 사용하여 회수하지 않도록 한다.

○ 사수 소총에 자대 제작한 탄피받이를 부착하여 사격토록 준비

○ 사격간 탄피 분실시 사로별 3~4명을 투입하여 정밀 수색토록 조치

※ 많은 인원이 수색시 밟혀서 탄피가 땅속에 묻히는 사례방지

마. 탄약 결산 요령

○ 탄약 수령시 현장에서 간부에 의한 낱발 실셈을 통하여 확인

○ 사격 간 탄약분배 책임 간부에 의거 지속적인 현황파악 및 수시 결산 실시

○ 사격 종료 후 현장에서 중대장이 직접 탄피와 실탄 잔여량 확인

○ 사격간 총기 기능장애로 반납된 탄피와 실탄에 특히 관심 경주

○ 사격 종료 후 복귀하여 재확인 후 당일 간부에 의하여 탄피와 잔탄을 반납

○ 부대일지에 교탄 수령 및 소모 현황을 기록

○ 탄피 분실시 조치

- 분실자 자인서 및 중대장의 경위서를 작성하여 대대에 보고
- 탄피 분실자에 대한 불시 휴대품 및 관물조사 실시로 은닉여부 확인

바. 사격장 안전 수칙

○ 사격장 내에서는 항상 노리쇠 개방, 자물쇠를 잠궈라(안전장치)

○ 탄약수불시 간부 입회하여 명확하게 하라

○ 실탄의 장전과 사격은 통제관 명에 의해서만 실시하라

○ 사격을 하지 않을 때 소총은 항상 앞에총 또는 경계총 자세를 취한다.

○ 총구는 항상 공중을 향하게 하라

○ 사격장 내에서는 구보를 해서는 안 된다.

○ 누구나 불안전한 조건을 발견하면 사격중지 명령을 발하라

○ 사선에서는 일체 잡담을 해서는 안 된다.

○ 사격 후 약실검사를 철저히 하라
○ 사격장에서는 통제관 지시에 의해서만 행동하라

사. 사격훈련간 발생 가능한 안전사고 유형

○ 정신 질환자 및 문제사병에 의한 우발적 총기 난사
○ 피탄지 잔류인원 확인 부실로 인한 인명사고 초래
○ 고정표적 사격시 감적수가 엄폐이전 사격으로 인명피해 발생
○ 안전검사를 부실하게 실시하여 사격 후 총기손실 또는 무의식중 격발시 오발사고 초래
○ 사격간 부주의 및 장난행위로 총기 오발
○ 계획되지 않은 사격 또는 임의적으로 사격계획 변경으로 피탄지나 병력활동 또는 사격장 상공으로 헬기 등의 이동시 사고 발생
○ 도피탄에 의한 화재발생, 인명피해 발생
○ 건조기에 예광탄 등의 사격으로 산불발생
○ 사격 간 간부에 의한 수렵행위 금지
○ 공포탄에 모래알, 쇠붙이 등을 산입하여 자해 또는 인명 위협
○ 공포탄 등 활성 교탄의 용도의 사용 및 안전거리미준수(어로, 수렵행위)
○ 기 타
- 탄두와 탄피 분리 후 탄두를 이용한 목걸이 제작과 탄피로 반지를 제작하는 행위
- 실탄, 탄피 활성교탄을 은익 후 휴가. 전역시 외부로 반출 행위
- 탄피 등을 부정 유출하여 고철로 민간인에게 매각 행위

아. 사격훈련 후 후속조치

○ 사격훈련 성과분석
- 주간 및 월간 교육훈련성과분석 절차에 준하여 분석
- 사수 고벽 추적관리의 성과와 문제점을 분석
- 사격술향상, 훈련방안을 분석하여 차기 훈련에 반영

○ 사수 등급 및 훈련수준 현황판 기록

- 사격 형태별 사수 등급을 PC엑셀 프로그램활용 입력/유지
- 소대별 사격수준 현황판 기록(간부 연구실 또는 알림판)
- 사수 개인고벽 추적 관리를 위한 개인별 취약 분야를 별도로 관리 및 유지 (소대장)

○ 저수준자 교육

- 저수준자는 지속적인 사격술 예비훈련을 실시토록 통제
  * 일과 후 보충교육 : 당직사관 통제하
- 저수준자 사격을 주기적으로 주간 교육예정표에 반영 · 전입 신병은 부대 전입 1주일 이내에 영점사격실시 · 저수준자는 주 1회 이상 실사격 반영
  * 1회 사격시 5발 이내로 사격하는 것이 효과적

5. 예방활동

가. 은닉탄 색출

○ 전투형 신형 지뢰탐지기를 투입 분실탄 회수 및은닉탄 색출
○ 일반 출입자 검색용 금속탐지기 이용 은닉실탄 색출
○ 일반 출입자 검색용 금속탐지기 이용 은닉실탄 색출
○ 육안(탄약 LOT NO와 탄약색)에 의한 색출

나. 중대장 확인/조치사항

○ 경계근무 부대간 : 소초장 · 분소초장에 의한 수불
※ 매 교대시 탄약 이상유무 확인

○ 민간인에 의한 총기 피탈관련 초병 총기 관리

- 초병의 무기사용시기 숙지(군인복무규율 제34조)
  • 신체 · 생명 또는 재산을 보호함에 있어서 그 상황이 급박하여 무기를 사용하지 아니하면 보호할 방법이 없을 때

- 야간에 3회이상 수하하여도 이에 불응하여 대답이 없거나 도주하거나 초병에게 접근 할 때
- 폭행을 당하거나 또는 당할 우려가 있을 경우 그 상황이 급박하여 자위상 부득이 할 때

- 부단한 교육을 통한 정신무장 강화(규정, 방침, 사례)
- 실질적인 행동화 교육(상황조치 훈련), 근무여건 개선
- 간부에 의한 지속적인순찰 /교육, 솔선수범 선행

○ 야외 훈련시 수시 총기확인 습성화

○ 사격장에서의 실탄/탄피 확인 철저

- 교탄 수령 후 영내개봉 금지, 사격장에서 간부 개봉
- 사격장에서의 탄약 수불 / 취급 전담간부 임명
- 탄피 100% 회수 여부 중대장 직접 확인

6. 사고발생시 조치

가. 신속한 상황보고 후 지휘보고

※ 최초보고시 적절한 용어 사용 : 부상/사망여부 구분 (확인된 내용범위내)

※ 필요시 응급헬기 요청 병행

나. 구호자 응급처치 / 사망자 시신이동 금지

다. 수사관 도착시 까지 현장 보존

제6절 군무이탈 사고 예방

1. 개 요

군무이탈사고는 지속적인 예방활동으로 근간 감소하고 있는 추세이나 매년 1,000여건이 발생하고 있는 실정이며, 그중 미귀이탈이 77%를 넘고 있다. 왜 군무이탈은 발생하면, 어떻게 하면 군무이탈이 "0"화 될 수 있을까 발생할 수밖에 없다면 제2의 사고로 연계되지 않도록 어떻게 차단할 것인가 의 조치를 취하는 것이 중요하다.

2. 왜 근절해야 하는가

가. 악성사고의 주범이다.

군무이탈이란 "근무를 기피할 목적으로 부대 또는 직무를 이탈하거나 이탈된 부대 또는 직무에 상당한 기간 동안 복귀하지 아니하는 범죄"로 되어 있다. 군무이탈은 그 범죄에 그치지 않고 자살, 강도/강간 등 제2의 강력사고로 발전되어 사회 무의를 일으키는 등 대군 불신의 원인이 되며 막대한 인적 자원의 손실과 소속 부대의 사기저하는 물론 군 전투력에도 막대한 손실을 끼친다.

나. 절대 성공할 수 없다.

군무이탈을 할 경우 탈영즉시 전국에 수배령이 내려 수천/수만장의 수배전단이 살포되고 검문소와 초소에서는 검문검색을 통한 검거 활동을 하게 되며, 경찰 및 헌병 체포조에 의해 끝까지 추적되어 결국 체포되고 만다.

그뿐인가 군무이탈자는 공소시효(7년)가 적용 되지 않기 때문(7년 이후 매 3년 단위 각군 참모 총장명의 복귀명령하달)에 검거될 때까지 체포 활동이 계속됨으로써 영원한 범죄자가 된다.

또한 군형법 제32조 "군무이탈 비호죄" 에 의거 군무이탈자를 숨겨준 자도 3년 이하의 징역으로 처벌되기 때문에 아무도 숨겨두지 않으므로 사고자는 갈 곳도 없게 된다.

다. 사고 당사자에게 주어지는 불이익

사방이 벽 뿐인 감방 즉 교도소에 수용되어 24시간 감시를 받는 가운데 외부인과의 접촉이 차단되어 밀폐된 생활을 해야 하는 등 신체적 고통과 사고자라는 사회적 열등의식으로 불안하고 초조한생활의 연속으로 정신적 고통을 당하게 되고, 사회적으로 전과자라는 낙인 찍혀 온갖 냉대로 인해 소외된 생활을 해야 하고 만약 결혼해야 할 경우 배우자가 외면할 것이며, 이미 가정을 꾸린 사람이라도 원만한 가정생활이 되지 않으며, 법률적으로는 읍, 면, 동사무소 수형인 명단에 등재가 되고 경찰청 컴퓨터에도 입력됨으로써, 일정기간 공무원 자격취득 및 해외 여행, 이주도 제한되는 한편 재 범죄시 가중처벌이 되는 불이익을 당하게 된다.

※ 군무이탈자 처벌 : 2년이상 10년이하 징역(군형법 제 30조)

3. 왜 하게 되는가

절대로 성공할 수 없고, 말로가 비참한 군무이탈을 왜 하게 되는가

가. 감당하기 힘든 외부자극(원인제공)

- ○ 선임병의 폭행 / 가혹행위로 인한 군생활 의욕상실
- ○ 자신이 잘못하여 처벌받게 되자 근심/걱정
- ○ 애인으로부터 헤어지자는 편지 / 전화
- ○ 통제된 생활에서 오는 욕구불만
- ○ 군입대후 집에서 안 좋은 일이 있다고 소식을 들었고 도움을 주지 못하는 무능력감으로 삶 의욕상실(허탈감, 자학증세)
- ○ 한번도 해보지 못한 힘든 훈련을 해야 한다는 것에서 오는 부담/스트레스

나. 심리적 변화

○ 안 맞고 군생활하는 방법은 없겠지

군대에서 폭행이나 욕설은 사라지지 않을 것이며 군이 있는 한 맞지 않는 방법은 없다라는 식의 자포자기

○ 처벌받지 않는 방법은 없겠지

"얼마 안 있으면 징계에 회부되어 영창가게 될 것이다." 라는 등 잘못의 처벌에 모든 생각이 집중되어 좌절감에 빠지게 됨

○ 애인이 왜 헤어지자는 거지

아무 이유없이 애인의 마음이 돌아서자 극도로 혼란에 빠지게 되며 뭔가 지금단장 해결해야만 되겠다는 생각에 조급하고 초조해 함

○ 집에 도움도 못주는데 내기 무슨 아들이야 사회에 있다면 무슨 짓을 해서라도 집안 일을 도울텐데, 군에 있기 때문에 아무것도 할 수 없다라고 생각하여 스스로를 자학하게 됨

○ 그 훈련 힘들고 어렵다는데 어떻게 하지

훈련에 대한 이야기만 듣고 자신이 해낼 수 없을 것이라 생각하여 자신감을 잃어버리고 극복하기보다는 회피하는 방법만 생각하게 됨

다. 방어기재 현실도피

자신의 처지에 대한 욕구불만을 없애고 현실을 도피하기 위한 수단으로 군무이탈을 하게 된다.

○ 더 이상 맞지 않을 거야 더 이상 맞고 살 수 없다. 군대에서 폭행이 없어질리 없고 아무도 해결해 주지 않는데 어떻게 해야 하나, 절이 싫으면 중이 떠나야지 차라리 내가 없어지자

○ 우선 처벌부터 피하고 보자

미래고 인생이고 지금 현재가 중요하다. 지금 영창가고 군생활 길게 하느니 차라리 도망가 버리자. 어릴 때도 잘못하면 부모님한테 혼나기 싫어서 집을 나갔다가 밤늦게 들어오면 용서받았지 않은가, 나갔다가 나중에 들어오면 간부들이 용서해줄 거야.

○ 직접 만나서 해결해야지

무슨 말 못할 사정이 있을 거야, 내가 만나서 이야기하면 마음이 돌아설 거야

○ 힘든 훈련 받아봐야 뭐하나

난 군대 체질도 아니고 오고 싶어서 온 것도 아닌데 왜 강제로 하기 싫은 힘든 훈련을 시키는 거야, 힘든 훈련 받아봐야 인생에 도움도 안되는데 그냥 도망이나 가자

※ 결국 탈영을 통한 현실도피의 방법으로 자신의 문제가 해결되어 모든 것에서 해방될 것이라고 착각하지만 그러나 탈영하는 순간 곧 엄청난 고통이 시작된다.

4. 가능병사 파악 / 선도

가. 초년병 전입시 부대적응에 지휘관심 집중

○ 전입과 동시에 분대장에 의한 부대안내 / 지도

○ 부대 적응 시까지 일정기간 중요임무 부여 지양

○ 잘못에 대한 질책보다 자상하고 따뜻한 선도

※ 선임병에게 초년병에 대한 세심한 배려와 인격 존중의 마음자세 교육

○ 가혹행위, 고참병 횡포, 언어폭력 등 내무 부조리 근절

○ 애로사항 및 고민파악, 적극조치

○ 부대 특성에 맞는 신병 군인 만들기 프로그램 개발/적극시행

나. 사고취약자 파악 / 신상관리 중점지도

○ 가정환경 불우자/염세비관자/여자관계 고민자
○ 자포자기나 도피적 행동을 보이는 자 등

5. 예방활동

가. 범죄의 중요성 인식위한 지속적인 계몽교육 강화

○ 자신은 영원히 전과자가 되고, 부모님에게는 천하의 불효자가 되며 가문과 후손에 불명예 남김
○ 부대단결 와해시키고 전우들의 사기를 저해시킴
○ 사회에서 냉대받고 국민으로부터 지탄의 대상이 됨
○ 도망가면 반드시 잡히고 만다(절대 성공할 수 없다)
※ 군무이탈은 해방이 아니라 더 큰 고통의 시작임을 명확히 인식시켜야 함.

나. 병영생활의 가정화로 근무의욕 및 소속감 고취

○ 부대 단결활동, 생일자 다과회, 오락회 등을 통한 인화단결 도모
○ 건제단위 교육훈련 / 운동경기(지휘중점 운동 등)로 소속감 고취
○ 개인 특기, 취미 살릴 수 있는 기회(동아리 활동 등) 부여
○ 일과표 준수, 규정에 의한 외출 / 외박 실시 등 병 인권 보장

다. 진지공사 / 전술훈련 등 야외 활동간 병력통제 철저

○ 현장도착, 휴식, 식사 복귀시 수시 인권파악 / 보고체계 확립
- 분대장을 활용한 인권파악, 보고 생활화
- 분/소대 단위 지휘체계 확립 : 지휘보고 시간 지정, 이상유무 보고
- 정상적인 점호, 식사, 경계근무 등 일과표 준수

- 간부에 의한 취약시간대 순찰활동 강화
- 소대장 작업간/휴식간 초년병 대상 면담/심리파악
  • 향수심에 젖어 있는 경우 지휘관 보고 후 지휘조치

라. 영외 출타자 관리 강화

○ 영외 출타전 조치사항 확인/조치

- 휴가시 특이한 활동사항 확인/면담(2~3일전, 중대장)
- 휴가계획서 작성/실질적인 면담(1일전, 중대장)
  ※ 출타장병 카드 지급(있을때)/교육
- 휴가신고 접수/정신교육(1일전)
  • A급병사 출타시 대대장 보고(1일전 중대장)
  • 대화식으로 자연스럽게 의견 청취/교육, 특이한 활동사항 확인/조언
- 휴가지역별 출발 및 복귀시 전우조(2~3명) 편성

○ 영외 출타간 확인/조치

- 휴가기간 중 전화통화 관심표명/확인
- 휴가기간 고려 3~5일 간격통화
- 부대별 E-mail/전화통화 유도 및 발신지역 확인 추적관리
- 집도착/출발, 터미널 출발시 전화여부
- 계획한 사항, 고민사항 잘 진행되고 있는지 함께 걱정하는 자세로 전화
  ※ 여건 가능시 지시보다는 간부에 의한 전화, E-mail 발송시 효과 증대

○ 가정과 연계한 외출(박), 휴가자 관리

- 휴가출발 전·중·후 안부/당부 전화
- 기간 중 주변환경/신상변동 사항 확인
  ※ 100일 위로휴가 직후 설문서/지휘서신 발송, 전화 통화시 효과적임

6. 사고발생시 조치

군무이탈 발생시에는 현지이탈과 미귀이탈로 구분하여 조치가 이뤄지며, 차이점은 현지이탈은 무장탈령과 비무장 탈령으로 구분할 수 있으나 대침투작전시와 동일하게 초동조치를 한다는 것이고, 미귀이탈은 행정적으로 조치가 이루어진다는 점이다.

가. 현지이탈

○ 중대 당직사관

- 찾지 말고 대대 당직사령에게 즉각 보고(6하원칙)
  - 무장/비무장 여부 및 인상착의 포함 보고

  ※ 보고 지연시 조기 검거 실패, 작전지역 확산 등으로 군위신 실추
- 봉쇄선 병력 배치
- 중대장에게 보고, 전간부 상황전파(비상연락망 이용) · 중대장

  ※ 무장 또는 비무장 군무이탈 발생(최종 본 병사 및 시간, 판단근거)

  ※ 대대 상화보고 내용

  ※ 봉쇠선 병력배치 또는 주요지점 차단 여부
  - 전 간부 : 무장 또는 비무장 군탈 상황 전파
- 중대 총기 및 탄약 이상유리 확인(실셈파악)
- 중대장 도착 전까지 대대 당직사령 추가지시 시행

○ 대대 당직사령

- 찾지 말고 연대 당직사령에게 즉각 보고 및 헌병대 신고(6하 원칙 적용)
  - 연대 당직사령, 헌병대, 대대장 순으로 보고

  ※ 피해 확대 방지 및 신속한 차단이 최우선 과제
- 봉쇠선 병력배치
  - 단순 비무장 군탈자 일 경우는 헌병수사관 도착 전까지 이탈장소, 시간, 목격자 등 수사상 필요한 상황보존 및 수사협조

• 무장 군탈자 일 경우(긴급보고 사항임)

※ 총기 및 탄약 이상유무 확인 점검 후, 이상 발견시 현장보존 즉시 대침투 작전에 준한 차단 지점 점령

※ 실탄 미절취한 총기휴대 군탈자도 동일한 개념 적용

※ 무장군탈시 헌병검문소 및 임시검문소는 대침투 작전에 의한 검문검색 강화

※ 인지 즉시, 신속한 상황보고/초동조치로 사고 확산 방지

※ 무장군탈시는 지역별 군·경 합동작전 실시

- 대대총기 및 탄약 이상유무 파악, 탄약고 확인
- 대대 전간부 상황전파(비상연락망 이용)

나. 미귀이탈

○ 중대 당직사관/대대 당직사령

- 복귀시간 경과 후 미복귀자 발생시 즉시 상황보고 후 지휘보고
- 부모에게 미복귀 사실 통보/미귀자 행적 확인
- 복귀중일 경우 복귀시간 경과시 반드시 현재상황을 상급 부대에 보고

제7절 자살 사고 예방

1. 개 요

'05년 한해동안 우리나라에서는 13,050명이 자살 하였는데 이는 1일 36명 1시간에 1.5명이 자살한 셈이다. 더욱 큰 문제는 이 숫자는 자살에 성공한 사람의 수이고, 이보다 더 많은 사람들이 자살을 기도했다는 점이다. 청년기에 있어서 자살의 위험도는 가장 높은 수치를 보이고 있다. 특히 18~22세의 젊은이들이 자살시

도시 여자보다 남자들이 자살에 성공하는 경우가 4~5배 높다고 한다. 연구자료에 의하면 고등학교 학생의 10%가 한 번쯤은 자살을 시도했으며, 50%는 생각을 했다는 보고가 있다. 이러한 자살사고는 육군전체 사망사고가(5개년 평균 60명) '00년에 00명의 52%이며, '00년 00명 52.4%를 차지하는 악성사고로서 자살자 가족에게는 한 집안의 대가 끊기고, 그 부모들은 영원히 군에 대한 한을 품고 살아가야하며, 부대 내적으로는 회복하는 데 상당기간(통상 : 연대/여단 1개월, 대대 3개월, 중대 6개월)을 요하는 등 군과 사회에 미치는 영향이매우 심대하므로 다각적인 예방대책이 요망된다.

2. 원 인

군에서 자살이란 가정적, 개인적 문제나 군복무염증 등의 이유로 좌절과 절망, 사회와 군대에 대한 원망, 분노 등의 표출이 자기 자신에게 지향될 때 행해진다. 해마다 상당수의 병사들이 자살을 하고 있다. 이러한 자살은 욕구 좌절로 인한 불안감, 소외감, 자신감상실, 고립감 등으로 현실의 참담한 상황에 몰입되어 정상적인 생각과 판단을 못함으로써 야기되는데, 여기서는 절망, 무기력증, 가치상실과 분노, 외로움, 자존감, 우울증의 2가지로 정리하였다.

가. 절망, 무기력증, 가치상실

자살자에게 공통적으로 나타나는 현상은 절망, 무기력증, 가치상실의 세 가지이며 아래의 경우이다.

- ㅇ 가장 가까운 인간관계의 단절
- ㅇ 정서적 보조체계의 상실
- ㅇ 사랑하는 사람의 죽음
- ㅇ 업무나 학업에 관한 고민
- ㅇ 부모의 별거 내지는 이혼
- ㅇ 사회적 지위나 재정적 근원의 상실(부모의 실직 등)
- ㅇ 빚, 재정적 파탄

나. 분노, 외로움, 자존감, 우울증

군내에서 발생하는 자살의 원인을 분석해 보면 결국 분노, 외로움, 자존감, 우울증 즉 "인간성 상실"에서 기인한다고 볼 수 있다.

○ 분노란

인간적 기본적인 정서 중의 하나로서 강한 불쾌감에서 일어난 흥분이며 누적되는 성질을 갖고 있고 어느 한계에 달하면 폭발하는 위험성을 갖고 있다.
또한 분노는 두려움이나 불안감에서 비롯된 감정이며 사회적으로 학습된 결과이고, 인간 감정의 한 부류지만 주로 생각, 의사소통, 행동 등의 영향을 많이 받는다.

○ 외로움은 우리의 생활속에서 신뢰와 이해 받지 못함 때문에 느껴지는 감정을 말하는데 "홀로 있다"는 감정과는 다르다. 누구나 겪는 감정의 현상이지만, 제대로 다루지 못하면 자존감에도 영향을 줄 수 있고 심할 경우 우울증으로 발전하기도 한다.

※ "사랑하는 이와의 이별"은 병사들이 외로움의 감정을 가장 많이 느끼는 요소임.

○ 자존감은 분노와 밀접한 관계가 있다. 자존감이 낮은 사람이 화도 잘 내며 인간관계 형성에서 실패하고, 사고를 저지를 확률이 높은 것이 사실이다. 따라서, 교육제도가 무너져 간다는 현시대에서 가장 효과적인 교육조직으로서의 군에서 인간성 회복운동의 일환으로 병사들 개인에게 긍정적인 자아상을 심어주는 것이 매우 중요하며, 그 이유는 자아의식과 자존감이 우리의 삶의 질을 결정하기 때문이다.

○ 우울증은 사람의 심신에 직접 영향을 미치는 감정적 장애를 총칭하는 증상을 말하며, 자살사고의 직접적인 원인으로 꼽히는 요소 1순위이다. 올바른 분노의 정복을 실패하거나, 긍정적 자존감을 형성하는데 실패하거나, 외로움을 극복하는 것에 실패하면 반드시 우울증이라는 변형된 형태로 매우 심각한 감정의 장애로 표출된다.

- 우울증의 요인

- 성격적 특성 : 매우 비판적이거나 수동적으로 타인에게 의존하는 정도가 높은 사람들
- 환경적 요인
  동료 혹은 가족 구성원들과의 불화, 혹은 군대 같은 조직사회, 직장의 환경, 어린시설 따돌림을 당했거나 사랑하는 사람을 잃었을 경우 등

- 부대에서 주목해야할 우울증 증상

- 태도와 행동의 변화로 슬픈 기분, 책임감 회피, 현실도피, 식욕저하, 체중의 증가, 기억력 저하, 집중력 저하, 예민한 반응
- 다양한 감정의 변화로 감정적 공허감, 허탈감, 무력감, 절망감, 성욕의 상실, 온정의 결여, 과장된 자괴감, 자책감, 자존감 상실, 자살에 대한 생각 또는 행동을 함
- 신체적 증상으로 수면장애, 무기력함, 무능력감, 피로감, 설명할 수 없는 두통, 요통, 그 밖의 통증, 소화기능 장애 등

3. 우려자 선정

자살우려자로 선정되면 일단 관리하기 때문에 사고예방가능성은 높다고 할 수 있다. 그러나 책임회피식으로 약간의 문제소지 병사를 무조건 선정해서는 안되며, 철저한 신상파악과 부단한 관찰을 통해 선정에 신중을 기해야 한다.

가. 과거에 자살을 시도한 경력이 있는 경우

나. 극도로 우울해지고 불안해하면서 지쳐 있을 때 (자살자의 80% 이상 극도의 우울증 동반)

다. 자살할 생각이 있다고 자주 말할 때

○ "나는 더 이상 버틸 수 없어", "너는 나를 더 못볼 지도 몰라"

○ "나는 잠들어서 영원히 깨어나지 않았으면 좋겠어"

○ "나 자신을 죽일지도 몰라."
○ "차라리 죽는 게 나아" "끝났어"
○ 가족 중에 자살하여 죽은 사람이 있을 때
○ 죽은 가족에 대한 죄의식의 표현이 많이 나올 때
강한 죄책감은 일반적으로 자살로 연결되는 경우가 많다.
○ 자신의 죄에 대하여 벌받기를 강력히 원할 때
자기스스로를 처벌하게 되기 때문에 결국 자살하게 된다.
○ 생물학적 욕구(음식, 성, 수면, 일반활동)가 현저히 줄어들었을 때
○ 알콜 중독 상태일 때 군입대전 알콜 중독 상태였던 병사는 이등병·일병시 자살우려자로 관리 필요
○ 주위에 자살을 시도할 수 있는 도구나 여건이 마련되어 있을 때
○ 자신의 죽음이 가족들에게 미칠 영향에 대하여 관심을 보일 때
○ 많이 초조해 하고 불안해 하다가 갑자기 차분해지고 편안해 할 때, 최근 많이 우울해하고 자살에 대한 고민을 털어 놓더라도 사람이 갑자기 편안해 하는 것처럼 보일 때는 좋아졌다고 생각하지 말고, 일단 한 번 더 신경을 쓰는 것이 필요
○ 최근 가족의 죽음이나 건강의 상실 등 삶의 어려운 일을 당하였을 때 많은 경우 이미 우울하여 자살을 할까 말까 고민하던 사람들에게, 소위 엎친 데 덮친 격으로, 자기 가족에는 큰 어려움이 생기거나 애인의 변심 등이 있게 되면 자살을 결심하는 경향을 가지게 된다.
○ 자신의 삶의 무가치성을 강조하면 의기소침해 할 때
○ 타인의 도움을 받기 거절하면서 혼자 힘들었을 때

※ "자살우려자의 특성"(부대관리훈)을 병행하여 고려시 자살 가능성이 더 높은 우려자를 선정 할 수 있을 것임.

4. 예방활동

자살사고 예방을 위해서는 우려자 선정에서 출발하여 전장병과 병사의 가족/친지 등을 포함한 가용 인원과 가용방법을 총 동원하여 천하보다 소중한 목숨을 지킬 수 있도록 해야 한다.

가. 자살징후 인지교육/조치

○ 전 장병 대상 자살징후 (붙임 #2 참조)/증상을 교육하라

○ 일단 징후 보이는 전우발생시 신속히 알릴 수 있는 체계 유지

- 분대장 관찰일지, 군종병 간담회
- 관심병사/전우조 면담
- 병력 신상 결산제도(상향식 일일결산)
- 자살징후(행동변화)/점검표(붙임 #2 참조) 활용 등

○ 조금이라도 자살위험에 노출되었다고 판단되면 전문의사, 군종장교에 의한 상담/치료 실시

※ 자살 징후자와 면담시에는 실수하지 않도록 사전 준비 필요

나. 자살징후자 파악/조치

○ 자살의 경고 징후가 발견되면 그 사람의 생활을 주의 깊게 봐야 한다.

○ 상황을 질문해야 한다. 자살의 생각이 있었고 계획까지 있다는 사실을 발견하면 절대로 혼자 있게 내버려두지 말라. 왜냐하면 그들은 큰 위험 속에 있기 때문이다.

○ 자살할 타입이 아니라고 가정하지 말 것.

○ 그 사실을 비밀로 하지 말 것.(지휘계통 보고)

○ 충격적 행동을 하지 말 것.

○ 따지거나 원인을 자살자와 분석하려 하지 말 것.

○ 농담하거나 "넌 그런 위인이 못 돼."라고 도전하지 말 것

○ 자살에 관한 전문적 도움을 청할 것.(군종장교, 정신과 군의관)

○ 비교적 급박하지 않은 경우(Low risk)

- 바쁘게 만들 것.
- 보직이동 시킬 것.
- 운동은 스트레스를 낮추는데 효과
- 그들과 충분히 대화할 것.
- 그들의 긴장과 신경을 풀어줄 것.
- 문제에 대한 새로운 접근방법을 찾도록 할 것.

다. 자살자, 자기 파괴적 감정을 스스로 이기는 법 지도

○ 장병 자기능력 계발 기회를 부여하여 정신을 집중할 수 있는 여건을 조성

예) 컴퓨터 자격증 시험/언어능력 향상을 원하는 병사는 군복무에 지장을 초래하지 않는 범위에서 허용하고 지원해 주라

○ 동아리 제도를 만들어 이를 활성화하라(오락, 취미, 체육 등)

○ 대화와 토론의 활성화

어떠한 주제를 놓고 토론을 하게 되면 처음에는 부정적 의견을 제시할 수 있으나 계속 대화를 하면서 좋은 해결방안에 이르게 된다.

○ 자살을 생각하는 사람에게 가장 부담스러운 환경을 찾아내어 그 환경을 이겨나가도록 도와 준다.

(보직변경, 생활관 변경, 새로운 일 부여 등)

○ 수호천사 제도 활성화로 선임병에 의한 초년병조기 부대적응 유도

※ 여러 병사에 의한 초년병 간섭은 혼란과 문제 (구타/가혹행위)를 야기시킴

○ 1인 1종교 갖기 운동전개

종교행사에 참여할 수 있도록 권장하고 신앙이 좋고 경건한 사람들과 사귀도록 도우며 신앙서적이나, 간행서적, 신앙위인전 등을 읽도록 권하는 것도 좋은 방법이다.

라. 자살을 유발하는 시간/공간/수단적 조건 사전제거

○ 일과표를 준수, 건제유지 활동 활성화, 각종 집합시 인원파악 철저 등 자살할 수 있는 시간적인 여유를 제거하라

○ 부대 환경 작업시(제초작업, 구충작업 등) 맹독성 독극물 반입을 금지하고 필요시 사용 후에는 반드시 폐기처분 하라

○ 창고 관리시 시건장치는 필히 실시하고 관계자 외에는 출입을 금지하라

○ 자살충동을 유발하는 각종 충돌 도구를 제거하라

- 건물 옥상 출입구 시건장치 실시(투신자살)
- 목을 맬 수 있는 각종 끈 종류 방치 금지/제거
  (빨래줄, 야전선 등)
- 부대 주위 웅덩이, 저수지, 하천지역 출입 통제
  (경고판, 울타리, 철조망 설치)
- 부대 주위 큰나무 가지치기 작업으로 목맬 장소 제거

○ 총기/탄약 관리를 철저히 하고 근무기강을 확립하라

- 탄약고/무기고 열쇠관리는 반드시 간부가 하라
  ※주간 : 행정보급관, 야간 : 일직근무자 → 인수/인계철저
- 규정에 의한 총기/탄약 수불체계 확립, 일일탄약결산 철저
- 공정한 근무편성
  (간부가 직접 명령서 작성/지휘관 서명 후 게시)
- 취약지역 순찰강화/불침번에 의한 출입 및 취침인원 파악철저

5. 당직근무간 사고발생시 조치

가. 당직근무자(중대, 대대)

○ 신속한 보고

- 중대당직사관 ⇒ 대대 당직사령/중대장
- 대대 당직사령 ⇒ 연대 당직사령/대대장, 지체없이 관찰 헌병대 신고

○ 구호자 응급처치/사망자 시신이동 금지

○ 수사관 도착시까지 현장 보존
- 사망자 시신 옮기거나 수습행위 금지
- 사고현황 경시, 경계병 배치, 병력출입 통제
- 목격자 확보, 병력동요 통제
- 사건 현장에 대한 VTR 및 사진촬영
- 개인 사물함 등 보존 유지
(부실시 장례 등 사후처리에 막대한 지장 초래)

○ 대민물의사고 언론보도 관련
- 무책임한 답변금지 ⇒ 언론대응 창구 일원화(정훈공보장교 등)

나. 중대장

○ 대대 보고부여/공통 조치사항 조치여부 확인

○ 영외거주자 비상연락/소집

○ 제 2사고 발생 차단 대책 강구
병력 이상유무 확인/지휘계통에 의한 병력장악

○ 사망자 부모에게 사망 원인이 밝혀지기 전 사고원인을 추정해서 말하지 마라(헌병이 수사 중으로 수사결과 또는 부검결과가 나와야 정확한 원인을 알 수 있을 것이다라고 말하거나, 모를 경우는 모든 다고 솔직히 말하라)

제8절 성 군기 위반 사고 예방

1. 개 요

"소프트 파워"가 세상을 바꾸고 사회전반의 변화를 주도하는 핵심 화두로 등장하고 있는 바, 여성의 시대라고 하는 21세기의 소프트 파워는 여성이라는 데에 아무런 이견이 없을 것이다. 최근 군내 여성 일력의 증가에 따라, 성 인지적 관점에 따른 업무 추진의 필요성 및 21세기형 젠더(남녀별) 피트너십 형성과 더불어 성관련 사고예방교육을 포괄하는 체계적이고 발전적인 교육의 필요성이 제기되었으며 성범죄가 최근 한달 새 무더기로 드러나고 있다. 이 기사에서 보는 바와 같이 성군기 위반 사고는 어느 부대, 어느 계급에서나 발생되고 있고, 앞으로도 발생할 수 있는 사고유형으로 군내 여군 인력의 증가에 따라 동성뿐만 아니라 이성간의 사고 발생 개연성도 증대되는바 철저한 예방활동이 요구된다.

2. 사고의 유형

"성군기 위반사고"란 성을 매개로 상대의 인권을 침해하여 성적인 수침이나 혐오감을 불러 일으키는 모든 행위 즉 성적 접근, 요구, 성을 암시하는 언어·신체적 행위 등으로 군기강 문란 및 군 명예실추를 초래하는 모든 성관련 범죄를 말하며 『국방부 훈령 제686호(성군기 위반 사고 방지 지침)』, 크게 세 가지로 나누어 볼 수 있다.

가. 성희롱

성적 의미가 내포된 언어적, 시각적, 육체적 행위와 성적 봉사를 요구하는 행위, 통념상 성적 굴욕감 유발하는 것으로 인정되는 언어나 행동을 말함.

※ 성희롱의 판단기준

1) 성희롱의 발생여부를 판단하는 것은 가해자의 의도나 동기가 아니라 피해자를 받았다고 느끼는 당사자의 입장이 우선적으로 고려됨
2) 피해자의 주관적 기준은 사회 통념상 합리적인 사람이 피해자의 입장에서 어떻게 판단하고 대응할 것인가로 고려됨
3) 피해자의 "침묵"이나 "무반응" 또는 "무시"가 곧 "합의"나 "승인" 또는 "허용"을 의미하는 것이 아님

나. 성범죄

형법, 성폭력 범죄의 처벌 및 피해자 보호 등에 관한 법률, 군형법 등에 명시된 강간, 강제추행, 간통, 혼인빙자 간음 등

1) 강간

폭행 또는 협박에 의하여 상대방의 반항을 현저히 곤란하게 하고 여성을 간음하는 것으로 피해자 등의 고소가 있어야 처벌할 수 있는 범죄(3년 이상 유기징역)

2) 강제추행

폭행 또는 협박을 한다는 점에서는 강간과 동일하나 상대방을 여성으로 제한하지 않고 남성을 포함하며, 추행을 한다는 점에 서는 강간과 구분(10년 이하 징역)

3) 계간

영내에서 발생하는 남성간의 성추행 행위를 계간이라 하며, 강제적인 추행뿐 아니라 합의에 의한 추행도 군형법 제 92조(계간, 기타 추행죄)에 의거 처벌함.(1년 이하 징역, 피해자 신고 없이도 처벌)

※ 계간을 당하는 후임병의 경우 수치심으로 신고를 하지 못하고 모멸감, 복수심을 키우다가 폭행, 총기강력, 자살 등의 사고로 이어지는 경우가 많음

4) 그 외 성범죄

간통, 혼인빙자 간음, 미성년자 간음 및 추행, 카메라 등을 이용한 촬영 등이 있으며, 최근에는 "통신매체를 이용한 음란행위"가 증가하는 추세임.

다. 기타 성군기 사고

1) 군 외부의 이성을 군 숙소 등으로 유인해 불건 전한 관계를 갖는 행위
2) 사회적으로 물의를 일으키는 성군기 위반사고 등 군인의 품위유지 의무를 위반하는 각종 성관련 사고

3. 예방활동

가. 금지사항 준수

1) 부대 내에서 침대, 침낭에 2명 동침 행위(공통사항)
2) 음란한 농담이나 음탕하고 상스러운 이야기(언어적 행위)
3) 손가락으로 성교를 암시하는 표현을 하는 행위(시가적 행위)
4) 악수시 검지로 상대의 손바닥을 긁는 행위 (육체적 행위)
5) 어깨나 팔, 손, 다리를 주무르라고 시키는 행위

(성적 봉사를 요구하는 행위) 전 항목 징계처리 대상이 되는 금지해야 할 성희롱 행위이며 그 용어의 정의를 위반여부를 판단하는 기준으로 한다.

형사처벌의 대상이 되는 이성과 강제추행과 군형법에만 규정하여 처벌하고 있는 동성간 성추행의 예로써 이러한 금기사항이 준수 되어야 한다.

나. 생활 에티켓 / 군내 이성교제 제한사항 준수

1) 남·여 군인 및 군무원 2명이 단독으로 사무실에 잔류시 출입문을 개방하고 여자 혼자 있는 사무실 출입시에는 노크 등을 통해 사전 승낙을 받을 것
2) 남·여 군인간 신체 접촉은 악수 정도가 원칙이며 교육 및 기타 임무 수행간 팔장을 끼는 자세, 앞뒤 에서 껴안는 행동 등 지양
3) 각종 회식시 상·하 지휘관에 있는 이성(군인가족 포함) 간에 지나친 신체적 접촉에 의한 춤을 추는 행위 등 지양
4) 군내 이성교재는 결혼하지 않은 남·여 사이에만 가능하며 합리적이고 공정한 임무수행 및 조직 관리를 위해 다음과 같은 특정한 신분관계 및 지휘관계의 이성교제는 제한

- 상·하 2단계까지의 지휘관계 남·녀(보직 만료후 가능)
- 교육기간 교관과 피교육성 사이(교육 종료후 가능)

다. 여성들이 주의해야 할 행동

"짧은 미니스커트"를 입은 여성이 성범죄의 피해자가 되었다고 해서 여성이 범죄를 유발할 것으로 간주하지는 않는다. 다만, 군이라는 특수한 집단 내에서 간부급 이상인 여성들의 지위를 고려할 때 다음과 같은 점은 품위 유지를 위해서라도 유의해야 하겠다.

1) 늦은 시간 원하지 않는 이성과의 만남은 거부한다.
2) 영내에서의 지나치게 노출이 심한 옷차림은 지양한다.
3) 불쾌한 성적 접근에 대해서는 머뭇거리지 말고 단호히 싫다는 의사를 표현한다.
4) 스스로 자부심을 가지고 여자라서 불리한 점보다는 여자니까 유리한 점을 먼저 내세울 수 있도록 노력한다.
5) 지나친 방어자세는 버리고 주위의 남성들과 진정한 동료의식을 가질 수 있도록 노력한다.

라. 동료로서 남성들이 지켜야 할 수칙

1) 여성의 신체, 생리휴가, 임신 등과 관련된 노골적 성적 농담을 금지한다.
2) 성희롱을 당하는 동료가 있다면 도와준다.
   가) 딸, 아내 혹은 애인, 여동생의 입장에서 생각하기
3) 자신의 행동이 상대방에게 성희롱이라는 오해를 줄 것 같으면 질문을 통해 대화한다.
4) 남녀간의 관심은 건전하게 표현한다.

마. "간부 및 부대"에서의 조치

1) 성범죄 관련 정신교육 강화

가) 성도덕에 대한 올바른 인식 교육
나) 성범죄의 파렴치성/동성애의 비도덕성 인식
다) 성범죄의 무거운 형벌 인식

2) 성적 요구 불만 해소책 강구

가) 주기적인 운동경기 시행
나) 병영내 건전한 여가 선용 여건 조성
다) 성교육 프로그램 개발/시행

3) 사고취약자 신상관리 중점 지도

가) 성범죄 관련 전과자 / 유경험자
나) 성격결함, 우울, 반사회적 성격 소유자

4) 음란물 반입 차단

가) 음란 잡지/VTR 테입 반입 차단
나) 인터넷 음란 사이트 차단

5) 성군기 위반사고 예방/색출 활동 전개

가) 주기적인 설문수리, 면담 등 색출활동
나) 성군기 위반사고 발생시 적극적인 조치 (가해자/피해자)

바. 동성간 성군기 위반행위 부대안전평가

1) 관찰식 면담을 통한 진단

가) 피해자는 우울증, 악몽, 가해자에 대한 두려움과 공포를 느낌
나) 가해자는 피해자에 대한 지나친 관심과 보호행위
다) 사고취약자(예쁘장한 후임병사)에 대한 철저한 신상관리
라) 불규칙적인 순찰활동/의심인물 초소매몰 (가글 이용)

2) 간담회/설문수리를 통한 진단

가) 각종 간담회를 통한 애로사항 수렴
나) 신뢰성과 객관성을 유지한 주기적인 설문수리/지속적인 설문조사

3) 각종 신고 시스템 마련

가) 의사소통 활성화를 통한 지휘계통 신고

나) 군내 상담/공익신고 센터 활용

다) 주임원사, 군의관, 성직자 고충상담 활성화

4. 사고 발생시 조치

가. 상담/신고

1) 지휘계통에 의한 신고 : 대대장, 연대장

2) 군 범죄신고/사고예방 상담 : 080-077-0112

3) 육군수사단 성범죄 상담신고 센타 : 960-7007

4) 육본 여군 담당관실 개인 고충 상담 창구 : 960-1450

나. 사실확인 조치

1) 사실확인 과정에서는 피해자의 증인의 사생활 보호를 위해 조치를 취한 후 공정하고 세심하게 조사

가) 성폭력 범죄의 수사 또는 재판을 담당하거나 성군기 위반사고를 처리하는 지휘관, 업무 처리 담당관, 고충상담관, 등은 피해자의 주소, 성명, 연령, 직업, 용도, 기타 피해자를 특정하여 파악할 수 있게 하는 인적사항과 사진 등을 공개하거나 타인에게는 누설해서는 안 됨.

2) 사실로 확인된 사안은 경중에 따라 형사처벌 또는 징계 등을 하며, 피해자는 요청에 따라 부대 및 보직변경 등 적절한 지휘조치를 통해 권익을 보호

가) 성희롱과 관련하여 피해자의 의사에 반하는 조치를 해서는 안됨

※ 형사처벌 공소시효, 친고죄 고소기간(1년),징계시효(2년)를 경과한 사건의 처리는 현역복무 부적합 처리기준에 의한 처리

제9절 차량 사고예방

1. 차량사고 발생원인

가. 운전자에 의한 차량사고의 원인

1) 자기중심적인 심리와 의존 심리

2) 교통에 대한 적응 능력의 부족과 조급 심리

3) 초보 운전자와 사고

4) 운전자의 성격

운전자 중에는 자신이 운전을 하고 있으면서도 안전 운전에 대한 의욕이나 감정이 소극적이고 신경질이 많으며, 성격이 원만하지 못하여 자기가 가지고 있는 안전 운전 기능을 충분히 활용하지 못하는 사람이 많다.

5) 사고를 일으키기 쉬운 운전자의 심리

가) 서두르거나 초조해 하는 심리
나) 화를 잘 내는 심리
다) 자기중심적인 심리
라) 무리한 운전을 하려는 심리

6) 운전을 할 때의 3가지 실수

가) 정보 인지의 실수
나) 판단의 실수
다) 조작 처리 실수

이것은 핸들, 브레이크, 엑셀 등을 조작할 때의 실수이다. 이 가운데 가장 교통사고를 일으키기 쉬운 것은 “정보 인지 실수와 판단의 실수”이며, 이러한 조그만 실수로 참혹한 중대 사고를 일으키는 일이 많다.

나. 자동차에 의한 차량사고의 원인

자동차는 기계이며, 그 구성 부품은 시간이 지남에 따라 정적, 동적 마찰이나 부식 또는 노후 현상이 일어난다. 따라서 차는 이러한 한계를 넘으면 돌발적인 파손, 결함 등으로 사고의 원인이 되는 경우가 있다.

※ 특히 군용차량의 경우 1/4t 차량은 사각지역이 많고, 1 1/4t 차량은 무게 중심이 앞으로 쏠려있고 제동력이 약하며, 2 1/2t 차량은 차체가 높아 경사도로 운행시 시계가 제한되는 등 취약요인 존재

다. 도로 조건에 의한 차량사고의 원인

도로 환경적 원인의 대표적인 것으로는 다음과 같은 것을 들 수 있다.

1) 시계의 장해

시각 정보가 방해되거나 또는 시계가 나쁘거나 하면 정보의 인지가 늦어진다.

2) 시력의 감소

야간, 비올 때 등의 도로에서는 운전자가 시계 · 시력의 장해를 받게 된다.

3) 노면의 마찰 계수가 기상 등에 따라서 급변하게 된다.

4) 신호, 표시 등 안전시설의 불량과 그 설치장소 등이 문제될 때

2. 예방대책

가. 운전 보조자 준수사항

1) 차량운행의 목적과 교통규칙을 숙지(항상 충분한 시간을 갖고 운행할 것이며, 시간에 쫓긴다고 과속 및 무리한 운행을 해서는 안 된다.)
2) 운전병을 감독하여 교통규칙 위반 및 위험한 행동을 할 때는 이를 제지
3) 탑승인원의 불안전한 행위를 감독 및 통제

4) 운전간 운전병의 방어운전을 지도 감독
5) 운전병이 졸거나 과로하지 않도록 조치(창문을 열어 환기하고 필요시 안전한 곳에 정차하여 휴식을 취한다).
6) 위험한 지역에서는 병력을 하차, 후방에 위험요소 유무를 확인, 차량 유도
7) 차량이 후진할 때는 반드시 하차, 후방에 위험 요소 유무를 확인, 차량유도
8) 차량간 안전거리 유지 감독
9) 안전벨트 착용 여부 확인
10) 차량사고 발생시는 운전병과 공동 행동 책임

나. 운전병 준수사항

1) 과속 및 법규를 무시한 추월 행위 금지
2) 음주, 난폭한 운행금지
3) 방어운전 및 교통규칙 이행
4) 운전대의 타인양도 금지(선탑자와 교대 운전하는 것은 금물)
5) 도로상에 정차한 경우에는 교통법규 준수
6) 운행간 졸음이 오거나 피로할 때는 차량을 안전한 장소에 정차시키고 충분한 휴식을 취한 후 운행을 계속
7) 차량속도에 적합한 차량 안전거리를 철저히 유지
8) 차량을 후진할 때에는 반드시 타인(선탑자)의 유도를 받을 것
9) 차량을 정차 또는 주차시킬 때는 반드시 주차 브레이크와 기아변속, 고임목 등을 혼합 사용하여 정차
10) 내리막길에서 시동을 끄고 운행해서는 안되며 저속 기어로 서서히 운행(기어를 중립으로 하고 운행하면 안 됨)
11) 경사지에서는 주정차를 금지하되, 꼭 주정차가 필요한 경우 제동장치(주차 브레이크, 기어, 고임목)를 충분히 한 후에 정차
12) 횡단보도, 철로건널목, 교차로 등을 통과할 때는 일단정지 후 안전하게 통과
13) 철도건널목 오르막길 등에서는 미리 저단기어로 변속한 후 출발
14) 세차 후 또는 하천 통과 후에는 반드시 "브레이크"를 건조 후 운행

15) 양보를 미덕으로 교통질서 유지

16) 운전병은 반드시 안전벨트를 착용해야 하며, 차량 내 탑승인원에게 안전벨트 착용을 권유

17) 안전장구 휴대(고임목, 동계 체인 등)

다. 승차 군기

1) 승·하차시 질서유지

2) 정원 및 정량초과 금지

3) 화물, 인원 혼합 승차금지

4) 운행중인 차량에 승차하거나 하차행위 금지

5) 승차병력의 조는 행위 금지

6) 트럭에 승차시 안전 준수사항 이행

가) 일어서는 행위 금지

나) 후미에 안전벨트 설치

다) 적재함 밖으로 손 또는 머리를 내미는 행위 금지

라) 탈모나 지나가는 행인들에게 야유하는 행위 등, 승차 군기 문란 행위 금지

7) 좌석 후미에 안전부사관(또는 승차병력 중 선임 (자)배치 및 안전벨트 설치

라. 방어운전 요령

1) 제동을 할 때 급브레이크 유발 행위 금지, 브레이크를 밟을 때는 여러 번 나누어 밟는다.

2) 앞차를 뒤따라갈 때 앞차의 급제동대비 차간거리 충분히 유지 4~5대 앞차의 움직임까지 관찰, 대형차를 뒤따라갈 때는 가능한 추월 금지

3) 뒤에 다른 차가 접근해 올때 속도 감속 및 뒤차가 앞지르기 신호시 양보, 뒤차가 밀착접근 시 가볍게 브레이크 제동 등 경고

4) 진로를 바꿀 때 상대방이 잘 알 수 있도록 여유 있게 신호, 상대방이 신호 확인 인지 후 서서히 행동

5) 교차로 통과시 신호를 무시하고 운행중인 차량 및 보행자 확인 후 서행, 좌우 도로의 안전확인 후 진행
6) 어린이가 진로 부근에 있을 때 어린이와 안전한 간격을 두고 진행, 서행 또는 일시 정지
7) 야간 운행 시 반대방향 차량 상향 등으로 접근시 불빛을 정면으로 보지 말고 약간 오른쪽으로 회피, 감속 또는 서행하거나 일시 정지
8) 야간 급커브 및 산모퉁이 통과시 전조등을 껐다 켰다하여 자신의 존재확인, 서행
9) 안전속도 준수 및 차간거리 유지
가) 법정최고 속도 : 고속도로(100~110km/H), 자동차 전용도로(80km/H), 일반도로(70km/H), 운행중 차간거리(60km/H → 44m, 50km/H→ 32m 유지)

제10절 화재 사고예방

1. 예방대책

가. 전기 화재

1) 전기 화재의 원인
가) 합선 및 단락에 의한 발화 : 전선이나 전기기구의 절연제가 파괴되거나 두 가닥의 전선이 어떤 원인에 의해 서로 접촉하여 순간적으로 큰 전류와 높은 열을 발생하는 현상
나) 누전에 의한 발화 : 전선이나 전기 기구, 기계 등에서 절연 불량 등의 원인으로 전류가 건물내의 금속테를 통하여 흐르게 되어 이로 인한 저항열에 의해 발열을 일으키는 현상

다) 과전류(과부(하)에 의한 발화 : 전선이 허용 전류를 초과한 전류를 과전류라 하며 하나의 콘센트에 많은 전기 기구를 사용 하든지 적정 용량을 초과하여 전기를 과하게 사용할 경우 라) 기타원인에 의한 발화 : 규격 이하의 전선 또는 전기 기계 기구 등에 충격이 가해져 발생한 절연 불능 상태로 인한 화재 등이 있다.

2) 전기화재의 발화원인

전기로 인한 화재를 발화 부위별로 보면 배전선, 인입선, 코드 접속부 등 전기 배선 부분이 가장 많고, 이동식 전열기(전기장판, 난로, 담료, 다리미 등) 고정식 전열기(건조기, 전기로 등) 전자제품(라디오, 전축, 냉장고, 등) 배선기구 등에서 발생한 스파크, 정전기 등이 발화원인 되어 화재가 발생하고 있다.

3) 전기 화재의 예방대책

가) 전기용품 선택시 주의사항

(1) 전기 기구를 구입할 때에는 (전) 또는 케이에스 마크 또는 표시가 있는 신용 있는 회사의 제품을 선택하여야 한다.

(2) 적당한 용량의 전기 제품을 선택하여 사용하여야 한다.

나) 전기기구 사용할 때의 주의사항

(1) 개폐기의 퓨즈는 절대 철사나 구리줄로 된 것을 사용치 말고 반드시 정격용량의 퓨즈를 사용하여 야 한다.

(2) 퓨즈가 자주 끊어질 때에는 단순히 퓨즈만을 교체할 것이 아니라 근본적으로 그 원인이 무엇인가를 규명 개선하여야 한다.

(3) 한 개의 콘센트나 소켓에서 여러선을 끌어 쓰거나 한꺼번에 여러 가지 전기 기구를 꽂아 사용하지 말아야 한다.

(4) 용도에 맞는 적정한 전선을 사용해야 한다. 비닐 피복 전선은 열에 약하기 때문에 잘 견디는 전선을 사용해야 한다.

다) 전기 시설 점검 내용

(1) 보급창고의 전기 인입 유무

(2) 반드시 규격퓨즈를 사용하고 예비퓨즈 비치 유무(동선, 철사, 사용금지)

(3) 비인가 전열기구 사용여부(전기난로, 곤로 등)

(4) 노후 전선 및 나선사용

(5) 전선, 스위치 등 접촉 부분, 기타

나. 유류 화재

1) 유류화재의 원인

가) 석유난로 등 유류기구를 과열시켜 놓고 장시간 자리를 뜨거나 하여 가연물질에 착화되는 경우

나) 주유 중 흘린 기름이나 유류기구에서 새어 나온 기름에 불씨가 닿을 경우

다) 기타 연소기구의 전도, 가연물 낙하 등에 의한 발화 등

2) 유류 화재의 발화원

유류 화재의 발화원으로 난로, 풍로, 버너, 램프 등 이동식 연소기구의 취급부주의에 의한 화재가 가장 많으며 보일러 건조로 등 고정식 설비의 취급부주의에 의해서 유류화재가 많이 발생하고 있다.

3) 유류 화재의 예방대책

가) 석유난로, 버너 등을 사용하는 도중에는 절대 기름을 넣어서는 안 됨

나) 석유난로 등을 사용 도중에 옮기지 말아야 한다.

다) 열기구 가까이에 가연성 물건을 놓아서는 안 된다.

라) 열기구는(열) 또는 케이에스 등의 표시가 있는 제품을 구입하도록 한다.

마) 석유난로, 풍로, 버너 등은 사용도중 넘어지지 않도록 안전조치 및 화재에 대비하여 모래나 소화기 준비, 장시간 자리를 비우는 일 금지

바) 유류는 유류 이외의 다른 물질과 함께 저장금지, 인화물질 제거

사) 석유난로나 풍로 등에 올려놓은 주전자 등의 물은 끓어 넘쳐 불길에 닿으면 이상 연소를 일으켜 위험함으로 주의해야 한다.

아) 규정외 연료를 사용하면 안된다.(난로에 휘발유, 혼합유 등 사용)

자) 유류 인화시 조치요령은 먼저 연료공급을 단절시키고 모래 또는 흙으로 덮거나 공기의 보급차단, 화학제로 발화점 이하 온도로 냉각

다. 가스 화재

1) 가스 화재의 원인

공기와 일정비율로 혼합하여 있을 때 착화되면 급격히 연소 또는 폭발

2) 가스사고의 예방대책

가) 사용할 때의 주의사항

(1) 사용 전에는 가스가 새고 있는지를 냄새로써 확인토록 한다.

(2) 가연성 물질 등은 가스레인지에 가까이 두지 말아야 한다.

(3) 코트를 돌려 점화할 때는 공기구멍을 조절하여야 한다.

(4) 파란 불꽃이 되도록 공기구멍을 조절한다.

(5) 가스기구를 사용하고 있을 때는 장시간 자리를 비우지 말고 주의하여 지켜보아야 한다.

(6) 사용 후에는 코크와 중간 밸브를 확실히 잠겨야 하며 외출 할 때에는 가스 용기의 밸브도 잘 잠가 두어야 한다.

나) 가스 사용시 주의사항

(1) 가스시설의 설치, 개·보수는 반드시 허가를 받은 업소에서 실시

(2) 용기 밸브 및 조정기는 함부로 만지거나 분해금지

(3) 연소기는 구멍이 막히지 않도록 솔로 주기적인 청소

(4) 가스레인지 등 열기구는 LP가스와 도시가스용이 각기 구분되어 판매되고 있으므로 용도에 맞도록 사용하여야 한다.

(5) 가스가 샐 만한 연결부분은 가끔씩 비누거품 등을 발라서 가스가 새고 있지 않은가 확인하여야 한다.

제4장

재난관리

제4장 재난관리

제1절 개 요

1. 개 요

가. 재난관리

1) 각급 부대별로 재난사고가 예상되는 취약지역 및 시설을 사전 파악 재해·재난 예상지역으로 지정 및 지속점검 보완한다.
2) 계절별 특성을 고려하여 예상 사고를 유형별로분류하고 사전 예고
3) 재난 사고에 의한 피해를 최소화하기 위하여 사고유형별 병사, 지휘자, 지휘관 등 직책별 임무수행절차를 작성하고 숙지
4) 재난 위험시설/지역을 사전지정, 대비책 강구/지속적으로 관리
5) 각급 부대별로 월별/계절별 예상되는 대형 재난 사고 예방을 위해 사고 사례수집/전파, 안전관리 교육 및 시범 등을 통하여 안전관리 의식제고
6) 재난대비태세/복구지원태세 강화, 임무수행태세 주기적 점검

2. 재난예방 활동

1) 지휘관이나 책임 있는 간부에 의한 철저한 현장 지도와 전부대원이 일치단결하여 재난을 예방하겠다는 신념이 재해예방의 가장 큰 관건

2) 하절기 재난예방 중점

가) 단시간에 집중적으로 오는 호우 즉 시간당 30mm 이상으로 2시간 이상 지속될 경우에는 큰 피해를 입을 수 있다.

나) 물골, 도로유실지역에 대한 세밀한 점검과 침수 가능성이 조금 이라도 있는 지역은 실질적인 대피훈련 실시

다) 각종훈련 및 차량운행 등에 대해 확인 및 점검체계 유지

3) 동절기 재난예방 중점

가) 기온 급강하시 경계근무자 방한피복, 근무조건, 애로사항 파악

나) 야간에 눈이 올 경우 중대급은 1개 분대, 대대급에서는 1개 소대규모의 병력 운용, 시간단위로 교대하면서 제설작업을 실시

제2절 폭우/태풍/낙뢰시 사고 예방

1. 예방대책

가. 재난 예방을 위한 사전 준비

1) 지휘관(자)에 의한 취약지역 분석/안전대책 강구

2) 집중호우 기간전 취약지역/시설점검 및 보강공사

3) 격오지 1, 3종 사전 확보

4) 붕괴 예상지역에 대한 비닐덮개, 공사도구, 단절/단수대비 식수 및 양초, 휴대용 가스렌지 준비

5) 재해유형별 상황조치 모델에 의한 숙달 훈련

나. 기상 이변에 따른 대비태세 강화

1) 기상특보 발령시 지휘관(자) 조치사항

가) 작전활동, 야외훈련부대 현지 확인
나) 유·무선 통신대책 강구
다) 위험지역에 대한 안전순찰조 운용
라) 불필요한 유동병력/차량통제
마) 책임지역 내에서 활동중인 타 부대의 협조/통제대책 강구

※ 기상특보

유 형		분 류 기 준
폭풍	주의보	• 평균 최대풍속이 14~20m/s(순간 최대풍속 20m/s이상) 3시간 이상 지속되면서, 시간 강우량 20mm이상 예상
	경 보	• 평균 최대풍속이21m/s(순간 최대풍속 26m/s) 3시간 이상 지속되면서, 시간 강우량 30mm이상 예상
호우	주의보	• 24시간 강우량이 80mm이상 호우와 이로 인한 피해 예상시
	경 보	• 24시간 강우량이 150mm이상 호우와 이로 인한 피해 예상시

2) 방송청취/기상대로부터 지역 기상예보 획득/전파체계 확립
3) 기상급변 상황발생시 현장에서 위치한 지휘관(자)의 판단하에 훈련 및 작전 활동중지 또는 훈련 변경 시행, 안전조치 강구 등 신속 과감한 지휘조치
4) 재난 상황별로 부대/개인의 재해예방 대책 점검 및 안전지역대피, 소산등 행동지침 사전교육
5) 장마/집중호우 대비 사태, 전도, 붕괴, 침수 우려지역 사전정비
6) 예상되는 기타 사고에 대해서는 각 부대별 예방대책 수립 시행

다. 집중 호우시 조치

1) 강우량 기준 조치활동

단 계	기 상	조 치
1 단 계 (준비)	• 태풍, 호우주의보 발령 • 20m/H이내, 80mm/1일 이상	• 지휘관/참모 정위치 • 야외훈련, 공사중지 부대복귀 • 대피계획 점검시행준비
2 단 계 (경계)	• 태풍, 호우경보 발령 • 20m/H이상, 100mm/1일 이내	• 경계초소 위치 조정 및 철수 • 순찰/시설점검 활동 통제 • 위험지역 대피 실시
3 단 계 (비상)	• 30m/H이상, 100mm/1일 이상	• 유동병력 통제 • 인명구조반 투입 준비

가) 현지 강우량 기준으로 대피계획 시행(중/대대급, 과감한 사전대피)

(1) 주둔지 단위 강우량 측정보고/전파체계 확립

나) 대피장소/통로, 대피간 생활대책 강구(양촌, 식수, 비상식량 등)

2) 최초 호우시 안전순찰조(물골 작업조) 운용

가) 규모 : 중대/독립소대급 부대당 1개 분대 규모

나) 복장 : 간편한 복장(우의, 헬멧, 추리닝/반바지, 활동화, 장화)

다) 휴대장비 : 무전기, 작업도구류(공병삽, 마대), 비상식량(건빵), 수통 등

라) 빗물합류지점, 붕괴 예상지점에 빗물이 모이지 않도록 물길을 돌리거나 필요한 곳에 배수로작업

마) 절토지로 물이 흘러 들어가지 않게 마대로 물길을 막고, 배수로의 물골은 터주고 필요시 절토지 벽면에 비닐을 덮어 주어야 한다.

바) 전술도로, 주둔지 주변 배수로가 막히지 않게 오물 등과 토사제거, 필요시 중간 배수로나 측방으로 배수로 신설

사) 안전 순찰조에는 반드시 간부 인솔 및 무선(통신) 소통대책 강구

3) 집중호우시 조치사항

가) 집중호우시 위험지역(사태 예상지역, 물골 저지대 등)에서의 순찰, 보초 근무는 현장 지휘관이 신중히 판단하여 실시

나) 집중호우시 실내대피는 산사태에 의해 대형피해가 우려, 실외로 대피

다) 야간에 병력투입/철수시 안전대책강구, 위험한 초소조정

라) 개별행동금지 : 순찰 근무투입/철수 등

마) 야간에 불필요한 보수 작업금지, 주간에 보수작업 실시

바) 낙뢰시 전기코드 및 통신장비 분리, 저가초소 조정 등

4) 집중호우시 병력대피 행동요령

가) 대피우선순위 : 병력 → 장비 → 물자 → 탄약 순

(1) 경고후 시간 충분히 : 탄약 → 주요 장비/물자 → 병력 순

(2) 경고 후 가용시간 있을시 : 주요장비/물자 대피후 병력대피

(3) 긴박한 상황시 : 병력 최우선 대피

나) 대피지역 : 주둔지별 병력/장비. 물자, 탄약 대피장소 사전별도 선정

라. 집중호우 종료시 조치

1) 피해 복구 소요 중『긴급복구』사항과『안전복구』로 구분하여 복구 우선순위를 선정 추진

2) 사태발생지역/예상지역 응급복구는 비가 그치고 물기가 빠진 후 사태위험이 없는 상태에서 복구해야 한다.

3) 산비탈지역에 위치한 막사/창고정비 및 보수 시에는 산사태 붕괴에 대비, 반드시 경계병을 배치하고 경계병이 경보수단(호각, 메가폰 등)을 휴대, 산사태 및 붕괴 징후가 있을시 즉각 경고하여 작업병력이 붕괴전 대피할 수 있도록 해야 한다.

4) 개인위생/수인성 질환 예방대책 강구

제3절 폭설발생시 사고예방

1. 예방대책

1) 기상 특보 확인 / 전파체계 확립

가) 라디오 청취/기상상태 확인, 주둔지별 실 적설량 파악/전파

나) 기상특보

종 류	발 령 기 준
대설 주의보	○ 24시간 실 적설이 5~20cm 예상시 • 대도시 지역 : 5cm이상 • 일반지역 : 10cm이상 • 울릉도지역 : 20cm이상
대설경보	○ 24시간 실 적설이 20~30cm 예상시 • 대도시 지역 : 20cm이상 • 일반지역 : 30cm이상 • 울릉도지역 : 50cm이상

2) 사전준비 사항

가) 1 · 3종 주·부식 사전 확보(보급로 두절/정상급식 제한지역)

나) 온도 급강하시 급수관 동파 대비 예방대책 강구

(1) 급수관을 스티로폼으로 감싼 후 석면과 비닐로 감싸준다.

(2) 가능한 급수관은 지하 1m이상 매설

다) 적설봉설치

(1) 설치 장소 : 독립 중대급 이상(격오지 소초 단위) 주 보급로

(2) 규격 : 2m 이상 철 파이프에 흰색 바탕, 흑색글씨로 0.5cm 단위 눈금 표시 및 5cm 단위 눈금 표시 및 5cm단위 수치 기록

(3) 용도 : 적설량 파악 및 폭설시 도로위치 식별

라) 눈보라에 의해 건물 출입구에 눈이 쌓이지 않도록 출입구 앞에 방호벽 설치

마) 제설도구 확보 및 적사장 설치
바) 정전 대비 비상 발전기 및 양초준비(격오지)
사) 급경사, 미끄럼 지역에는 계단/안전 로프 설치(병력)
아) 보급로상, 급경사, 미끄럼지역에는 안전 표시판, 안전방호벽 설치(차량)

3) 주둔지 활동간 폭설시 조치

가) 적설량 파악/전파, 위험지역, 근무 초소 조정
나) 경계근무간 1명은 경계, 1명은 초소 지붕 및 주변 제설작업
다) 사태 위험지역 사전 안전지역 대피(폭우시와 동일 요령)
라) 제설 작업조 편성, 노후 건물/가건물 지붕 제설작업
(1) 긴장대 이용 밑에서 긁어내림
(2) 지붕에 고정 핀, 로프 사전 설치 후 제설작업
마) 도로 및 막사 출입구 앞 제설작업 실시
바) 야간 폭설시에는 가용 병력을 2~3교대로 하여 제설작업을 계속 실시하여야 하며, 주간에는 마무리 작업 개념으로 제설작업 실시
사) 폭설로 인하여 전기선/통신선에 눈이 누적하여 쌓이게 되면 그 무게로 단선되므로 이에 대한 대책 강구
(1) 전기선/통신선 눈 제거 작업(반드시 절연봉을 사용)
(2) 폭설초기 무선망 개통, 비상발전기 가동 준비
아) 차량운행 전면 통제 및 유동병력 통제
※ 외출, 외박, 휴가 출발 및 복귀 일정 조정
자) 많은 눈이 쌓인 곳은 출입통제/최대한 정숙토록 하여 소리 및 충격에 의한 눈 사태발생 예방

4) 제설작업간 조치

가) 병력 이동간 반드시 능선 도로 이용, 계곡/계곡 도로 회피(사태대비)
나) 도자에 의한 제설 작업간 유도병 운용 : 도자와 최대한 이격, 적색수기 휴대, 또는 오렌지색 츄리닝 착용으로 식별
다) 폭설시 도로와 능선, 계곡 등 지형 식별이 불가능함으로 반드시 주보급로에 사전설치한 적설봉 위치를 확인하면서 이동

제5장

보급관리

제5장 보급관리

제1절 군수품 분류

1. 분류 기본지침

가. 기본 분류 지침

현행 군수품 관리를 위한 기능분류는 군수지원부대에서 편성부대까지 보급순환 및 정비지원이 용이하도록 분류하며, 기능의 종류와 10종분류 방법과의 연개성을 유지할 수 있도록 분류한다.

종별 분류

※ 보급품은 성질 유사성과 관리 편리함 고려, 종별로도 분류

종 별	품목비율	내 용
1종	0.04	주, 부식류
2종	2.6	피복, 장구, 행정용품
3종	0.07	유류, 화공약품
4종	0.14	건축, 축성자재
5종	0.7	탄약 및 폭약유
6종	-	PX 판매품
7종	2.71	차량, 총포 등 장비
8종	3.7	의무 약품/기재/장비
9종	90.0	7종분야 수리부속
10종	-	대민지원 물자 등
계	100	

2. 품목별 분류

품목별 분류는 품목의 성질에 의한 분류와 기능별 분류, 종별분류 등으로 분류

가. 성질상 분류

1) 소모성 품목

품목의 사용 용도에 따라 소모됨으로써 원형상실로 인한 원상회복이 불가능하거나 재차 동일목적에 사용할 수 없는 품목을 말한다.

2) 비소모성 품목

소모성 품목으로 분류된 품목을 제외한 전 품목을 말하며 각종 장비류나 기계, 공구와 같이 사용 중 소모되지 않으면 사용 기간중에 통상 그 원상을 계속 보유하게 되는 물품 등이다.

나. 기능별 분류

1) 화력, 기동, 특수무기, 통신전자, 항공 및 선박, 일반장비, 물자, 탄약, 의무물자 등 9가지로 분류한다.
2) 세부 내용은 육규 411 군수품 분류 및 관리책임규정 제7조를 참조한다.

다. 종별 분류

주 분 류	세 분 류	기능	예 시
I종 식량류	주 식	물자	백미, 압맥
	중앙조변	"	장유류, 식염, 라면 등
	부대조변	"	육류, 어개류, 소채류, 두채류 등
	전투식량	"	비상식량, 휴대식량, 전투부식
II종 • 피복류 • 취사기구류 • 천막류 • 행정소모품 • 병영생활용 보급품 • 각종소모품 • 건전지 • 방독면	지 상 지원기재	물 자	방독면, 방풍안경(공업용), 접착기, 화방기, 수리킷, 지도, 건축 자재에 속하지 않은 소모품, 공수장비 천막류, 이발기구류, 난로류, 취사기구류, 포장재료, 공구류
		통 신	사진재료류, 기상자재류, 건전지, 테이프
	일반보급품	물 자	사무용품, 소모품, 개인 일용품, 인쇄용 소모품, 청소도구, 타자기구류, 계산기, 책상, 의자
	피 복 및 직 물	"	피복류, 개인장구류, 정비재료(실, 단추, 군화창, 직물원료 등) 특수장구(방탄족기, 방공헬멧), 부수장구 및 장식품(마크, 계급장, 명찰)
		기동	호로
	총포 부수물	화 력	소화기 분해구, 멜빵, 수입포, 표적지
		물 자	탄띠

주 분 류	세 분 류	기능	예 시
Ⅲ종 • 각종유류/석탄 - 압축기재 • 대량화학제품 - 방독제	지 상 (표 면)		휘발유, 경우 잡유일체, 물소독약, 화염연료, 연막제, (대량)황산, 세척제, 제독제, 세탁용약품, 제화연료, 방역약품, 정수약품, 석탄, 무연탄, 코크스, 산소, 소화액, 질소, 후리온가스, 부동액
Ⅳ종 • 건축/공사자재 • 축성자재		물 자	건축, 토목, 난방, 위생기재, 축성, 전기, 장벽 방책공사에 소요되는 재료 일체, 공사자재에 속하지 않은 철판, 철봉, 케이블 등
Ⅴ종 • 탄약류 • 폭약류	지상탄약	탄 약	소화기탄, 포탄, 로켓탄, 지뢰 폭약류, 각종뇌관, 연막탄, 소이 및 유색탄, 수류탄
	화생방탄약	"	화학탄, 생물학탄, 원자탄
Ⅵ종 • 개인주요품목 (비군사판매품)		물 자	충성클럽 계통에서 판매되는 품목 : 술, 피복, 연초, TV 등
Ⅶ종	주 요 완제품		발전장비, 도하장비, 제독기 세단, 버스, 무전기, 전술용차량, 소·중화기(장비류), 통신장비류 등
Ⅷ종 • 의무장비 (장비, 수리부속, 약품, 소모품)		의무	의무 장비류, 수리부속품, 의약품, 소모품, 위생재료
Ⅸ종 수리부속품 (의무장비 제외)	지상지원 자재	일반장	일반장비수리부속품
	전자기재	통 신	통신/전자장비 수리부속품
	전술차량	기 동	결합체, 구성품, 킷트, 수리부속
	공업용보급	기 동	볼트, 낫트, 베아링, 와샤 등
Ⅹ종 (대민지원)	종제외품	물 자	농기구

제2절 편성부대 보급

1. 용어 정의

가. 물품관리관

군수품 관리에 관한 계획, 수립, 출납명령 등 운용과 관리를 위하여 물품출납공무원과 물품운용관을 지휘·감독하는 명령기관으로, 예를 들면 사단의 군수참모는 주임물품 관리관이고 연대장, 사단 직할대장과 영관장교가 지휘하는 독립중대장은 분임물품 관리관이다.

나. 물품출납 공무원

물품 관리관으로부터 물품을 수령, 보관, 불출, 계정에 관한 제반행위와 이에 따른 회계 및 기록서류 유지를 위임받는 장교, 준사관 및 6급 이상의 군무원으로서, 예를 들면 연대의 군수주임은 주임 물품 출납공무원이고 창고장은 분임물품 출납공무원이다.

다. 물품운용관

물품 관리관으로부터 물품사용 및 관리에 관한 전반적인 업무를 위임받은 사용 및 관리공무원으로서, 예를 들면 소총중대장, 연대의 직할중대장 등이며 위관장교가지휘하는 독립부대는 해당 지휘관이 물품관리관 업무를 수행하고 물품출납 공무원 및 물품운용관은 부대규모에 따라 상·중사 및 8급 군무원으로 임명할 수 있다. (단, 물품운용관은 분임, 보조를 두지 않는다.)

라. 물품사용 공무원

장교 및 장기하사 이상 부사관은 자기 개인에게 지급된 물품에 대하여 본인이 사용자로서 전적인 책임을 지는 물품사용 공무원이다.

마. 단위부대

편제표에 의거 편성된 부대로 편성부대의 일부인 구성 단위부대로서, 예를 들면 중대, 포대 등을 말하며 단위부대는 다시소대단위부대, 즉 소대, 포대 등으로 분류할 수 있다.

바. 편성부대

2개 이상의 단위부대로 구성된 부대로서 편성 및 장비표에 의거 편성된 부대이며, 편성부대에는 물품 출납공무원이 임명되어 보급업무를 수행한다.

사. 지원부대

인가된 저장량으로 재고기록 계정을 유지하며 편성부대에 대한 보급 및 정비지원을 제공할 수 있도록 편성된 부대
(사단 보급 수송대대, 정비근무대, 군지사 예하부대, 군수사령부)

아. 소모품

소모품이라 함은 그 품목의 사용 용도에 따라 소모됨으로써 원형의 상실로 인한 원상회복이 불가능하거나 재차 동일 목적을 위하여 사용할 수 없는 품목을 말한다.

자. 부분품

한 개의 품목이 그 이상 분해될 수 없거나 분해하는 것이 실질적으로 불가능한 최소단위 품목을 말한다.(예) 볼트, 너트, 와샤, 핀 등

카. 결합체

2개 이상의 부분품으로 서로 결합되었거나 관련되어 뭉쳐진 결합체를 말하며 이는 부분품으로 분해할 수 있는 것을 말한다.

타. 구성품

2개 이상의 결합체가 연결 또는 결합되어 1개의 물체로 구성된 물품으로서 독자적인 성능을 발휘할 수 있지만 외부에서 조정하거나 전원을 공급해 주어야 하는 품목을 말한다.

파. 재 산

편제표, 장비 배당표와 개인피복/장구류 소지기준을 포함하는 기타 문서로서 인가된 보급품을 말한다. 여기에는소모품/수리부속품을 제외한다.

하. 재산대장

편성부대 및 단위부대에서 부대 보유재산의 계정을 위하여 사용하는 대장으로서 재산, 소모품, 수리부속, 재산대장으로 구분한다.

거. 불출 및 영수증

편성부대에서 소모품을 예하 단위부대 또는 소특정 기능부대에 분배시 사용하는 문서로서 소모품의 기록계정과 분배한 영수증으로 보관한다.

너. 운영배당량

부대임무의 변동, 또는 병력의 증감에 따라 상급부대로부터 인가된 인가인원, 통제병력 등을 기준으로 설정된 인가 수량을 말한다.

더. 규정 휴대량(PL)

편성부대 및 독립중대, 격리된 파견부대에서 부대정비를 위하여 보유해야 할 15일분의 수리부속품과 인가된 특수 공구의 유지하여야 할 수량

러. 규정 휴대량 목록(PLL)

규정 휴대량 목록(육군양식 4-1-1(5))은 편성부대 및 독립 중대와 파견부대의 장비에 대한 부대정비를 수행하기위하여 보유해야할 수리부속품과 특수공구 등을 열거해서 수록해 놓은 목록을 말한 것으로써 수리 부속에 대한보급근거 문서가 된다.

머. 기본 휴대량(BL : 140발)

부대편성상의 인원과 장비로 휴대 및 유지할 수 있도록 계정된 탄약으로서 편성부대에서 항시 보유하도록 승인된 탄약의 양을 말하며 화기에서 발사되는 탄약은 발수로서 표시되고 기타 탄약은 측정단위(개, 톤, 파운드) 등으로 표시한다.

버. 불출예정(D/O)

재고량 부족으로 즉시 불출할 수 없으나 수입되는 대로 장차 불출하도록 기록계정 된 것을 말하며, 수령자 입장에서는 상대적 개념으로 수입 예정(D/I)이 된다.

2. 자원관리 절차

가. 재산대장 관리

1) 재산대장 관리 유지

가) 재산대장(현황)에 대한 관리유지

구 분	편 성 부 대	단 위 부 대
관 리 유 지	재산대장철	재산대장철
법정 자료철	재산대장(전산)	재산대장(전산)

나) 법정 자료철은 반드시 전산기내에 상시 유지하여야 하며 거래 발생시마다 일일단위로 기록계정하여 항시 최신현황을 유지하여야 한다.

나. 일품검사(육규 423)

1) 일품검사의 개념

가) 일품검사는 부대 보유장비 및 물자를 최상의 상태로 유지하기 위하여 일품검사 대상 전 품목을 검사하는 것으로 상시 부대전투태세 유지에 기여할 뿐 아니라 실소요량을 산출하기 위해 소요제기의 근본이 되는 단위부대의 필수 불가결한 활동

나) 일품검사란 매일 필히 실시해야 하는 것이 아니라 검사를 실시할 수 있는 가용한 시간에 한하여 일상적으로 실시하는 검사를 말한다.

다) 일품검사는 모든 부대가 동일한 시간에 실시하는 것이 아니라 부대실정에 따라 일과 시간 및 일과후 장비정비시간에 실시한다.

라) 일품검사는 중대보유중인 개인 장구류, 개인피복류, 침구류를 대상으로 실시하며 부대 피복류, 사무기기류, 부대 공용 장비, 취사기구류, 기타 물자는 평시 부대활동간 행보관에 의해 수시 확인이 가능하므로 일품검사에서 제외된다.

2) 계획수립

가) 일품검사 계획수립은 연(대)대에서 작성하여 중대에 하달한다.(단 독립중대 및 직할중대는 중대에서 계획수립)

나) 일품검사 대상품목/검사주기

구 분	대 상 품 목	검 사 주 기
정기검사 품목	중대보유중인 개인장구류, 개인피복류, 전투화	4~6주
수시검사 품목	부대피복, 사무기기류, 취사/채난기구류, 기타물자	분기1회 (부대관리주에 집중점검)

다) 최초 분기계획을 작성하되 부대훈련 계획과 사업 및 주요행사 계획 등을 고려하여 정기 및 수시검사를 실시할 수 있도록 가용한 기간을 산출하여 작성한다.

(1) 정기검사 품목은 4~6주내 전 품목을 1회 점검하고, 주 1~2회 실시 할 수 있도록 계획한다.

(2) 수시검사 품목은 부대관리주내 전투지원태세 확인의 날 행사시 집중점검 하되, 필요시 병영생활지도, 군장검사, 훈련 후 정비시간 등을 이용하여 분기 1회전품목을 점검 할 수 있도록 계획한다.(단 계절성 품목, 채난기구류 등은 편성부대장이 검사주기를 조정하여 계획 할 수 있다.)

라) 최초 작성된 분기계획은 매주 작성되는 주간 교육훈련 예정표에 의거 주간단위로 재검토 작성하여 야 한다.

마) 주간단위 계획수립이 곤란한 경계부대(GOP, 해안, 등) 특수임무를 수행하는 부대는 지휘관 재량에 의거 가용한 일자에 집중검사를 실시하되, 분기 1회 일품검사 대상 전품목의 검사가 이루어져야 한다.

3) 실 시

가) 일품검사는 중대장 책임하 실시하되, 정기검사 품목과 수시검사 품목으로 구분하여 실시한다.

구 분	정기검사 품목	수시검사 품목
검사관	분대장 ※행정보급관 확인/감독	행정보급관

나) 정기검사 품목은 분대장에 의해 수량과 외형상태 위주로 점검하여 상향식 일일검사시 보고하고, 결과에 대한 확인/감독 및 조치는 행정보급관이 실시한다.

다) 수시검사 품목은 행보관이 전투태세 확인의 날 행사시 집중 점검하며, 추가 확인이 실요한 품목은 병영생활지도, 군장검사, 훈련후 정비 등을 활용하여 실시할 수 있다.

라) 검사시기는 당일의 부대임무와 검사 대상품목에 따라 주로 일과 시간내에 실시하되 일과후 장비손질 시간에도 할 수 있다.

마) 검사요령은 해당품목을 실셈하여 재산대장과현 보유량을 비교하여 과부족 재산의 유무를 확인하고 정비 및 물자분류 기준에 의한 질정분류(A, B, C, D급)와 손질상태를 검사한다.

바) 휴가자는 휴가 출발전에 사전 점검하였다가 해당품목 일품검사 결과에 합산한다.

사) 외출, 외박 및 경계근무자의 착용 또는 휴대품목은 별도로 파악하여 합산한다.

4) 후속조치

가) 일품검사 결과는 중대 부대일지에 기록 유지한 후 주간단위로 일품검사 결과 보고서 양식에 의해 편성부대에 청구하며 편성부대로부터 청구 접수번호를 통보받아 부대일지에 기재한다.

나) 일품검사 품목이 아니더라도 수시로 발생되는 부족장비 및 물자 폐품이 발생한 품목은 일품검사결과보고서에 포함하여 편성부대 및 지원시설에 반납 및 청구한다.

다) 일품검사 결과 과부족 재산에 대하여는 아래와 같이 처리한다.

(1) 전산 재산현황 인가보다 현 보유수가 많을 경우 초과재산은 편성 및 지원시설에 반납한다.

(2) 전산 재산현황 인가보다 현 보유수가 부족할 경우는 그 원인을 확인하여 육규 197(손망실처리규정)의 절차에 의거 처리한다.

라) 일품검사시 질정 분류결과 처리는 품목별로 아래와 같이 실시한다.

(1) 요정비품(C급)으로 분류된 수량은 정비계단 및 정비지침에 의거 자대정비 또는 상급 지원 시설부대에 정비 의뢰한다.

(2) 폐품(D급)으로 분류된 수량은 반납처리 한다.

마) 사용자의 관리소홀로 정비상태가 불량한 장비 및 물자는 사용자나 임명된 관리자에게 교육을 실시하고 재손질 및 정비를 시켜 항시 최상의 상태로 관리 및 유지해야 한다.

바) 연대 군수과장, 대대 군수장교는 중대별로 일품검사 시행, 청구 및 수불 실태와 사후처리 결과를 확인 및 감독한다.

다. 군수지원태세 확인의 날 행사

1) 계획수립절차

행사계획은 아래 절차에 의거 각급 제대별로 부대 특성 및 임무, 지역여건에 부합되도록 수립한다.(육규315부대훈련 공통규정)

가) 행사계획은 부대관리 주를 적용하는 부대는 16시간(월, 화 또는 목 금요일)에 계획하고, 부대관리 주를 미 적용하는 부대는 월 1회, 8시간을 계획한다.

1 일차	2 일차
○ 지휘관 중심의 부대활동(8H) ※ 훈련 후 부개정비, 환경정리 등	○ 수시검사 품목집중검사(3H) ○ 다양한 군수행사 실시(8H)

(1) 부대관리주를 적용하는 부대는 16시간을 계획하되, 정신교육(1H), 수시검사 품목점검(3H)을 중점적으로 실시하고, 그 외 시간은 부대임무와 여건을 고려하여 지휘관이 융통성 있게 계획한다.

(2) 부대관리 주를 미 적용하는 부대는 8시간을 계획하되, 보안정신교육(1H), 수시검사 품목점검(3H) 후 군수지원태세 위주 행사를 실시한다.

(가) 행사시기는 매월 사·여단장급 지휘관이 일자를 선정한다.

(나) 행사는 1항의 2일차에 준하여 계획한다.

나) 행사계획은 상급부대 지침과 전년도 행사실시결과 분석내용을 토대로 부대 유형에 따라 치장장비/물자관리, 국토대청결의 날 행사 등을 통합하여 실시할 수 있다.

다) 행사계획 수립 전에 지휘관이 명확한 지침을 토대로 연간 사업계획 및 부대운영 계획을 고려하여 수립한다.

라) 사단급 이상부대는 연간, 분기계획을 수립 하달하고 편성부대는 이를 기초로 연간, 분기계획을 수립하며 행사계획은 부대운영계획과 훈련계획에 반영되어야 한다.

2) 행사준비(제대별 준비사항)

가) 공통준비사항

(1) 행사중점 및 상급부대 지침을 확인한다.
(2) 행사 세부시행계획을 검토 보완한다.
(3) 각종 행정서류 정리 및 결산준비를 실시한다.
(4) 부대 훈련계획 및 교육훈련예정표에 행사계획의 반영여부를 확인한다.
(5) 전투장비에 대한 지휘검사 준비를 확인한다.
(6) 직책별 행사지침을 부여한다.

나) 편성부대(보병연대/포병대대, 기타 독립부대)

(1) 상급부대 행사지침을 확인하여 세부 시행계획을 수립한다.
(2) 상급 시설과 거래실적 정리 및 미결사항을 확인한다.
(3) 지휘검사를 위한 대상장비 및 전투 긴요 물자를 선정한다.
(4) 전월행사 결과에 대한 후속조치 및 그 실적을 확인한다.
(5) 폐품, 초과품 및 불용품의 사전 수거여부를 확인한다.
(6) 정비대상 장비 확인 및 분류를 실시한다.
(7) 월간 서류를 확인 및 정리하고 사전 보급수불을 완결한다.
(8) 익월(도는 분기) 예상 보급소요를 판단하고 청구준비를 확인한다.
(9) 상급부대의 확인방문에 대비한 수검준비를 한다.
(10) 창고 보유물자 확인 및 정비 대상품목을 분류한다.
(11) 기타 부대별 특성 및 여건에 의한 준비사항을 확인 검토한다.
(12) 행사일정 변경 부대를 파악, 사전에 건의한다.

다) 단위부대(보병대대/중대, 포대, 기타 단위부대)

단위부대는 전원이 전투지원태세 확인의 날 행사에 참석하지 않으나 주요 전투장비 점검 및 군수분야 훈련을 위하여 편성부대 계획에 포함된 부대는 해당시간에만 행사에 참여한다.

(1) 편성부대의 시행계획을 주간교육예정표에 반영하고 자체 세부시행계획을 수립한다.
(2) 월간 실시한 정비실적을 종합, 분석할 수 있도록 자료를 사전 준비한다.
(3) 일품검사 실적 종합 및 정리를 확인한다.
(4) 기타 계획된 행사실시를 위한 사전 준비사항을 확인한다.

3) 행사실시(제대별 실시사항)

가) 공통 실시사항

(1) 보급소요를 판단하여 청구서를 작성한다.
(2) 제대별 편제장비에 대한 PL 인가수준을 점검하고 부족량을 청구한다.
(3) 각종행정정리 및 증빙서류를 대조하고 월간결산 실시한다.
(4) 전투장비 및 긴요물자 관리실태를 점검하고지휘검사를 실시한다.
(5) 폐품, 초과품, 불용품 수거실태를 확인하고 후송준비를 실시한다.
(6) 전투 예비류 확보 및 관리와 전투장비 충만상태를 점검한다.
(7) 군수지원에 대한 각종 제원을 검토한다.
(8) 군수분야 훈련계획을 수립, 실시한다.
(9) 치장장비 및 비축물자 관리실태 점검과 치환작업을 실시한다.
(10) 장비 가동상태 및 관리 상태를 확인 정비한다.
(11) 각종 사격기재 점검 및 정비를 실시한다.
(12) 각종 사격기재 점검 및 정비를 실시한다.
(13) 군수분야 준비태세 보고(장비/물자현황) 자료를 종합한다.
(14) 기타 군수분야 월간결산을 실시한다.

나) 편성부대

(1) 사단 지원부대와의 결산결과 미결사항을 정리하고 후속조치를 준비한다.
(2) 치중대 전개훈련을 실시 및 통제한다.
(3) 보급거래 등록부 기록상태와 재산대장을 대조하고 확인한다.
(4) 종별 보급품 및 수리부속 소요 대 부족량을 청구 반영한다.
(5) 창고저장 물자 및 장비에 대한 정비와 손질을 실시한다.
(6) 단위부대 행사 실시상태를 통제 및 감독한다.
(7) D/L장비에 대한 조치계획을 검토하여 후송 또는 반납준비를 실시한다.
(8) 치장장비 가동상태를 점검하고 손질한다.
(9) 수거된 폐물자와 불요 및 초과품에 대한 분류를 실시하고 반납준비를 한다.
(10) 예하 단위부대와 보급거래 실적 정리와 결산을 실시한다.
(11) 단위부대 행사 실시결과를 종합하여 보고 준비를 실시한다.
(12) 기타 상급부대의 지침에 따른 행사를 실시한다.

다) 단위부대

(1) 행사준비 : "나"의 "3항" 내용 참조

(2) 화력장비 및 부수 기재 등의 보유수준 확인과 PL확보 수준을 점검한다.

(3) 월간 일품검사 실적을 종합하여 결산하고 보고 준비를 확인한다.

(4) 부대 시설의 이상 유무를 점검한다.

4) 사후조치

사후조치는 제대별로 아래와 같이 실시한다.

제 대	조 치 내 용
편 성 부 대	• 사후조치 대상목록 작성 • 재물조사 및 일품검사 결과 후속조치 (반납 및 손망실 처리) • 부족소요에 대한 소요반영과 청구 획득 • 자체정비 실시
단 위 부 대	• 소요반영 및 청구 • 재물조사결과 반납 및 손망실 처리 • 자체정비 실시

5) 통신분야 조치사항

가) 각종 관련서류를 대조 정리하고 후속조치를 실시

나) PLL 수준을 확인하고 부족량에 대한 청구서 작성

다) 건전지의 보유량 시효초과 여부를 확인하고 청구서 작성

라) 유·무선 장비에 대한 가동상태 확인과 정비 실시

마) 치장장비의 점검과 손질

바) 야전재생 및 폐품처리 관계의 확인과 정비

사) 창고 저장장비 및 폐품처리 관계의 확인과 정비

아) 계단 초과 정비품에 대한 후송준비

자) 각종 계기류의 이상유무 점검과 정비

차) 기술교범 보유실태 파악과 부족교범에 대한 청구

카) 통신장비 시설과 격오지 부대점검

6) 결산 및 보고(행사실시 5일이내)

행사결과 종합 및 사후조치를 하고 당월 야전자금 결산을 실시

가) 행사결과 소요 반영/청구건의

나) 폐품, 초과품, 잉여품 자체조정/반납

다) 요정비품에 대한 자체정비 계획수립/정비실시

라) 기타 부속품에 대한 손망실 처리/변상조치

라. 재물조사

1) 용어 정의

가) 재물조사

모든 제대 지휘관/참모가 관리중인 전 군수품에 대하여 장부상 수량에 대한 보유재산의 과부족 파악과 소요/인가에 대한 가용재산의 과부족을 판단하고 보유재산의 질정상태를 파악하는 것을 말한다.

나) 폐창식 실셈 재물조사

폐창식 실셈 재물조사란 실셈 재물조사 기간중 전 품목에 대한 보급 수불을 중지하고 선정된 기간내에 전 품목에 대한 보급수불을 중지하고 선정된 기간내에 전 품목에 대하여 일제히 실셈재물조사를 실시하는 방법

다) 개창식 실셈 재물조사

개창식 실셈 재물조사란 계획된 일정에 품목을 종별이나 그룹별 또는 용도별로 구분 순차적으로 보급수불을 실시하며 재물조사 대상품목에 대해서만 수불행위를 중단하고 실셈 재물조사를 실시하는 방법

2) 일반지침

가) 재물조사 목적

(1) 일정기간 동안 사용자가 사용 중 손망실한 재산을 파악하고

(2) 일정기간 동안 재산거래(수령/반납 등)간 착오 또는 누락된 재산을 파악하여 재수입 계정하며

(3) 일정기간 동안 변경된 소요/인가 기준량을 재입력하여 보유량과 비교함으로서 재산 보유 수준을 파악하고 초과/부족 재산은 타부대로 신속히 재물 조정하여 군수지원태세를 완비하고 조달 및 편성계획에 반영하는데 있다.

나) 재물조사 범위

(1) 장부수(수작업/전산 재산대장)에 대한 실제 보유재산의 과부족 조사

(2) 보유재산의 질정 및 소요파악 분석

(3) 미등록 재산파악 및 수입계정

(4) 소요 또는 인가에 대한 가용재산의 보족 판단

(5) 거래간 발생되는 착오 및 누락재산의 파악 및 수입계정

3) 재물조사의 종류

가) 전산재물조사

군의 모든 군수품을 수불 계정하는 전 부대간 매월말 시점으로 1개월간에 거래된 착오/누락 재산을 파악하는 제도

나) 실셈 재물조사

군수품을 직접 사용하도록 관리하는 전 부대가 일정시점을 기준으로 거래된 내용에 대하여 실셈을 통해 장부상 재산과 실 보유재산을 파악

다) 재물조사 주기와 시기

(1) 주 기 : 전산재물조사 : 월 1회, 실셈 재물조사 : 수시

(2) 실시시기

(가) 전산재물조사 : 매월말

(나) 실셈 재물조사 : 필요시/일상적 일품 검사시

4) 전산재물조사의 계획/실시

가) 전산재물조사의 구분

(1) 월말 전산재물조사의 구분

매월 정기적으로 거래한 장부상의 회계 증빙서류에 의거 실시하는 조사

(2) 수시 재물조사 구분

필요시 부대별로 지휘관, 관계관(물품관리관, 출납관, 운용관) 교체시 또는 특정품목에 대한 조사가 발생시 실시하는 것이다.

나) 편성부대 - 사단 - 군지사간의 전산재물조사

(1) 편성부대 - 사단간

(가) 사단 전산기내에는 예하 편성부대별 재산대장을 입력 유지한다.

(나) 일일 거래시는 종별 보급거래문서에 의거 기록 계정한다.

(다) 매월말을 기준으로 1개월간의 전산거래현황을 파악하여 익월 마지막 근무일에 실시하는 전투지원태세 확인의 날 행사시 해당 물품출납관과 운용관간에 상호 대조후 결산한다.

다) 월말 전산재물조사의 사후처리

(1) 장부상 과부족 처리 : 초과품 : 재산등재, 부족품 : 손망실 처리

(2) 소요/인가대 과부족 처리

초과재산은 시설에 반납 또는 익월 보급계획에 반영하고 부족재산은 보급지원계통에 보고하여 자금배정 및 보급계획에 반영한다.

5) 실셈 재물조사의 계획/실시

가) 실셈 재물조사의 구분

(1) 일일 실셈 재물조사

(가) 일품검사, 일일 창고재물조사

(나) 일품검사에 대한 계획/실시는 육규515

(편성부대보급)에 의해 실시한다.

(다) 일일 창고재물조사에 대한 계획/실시

(2) 수시 실셈 재물조사의 계획/실시

(가) 단위부대장 교체 1-2주전에 보유중인 전 품목에 대하여 실셈 재물조사 실시

(나) 물품출납관 및 운용관 교체시는 전·후임자 입회하에 교체 1-2주전에 보유중인 전 품목에 대하여 실셈 재물 조사를 실시한다.

(다) 편성부대 이하제대에는 보급거래를 중지(폐창식)후 실시한다.

나) 실셈 재물조사의 사후처리

(1) 장부상의 부족재산은 자원관리부대에 보고

(2) 초과재산은 인가에 초과시는 상급부대에 반납하고, 장부상의 수량보다 초과시는 수입계정하며 이때 반납증을 작성하여 전산 입력한다.

(3) 사후처리는 월단위로 종합하여 전투지원태세 확인의 날 행사시에 확인/결산한다.

3. 청 구

가. 청구의 종류

소요물자 획득을 위한 청구에는 여러 가지 종류로 구분하고 있지만 편성부대에 적용되는 청구의 종류는 아래와 같다.

1) 초도청구

과거에 수령한 경험이 없는 품목을 획득하기 위하여 처음으로 청구하는 것을 말한다. 예를 들면, 부대창설 및 증편소요, 계획소요 기타 비순환 소요 등이다.

2) 보충청구

과거에 수령한 경험이 있는 품목으로서 인가량의 보충을 목적으로 청구하는 것을 말한다. 예를 들면, 재산 대장상의 인가량에 비하여 부족한 수량, 지급기준에 의한 소요량, 손망실로 인한 부족수량, 인가된 보급 저장 수준을 보충하기 위한 청구이다.

3) 특별청구

인가배당량 초과 비인가 품목, 지역장비, 훈련 및 행사소요 등으로 특별한 경우에 제출하는 청구이다.

4) D/L청구

전투장비의 고장해소를 위하여 소요되는 수리부속품을 긴급 청구하는 것으로서 이는 청구 주기에 관계없이 발생즉시 청구해야 한다.

나. 재산에 대한 청구

1) 단위부대 물품운용관은 재산대장상의 인가 배당량과 현재고를 비교 검토하여 부족량은 수시로 편성부대 물품출납 공무원에게 전화 또는 메모로 청구하고 청구내용을 업무일지에 기록 유지한다.
2) 편성부대 물품출납 공무원은 단위부대로부터 일품 검사결과보고서 및 유선, 구두로 청구를 접수하면 다음과 같이 조치한다.

가) 일품검사 결과보고서 청구

(1) 단위부대의 일품검사 결과보고서를 접수하면 접수순으로 페이지 번호를 부여하여 전산 입력후 일품검사 결과보고철에 합철 유지한다.

(2) 전산 입력된 실 청구량 산출은 전산기내에서 자동적으로 단위부대별 재산대장을 조회, 해당품목의 인가와 보유현황(현재고+수입예정)을 비교하여 아래와 같이 청구 소요량을 전산기 내의 자동 청구통제 프로그램에 의거 자동 산정한다.

(가) 인가량×1.05≫ 보유현황+청구량 : 청구전량 반영

(나) 인가량×1.05≪보유현황+청구량 : 부족량만 반영

(3) 자동 산정된 실 청구량은 디스켓에 수록하여 지원시설부대로 청구 조치한다.

나) 유선/구두 청구

(1) 단위부대로부터 유선/구두 청구를 접수하면보급거래기록대장에 기록후 청구번호를 부여, 단위부대에 통보후 전산 입력한다.

(2) ~ (3) 『일품검사 결과보고서 청구』 처리절차와 동일

3) 손망실로 인한 보충청구는 손망실 처리절차에 의거 처리하고 손망실 내용을 전산보급거래 문서 입력화면으로 입력 처리후 지원부대로 청구한다.

다. 소모품에 대한 청구

1) 단위부대 물품운용관은 부대 또는 각 개인에게 인가된 기준량에 의거 소요되는 소모품은 필요시 편성부대 물품출납 공무원에게 전화 또는 메모로 청구한다.

2) 급식청구

가) 단위부대는 별도의 청구를 실시하지 않고 취사단위 부대별 급식 청구서를 보고한다.

나) 편성부대는 급식병력 보고서를 편성 자원관리시스템의 급식관리를 이용하여 전산 입력하면 자동 청구통제 시스템에 의하여 지원부대로 청구할 청구서가 자동 생성된다.

3) 유류청구

가) 단위부대에서 유류 청구는 유류 소모실적을 거래증에 작성하여 보고한다.

나) 편성부대는 거래증을 편성 자원관리 시스템의 유류관리를 통하여 전산 입력하면 자동 청구통제 시스템에 의하여 지원부대로 청구할 청구서가 자동 생성된다.

4) 유지물자 청구

가) 2종

(1) 단위부대는 부대 또는 각 개인에게 인가된 기준량에 의거 소요되는 소모품은 일품검사결과보고서 또는 유선으로 편성부대에 보고한다.

(2) 편성부대는 일품검사 결과보고서를 편성 자원관리 시스템의 유지물자 관리를 이용하여 전산 입력하면 자동 청구통제 시스템에 의하여 자동 생성된 청구서를 디스켓에 수록하여 지원시설부대로 청구한다.

나) 4종

(1) 운영용, 교육용 자재는 필요한 청구량을 인가된 범위내에서 편성 자원관리 시스템의 유지물자 관리를 이용하여 전산 입력하면 자동 생성된 청구서를 디스켓에 수록하여 지원시설부대로 청구한다.

(2) 보수공사용 자재는 별도 청구하지 않고 건물에 투자된 소모내역을 시설거래전표에 작성하여 전산 입력한다.

다) 8종(의약품)

(1) 단위부대는 부족한 의약품에 대하여 일품검사 결과보고서에 작성하여 편성부대 청구한다.

(2) 편성부대는 일품검사 결과보고서를 편성 자원관리 시스템의 유지물자

관리를 이용하여 전산입력하고 그 결과를 디스켓에 수록하여 지원부대로 청구한다.

5) 탄약청구

가) 단위부대는 교탄 인가범위 내에서 사용할 교탄을 탄약보급/소모거래문서에 작성하여 편성부대로 청구한다.

나) 편성부대는 부족 교탄에 대하여 탄약보급/소모거래문서에 작성하여 탄약보급소(ASP)로 청구한다.

라. 수리부속품에 대한 청구

1) 단위부대 물품운용관은 인가된 규정 휴대량(PL)은 항시 확보 유지해야 하며, 규정 휴대량 품목을 사용하였을시는 장비정비 기록부에 기록하고 소모보고를 전화 또는 메모로 편성부대 물품출납공무원에게 청구 보충한다.
재고 고갈로 수령치 못하였을시는 수입예정으로 간주 하고 수시 독촉을 해야 한다.

2) 편성부대 물품출납관은 인가된 규정휴대량 목록(PLL)에 의거 수리부속품을 확보 유지해야 하며, 재고수량이 인가된 규정휴대량 보다 부족할시는 청구서를 디스켓에 입력하여 해당 지원부대로 청구서를 제출한다.

마. 특별 소요 청구

인가 배당량을 초과하거나 인가되지 않은 보급품 및 비표준 품목 등을 포함하는 모든 특별 청구는 사전 충분한 소요 이유를 명시하여 지휘계통으로 상급부대에 건의하여 인가를 받은 후 청구 절차에 의거 청구한다.

4. 불 출

가. 재 산

지원시설부대로부터 수령한 재산을 편성부대에서 단위 부대로 불출시 편성부대 및 단위부대에서 비치하고 있는 재산대장에 의거 시행

1) 편성부대

편성부대 물품출납 공무원(수임관 포함)은 단위부대의 재산대장에 불출한 재산을 계정하고 직접확인 날인하며 편성부대에 비치하고 있는 재산대장의 이면 불출현황에 단위별로 일자와 수량을 수정 계정

2) 단위부대

단위부대 물품운용관은 수령한 재산이 개인 지급 품목일 경우는 개인 지급기준에 의거 지급하며 기타 비품 및 공용장비류는 실 사용자 또는 사용부대에 지급하고, 재산대장 이면 불출현황에는 물품운용관이 파악이 용이토록 다음과 같이 기록한다.

구 분	기 록 요 령
개인지급 품목	• 기준수 미지급자 또는 초과지급자의 계급, 성명 및 수량을 기입 • 소수 지급품목 : 지급자 계급, 성명, 수량
비품 및 공용장비	• 지급한 개인 또는 부대명과 수량 기입 (소대, 생활관, 취사장 등)

나. 소모품

지원부대로부터 수령한 소모품류를 편성부대에서 단위부대로 불출시는 재산불출 절차에 의거 불출한다.

단위부대에서는 수령한 소모품은 지급기준에 의거 사용자 또는 부대(소대, 과, 처)로 지급하고 부대 일지에 거래번호, 품목, 수량을 기록 유지한다.

다. 개인피복 및 장구류 보급

1) 병 사

가) 초도보급

부대에 전입되는 신병에 대한 초도보급은 기준수에의거 편성부대에서 전량 지급하여 단위부대로 배치한다. 단, 부대임무나 지형적인 조건으로 시행이 불가능한 부대는 부대장이 일부조정 시행할 수 있다.

나) 보충보급

소모 보충률에 의한 보충보급은 단위부대 물품 운용관이 청구 수령하여 개인에게 지급한다.

다) 치수별보급

단위부대 물품운용관은 개인피복류에 대한 치수별 보급을 위하여 치수별 통계를 재산대장 전면에 합철 유지하고 항시 수정, 보완해 나가며 청구시에 활용한다.

2) 장교 및 부사관(중사이상)

개인피복류(장구류 제외)는 평시에 한하여 배정한 구매권(현금)에 의거 개인이 구입하는 판매제도로 운영하며, 전시에는 청구 보급제도로 전환한다. 평시 각 개인이 구입한 피복류는 재산계정을 실시하지 아니한다.

3) 부사관 진급시 피복류 보급 및 계정

가) 병사 피복으로 지급된 품목은 계속 착용후 폐품반납 조치한다.

나) 정복류, 소모품 피복, 일반우이는 반납하지 않고 진급 특명을 근거로 보급거래 기록대장에 등재후 재산대장에서 감소시킨다.

다) 중사로 진급한 당해연도 피복구매권(현금)은 아래와 같이 지급한다.

(1) 전반기 진급자 : 당해연도 지급액의 1/2금액

(2) 후반기 진급자 : 지급하지 않음(익년도부터 지급)

라) 중사 진급시 초도보급 품목은 아래와 같이 보급한다.

(1) 잠바 1매 : 군수사 계획에 의거

(2) 계급장(정장, 약장) 4조 : 병사지급 절차와 동일

4) 일반우의 운영절차

가) 단위부대당 유지병력의 20%를 확보 휴가, 외출, 외박 출장시 착용하며 부대피복으로 관리한다.

나) 영외거주를 실시하는 부사관급 이상에 지급하며 하사로 전역시에는 반납하고 중사 진급시는 개인이 휴대한다.

라. 개인화기류 지급 및 관리

1) 장비지급

가) 개인화기류는 부대편성 및 장비표에 의거 장비를 종합 관리하는 편성부대에서 개인 지급하여 단위부대로 배치함을 원칙으로 한다. 단, 부대임무나지형적인 조건으로 시행이 불가능한 부대는 부대장이 일부조정 시행할 수 있다.

나) 개인화기 지급시는 지휘관이나 관계관 주관하에 장비 수여식을 실시하여 장비에 대한 애호심을 고양시킨다.

2) 총기지급대장 기록유지

가) 개인화기류로 인한 각종사고를 미연에 방지하기 위하여 개인에게 지급한 장비는 총기지급대장을 작성, 유지한다.

나) 단위부대에서는 총번 순으로 지급자 명단을 작성, 유지하며 편성부대는 부대별, 총번별로 보급일과 반납일을 기록 유지한다.

3) 장비관리

가) 단위부대

단위부대에서는 현보직 인원을 기준하여 보유하며 전출자 또는 전역자로 인한 초과장비는 전출자 출발시 편성부대에 반납해야 한다.

나) 편성부대

편제표상에 완편 인가량을 기준하여 확보해야 한다.

5. 반 납

가. 재 산

1) 단위부대 물품운용관은 정상마모 또는 기타 원인에 의하여 사용불가능하게 된 폐품 수량을 파악하여 일품검사 보고서로 편성부대에 제출한다.

나. 소모품

소모품으로 분류한 물자 중 반납토록 지시된 품목은 아래와 같이 반납한다.

1) 단위부대 물품운용관은 편성부대 물품출납 공무원에게 반납정리하고 업무일지에 기록한다.

다. 수리부속품

수리부속품을 소모품, 직교품, 반납품으로 분류

1) 소모품

소모근거를 검사 및 작업지시서 양식(육양 24군 1-05-13-1일)에 기록 유지하고 이를 디스켓에 입력하여 보고하며, 전산기내의 재산을 정리하고 반납은 하지 않는다.

2) 직교품

선정된 직교품은 해당장비에서 부속품을 탈거후 규정 제10조4항에 의한 청구서를 작성 부속품과 같이 해당 지원시설부대에 제출하여 신품 또는 재생품과 1 : 1로 교환하고 검사 및 작업지시서(육양 24군 1-05-13-1일)2부를 작성하며, 디스켓에 입력하여 보고한다.

3) 반납품

반납처리 절차와 동일하게 처리하며 반납시에는 보급 거래기록 대장과 재산대장을 정리한 후 해당 지원부대로 반납한다.

6. 손망실 처리

가. 손망실 처리의 목적

관리하에 있는 금전, 물품 및 회계서류의 훼손, 망실 또는 손해 발생시 합리적인 처리

1) 망실 : 양의 감소 또는 물체가 멸실하는 것, 즉 정당한 법률상의 원인없이 물품관리 공무원의 지배에서 이탈함으로서 손해라는 형태로 파악하는 경우
2) 훼손 : 물질의 가치를 감소시키는 것으로서 외형의 손괴, 변질 등으로 인한 본래의 용도 상실로서 손해라는 형태로 파악되는 경우
3) 변상책임 : 회계 관계직원이 관계법규 및 그 직분에 따른 회계 관계행위를 위반하여 국가재산에 손해를 끼쳤을 경우 이를 변제하는 책임
4) 배상책임 : 미회계직 또는 자연인의 불법적인 행위로서 국가재산에 손해를 끼쳤을 경우 이를 변제하는 책임

나. 손망실 처리 대상

비정상 원인에 의한 손망실, 재물조정 보고에서 부인된 품목, 포장내 결함 그리고 탈영(사망)자의 손망실 등

다. 손망실 절차

1) 품종구분 : 전비품, 통상품, 금전, 회계서류

2) 원인분석

가) 천재지변 : 자연재해
나) 인위적 : 수송간, 부정처분, 포장내 결함, 인계인수, 재물조사 등

3) 책임한계 구분/판단

가) 구분 : 개인, 공동, 연대

나) 고위/중과실, 불가항력적인 사항

4) 처리제대 결정(위임 한도액)

가) 금전 5만원, 물품 300만원, 미만 : 장관급 부대장

나) 금전 10만원, 물품 400만원, 미만 : 중장급 이상

다) 금전 20만원, 물품 500만원, 미만 : 참모총장

라) 금전 500만원 이상 전비품 : 국방부, 통상품 : 감사원

5) 심의/판정

가) 예비심의 및 사실심의(심의위원 구성)

나) 판정 : 변상, 배상, 시정, 무책 ⇒ 변상책임과 형사 책임은 별개의 사항임

라. 물품 손망실 보고서 작성

1) 공통서류

가) 요약보고서

나) 손망실 보고서

다) 망실, 훼손 보고서

라) 단가 및 감가 확인서

마) 장비 훼손시 증빙서류

바) 부대장 확인서/관계관 자인서

사) 회계직 공무원 인사명령서

2) 증거서류 : 발생 원인별 증거목록

3) 작성관(중대장, 군수과장)

가) 소요부수의 보고서 작성

나) 출납공무원 지시에 의거 재산정리

4) 출납공무원(군수과장)

가) 보고서 접수 및 재산 기록 정리

나) 증빙서류 번호부여 후 1부 보관, 나머지 부대장에게 제출

5) 부대장(편성부대장)

가) 조사관 임명, 원인 및 책임 소재 규명

나) 조사결과에 따른 후속 조치

6) 처리권자(장관급 지휘관)

가) 보고서 심의(위임 한도액 초과시 상급부대 건의)

나) 사후조치 : 조치문 작성 하달

마. 후속조치

1) 회계직위자 재정보증보험 처리
   물품 : 110만원, 금전 110만원
2) 처리기한 : 30일 이내(수송간 : 60일)
3) 지원부대 통보/부족재산 재물조정
4) 인가부족분 청구

제3절 통신전자 물자보급

1. 건 전 지

가. 보급기준

1) 건전지의 보급기준은 장비별 소모기준을 참고로 하여 연도별 부대배정 자금 범위내에서 획득한다.

2) 각 보급제대의 보급수준은 일수로 한다.

3) 편성부대는 보급방침에 의거 규정 휴대량을 확보한다.

나. 보급 절차

1) 초도 청구

가) 편성부대는 건전지가 사용되는 새로운 장비를 수령하면 청구주기에 관계없이 가용자금 범위내에서 근거서류를 첨부 청구한다.

나) 초도청구 소요량 산정은 최근 보급회보 초도청구의 수량을 기준

2) 보충청구

편성부대는 청구 목표에 의거 청구를 원칙으로 하되, 재청구점에 고려하여 규정된 보급 수량을 항시 유지케 한다.

3) 특별 소요 청구

가) 편성부대는 작전, 훈련, 교육 등으로 현 보급기준량으로 운영이 불가시 특별소요자금을 추가 획득 후청구한다.

나) 특별소요를 군급 부대에서 조치할 수 없을 경우 소요근거를 명시 군수사로 건의한다.

4) 수 령

보급시설에 입고되는 건전지는 사용부대를 고려하여 사용전 시험일자가 촉박한 것이 입고되면 지체없이 관계기관에 통보 해결책을 강구

5) 불 출

불출순서는 제조일자가 오래된 것부터 그리고 선입 선출방식에 의하여 불출하며 검사결과 필요시는 예외로 한다.

6) 처 리

폐건전지는 편성부대별 전량수거 및 성분별로 분류하여 관할시, 군지부 한국 자원 재생공사에 매각 처리한다.

가) 사단급 제대는 사단 보급수송 근무대에서 통합 처리한다.

나) 성분별 분류 : 산화은, 납산, 수은, 알카리, 리듐, 니켈카드뮴

다) 유해건전지

구분	산화은	수 은	알 카 리	리 튬	니켈카드뮴	납 산
계열	BA-235	BA-1000 계 열	BA-3000 계열 BA-5007, A-5	BA-5000 계 열	NLN 계열	BB-313

7) 기록계정

가) 건전지의 종합재고 출납현황이 시험일자별 재고출납 현황을 병행 유지

나) 불출명령서 및 송증에 시험일자를 명시한다.

다) 보고절차는 아래와 같다.

(1) 수요격감으로 인하여 보급수준 저장목표 인정내에 순환(불출)이 되지 않을시 지체없이 지휘 보고하면, 조정 불가시 군수사에 통보

(2) 수요지 납품으로 인한 군보급 시설에 직납되는 건전지는 분기별 수령, 불출현황을 군수사로 제출한다.

8) 검 사

가) 검사시기

(1) 시험일자가 임박하여 운용부대 보급시 시험일자 경과가 우려될 때

(2) 육안으로 보아 누액, 부식 및 굴곡 등 이상이 있다고 판단될 때

(3) 상급부대 또는 지휘관이 지시가 있을 때 및 기타 필요할 때

나) 검사요령

(1) 검사표본을 무작위로 추출하여 시험후 사용불가능품 수량에 의거 아래와 같이 등급을 분류한다.

포장단위	표본규모	등 급 분 류		
		1급	2급	3급
51~500개	50개	5개 이하	20개 이하	21개 이하
501~3200개	100개	9개 이하	39개 이하	40개 이하
50개 이하	전 량	불량품을 제외한 잔량은 1급으로 분류		

(2) 제조일자 단위별로 실시한다.

(3) 시험일자가 경과한 건전지는 매 3~6개월마다 재검사를 실시

다) 검사방법

(1) 건전지를 시험할 때는 상온하(21도)에서 24시간 보관후 시험

(2) 시험은 건전지 시험기 TS-183/U로 시험한다.

(3) 건전지마다 최고 10~15초간 시험후 최종 전압을 적용한다.

(4) 건전지의 최종시험 전압이 허용전압 이하일 때는 폐품으로 간주

2. 야 전 선

가. 보급 기준

야전선의 보급기준은 다음과 같이 책정되나 예산의 가용에 따라 변경(감소)될 수 있으며 기준 변경시 당해 연초에 보급류와 가용량을 포함한 보급지침을 하달한다.

1) 환설용

시설량의 환설 교체비율은 10~50%이며 통상 아래 비율을 적용한다.

가) 가공시설

(1) 내륙지방 : 연 20% 내외

(2) 해안지방 : 연 50% 내외

나) 매설시설 : 연 10% 내외

2) 전투예비량

부대편제 인가량을 치장한다. 전시 및 긴급사태시에는 군급 지휘관 확인에 의거 사용후 육본에 사후 보고한다.

3) 비축용

전투예비량 인가에 대한 85% 소모 보충량과 전시 증·창설 소요량을 육본방침에 의거 기지 및 작전용은 별도 계획에 의거 확보한다.

4) 훈련용

가) 환설후 철수되는 B급 야전선으로 확보한다.

나) 군급이상 대부대의 훈련 및 작전용은 별도 계획에 의거 확보한다.

5) 운용용

육본방침에 의거 군수사에서 획득 분배하며 군사령관 책임하에 연간 긴급소요에 충당하고 육직부대는 지통부장 책임하에 사용

6) 시설용

공사계획 소요에 의거 예산을 획득 야전선을 신설한다.

나. 보급절차

1) 환설용 보충

가) 환설용 보충은 인가된 부대시설에 한하여 보급한다.

나) 각 부대 환설작업은 환설계획에 의거 연차적으로 실시하며 군수사에서 할당 보급한다.

다) 환설용 야전선을 투입후 철수되는 야전선은 활용한다.

(1) 가공환설

환설부대장은 환설 후 철수되는 야전선을 훈련용으로 최대한 확보하고 잔여량은 환설부대장 통제하에 교육훈련 및 부수자재용으로 활용할 수 있다. 단, 감량은 내륙지역 10%이내, 해안지역 50% 이내로 한다.

(2) 매설환설

환설부대장은 최대한 철수하여 훈련용으로 확보하고 철수불가 야전선은 환설부대장이 심의, 감량 조치한다.

(3) 환설 책임 부대장

(가) 사 단 : 사단장

(나) 군단 직할부대 : 군단장

(다) 군수사 관할부대 : 군수사령관

(라) 육·국직부대 : 장성급 지휘관

2) 전투예비량 보충

가) 전투예비량을 사용하였을 시는 차기에 최우선 보충한다.

나) 편제수정에 의한 보충소요는 군내 조정하고 조정 불가시는 군수사 예산편성에 반영 보충한다.

다) 창설부대 소요는 해당부대 및 육본에서 판단, 계획에 포함 자동 보급

3) 훈련용 보충

가) 환설 후 철수되는 B급 및 군수사령관 책임하에 별도 계획에 의거 보충

나) 훈련에 투입후 철수되는 야전선을 훈련종류, 기간 부대, 투입 및 감량 받을 수 있다.

다) 통제부대장은 아래 비율에 의거 감량 인가한다.

(1) 1회투입 : 투입량의 5% 이내

(2) 연　간 : 보유량의 30% 이내

라) 대부대 훈련용은 군수사령관이 통제하고 대부대훈련을 제외한 훈련용 야전선은 군사령관이 통제하며 군단장 또는 사단장에게 위임할 수 있다. 단, 육·국직부대는 장성급 지휘관이 통제한다.

4) 초도보급 : 증·창설계획에 반영하여 자동 보급한다.

5) 저장관리

야전선은 옥내저장을 원칙으로 하며 저장 우선순위는 비축, 전투예비, 기타 순에 의거 저장한다.

6) 시설량 인수인계

부대임무 변경으로 부대 교대시는 설치된 고정시설의 현황 및 야전시설 보유량을 인계인수하고 차상급 지휘관의 확인을 받아야 한다.

다. 상태분류 기준

1) 야전선의 상태를 아래와 같이 A, B, C, D급으로 분류한다.

가) A급 : 한번도 사용하지 않은 신품

나) B급 : 일단사용 후 철수한 것으로 통신목적에 사용될 수 있는 것으로 아래 조건에 충당되어야 한다.

도 체 저 항	루 프 저 항	장 력
265Ω	230Ω	80 파운드

다) C급 : 재생을 요하는 상태의 야전선을 말하며 재생 후 C급 또는 D급으로 분류할 수 있는 야전선

라) D급 : 재생이 불가능, 정상적인 통신목적에 사용할 수 없는 야전선

2) 야전선 중량은 현행 보급방침을 적용, D급 야전선은 마일당 17Kg이다

라. D급 야전선 처리 절차

1) 활용범위

가) 가설 및 유선설치 및 교육훈련용

나) 유선시설 보수자재용(야전선 결박)

2) 처리절차

가) 편성부대 전투예비량 및 환설 후 발생되는 D급 전량을 회수하여 군지사(단) 시설에 반납한다.

나) 군지사(단)관은 반납 인수한 D급을 활용가 부품으로 별도 분류, 저장하며 지원대상부대 청구시 불출하고 활용가치가 없는 설물은 보급 폐품수집소에 반납한다.

다) D급 야전선 소요부대는 근거를 정확히 산출, 군지사(단)에 청구, 획득하며 이를 부대일지 및 소모품 대장에 계정 정리하고, 활용 후 가치가 없는 폐선은 보급 폐품소집소에 썰물로 반납한다.

제4절 급양관리

1. 개 요

가. 책 임

1) 지역 사령관

가) 표준급식기준에 의한 지구표준식단을 작성하며 취사운영부대에 배부하고, 운영실태를 감독한다.

나) 부대조달 부식류의 계획생산 조달을 위하여 지역 농·축·수협과 협조한다.

다) 군 부식물 조달단가 협의결과에 대한 급식은 연간 급식소요물량을 업체/조합과 수의계약을 체결한다.

라) 기타 급식운영에 관한 전반적인 업무의 통제 및 감독을 실시한다.

2) 급식부대장

가) 급식부대장은 급식운영에 관한 전반적인 지휘책임을 지며 이를 위하여 정량수불, 정량급식, 소모계정유지 및 결산, 저장관리, 취사기구 및 장비관리, 식당관리, 조리병의 보직, 교육 및 위생, 식중독방지 등 급식운영 전반에 관한 직접 책임을 진다.

나) 지구 급식명령에 의거 급식하되 수령 범위내 부대실정에 맞도록 끼니를 조정 급식할 수 있다. 단, 조정 급식시 급식부대장의 승인을 득해야 한다.

나. 용어의 정의

1) 중앙조달 부식

장기저장성 식품류로서 국방부 조달본부에서 일괄조달 보급하는 품목이며 이는 통상 보급시설 계통으로 분배된다.

2) 부대조달 부식

주로 장기저장이 불가한 식품류로서 지역사령관책임하에 농·축·수협을 통하여 계획 생산하는 품목이며 이는 통상 급양대계통으로 분배된다.

3) 현금(금전)구매 부식

현금 구매 부대가 부대 영달 부식비(현금)로 현지에서 조달하는 품목을 말한다.

4) 국방 표준식단

연간 장병의 급양관리 및 급식운영에 관한 목표, 방침을 설정한 것으로서 이는 1종품의 보급기준 및 지구표준식단 작성의 기준이 된다.

5) 지구표준식단

가) 연간 예정 표준식단

표준급식 기준에 의거 지구급식협의회에서 작성하는 연간월별 예정 급식명령으로서 농·축·수협 연간계획생산 계획 물량의 산출근거가 된다.

나) 월 예정 표준식단

연간 예정 표준식단을 토대로 지구급식 협의회의 결의에 의거 해당월에 적용 실시될 표준식단 안이면 이는 지역사령관의 승인을 득해야 한다.

다) 월 표준식단

예정 표준식단이 지역사령관의 승인을 얻어 확정된 표준식단이다. 단, 비계획생산 조달품목의 단가는 계약단가를 적용한다.

6) 부대 표준식단

현금 구매 부대가 지구 월 표준식단을 기준하여현지실정에 맞도록 부대 급식회의에서 심의 채택된 표준식단이다.

2. 보급 운영

가. 주식 및 중앙조달 부식

1) 청구 주기

가) 편성 및 취사단위 부대 : 일일청구를 원칙으로 한다. 지원시설(보급소)과의 거리, 임무, 병력 등에 따라 지원시설장과 협조하여 주기청구 및 보급을 할 수 있다. 단, 주기청구는 7~15일 이내로 한다.

나) 군 지원시설 부대급 이상 제대 : 양식에 의거 분기별, 군별(육·해·공군), 공급지별로 수요량을 주기청구 한다.

2) 청구, 수령, 소모 및 계정

가) 청구, 수령, 소모 및 계정절차는 육규 415(편성부대 보급 절차)에 의한다.

나) 중앙조달 부식은 총액 범위내에서 월 품목별 예산 범위 내에서 +10% 이내에서 증감 청구하여 급식할 수 있다.

3) 비상용 주 ·부식 확보

가) 매년 경험 등을 고려, 동·하기 교통두절을 대비하여 비상용 주·부식의 확보가 필요시는 군에서 인가된 보급수준 범위 내에서 군사령관 재량에 의거 병력 규모와 지역적인 여건을 고려 운영일수를 결정하여 확보한다.

나) 격오지 부대 월동, 월하 비상용 주·부식 확보는 각 군사령관이 지역실정을 고려하여 확보품목 및 일수를 결정, 사전 확보하여 월동 및 월하기간 중 교통 두절시 급식한다.(단, 하자기간을 고려 순환급식 실시)

(1) 주식 및 중앙 조달품

(가) 각 군 인가 및 보유량 범위내에서 군 지역실정에 적합하도록 지역별 확보품목 및 일수 조정

(나) 군수사령관은 월동, 월하준비에 지장이 없도록 각 군 소요청구에 의거 소요물량을 적기에 우선 지원한다.

(2) 부 식

비상용 급식품목의 선정은 경제성, 기호도, 대체급식효과 순환급식 용이성, 영양면 및 장기저장을 고려 군사령관이 선정 운영

3. 취사운영부대 관계관 조치

가. 인사장교

1) 인사장교는 급식인원의 정확한 파악과 제급식 병력 보고서 작성 보고 및 보관의 책임이 있다.

2) 이를 위하여 점호인원 보고서의 일보를 기초로 식사 당일 끼니별 급식병력 변동계획에 의거 당일 중식부터 익일 조식까지 식수인원 및 취사통보서의 상당부 3부를 작성, 1부는 보관하고 2부는 재산장교에게 통보해야 한다.

3) 식수인원 및 취사 통보서에는 아래와 같이 사고자 및 비급식 병력(불식)은 제외되어야 하며 급식할 수 없다.

가) 일보상 비번병력

나) 출장, 외출 및 외박자

다) 각종 미도착자(휴가, 출장, 전속, 입교, 입소 등)

라) 각종 사전출발(휴가, 출장, 전속, 입교, 제대, 피교육자 원대복귀 등)

마) 각종사고 관련자(피의자, 무단이탈 등)

바) 기타(실제 불식인원)

나. 재산장교

1) 재산장교는 제급식 병력보고서 제 40~88란까지의 작성책임이 있다.

2) 인사장교가 확인 통보한 식수인원 및 취사통보시 상단 배식구분에 의거 끼니별 주·부식(중앙조달부식 포함)소요량을 환산, 하단부에 기록하고 식수인원 및 취사통보서 1부(송증)와 품목별 현품을 식사관에게 불출하고 1부는 증빙서로 보관한다.

3) 식사관에게 주·부식을 불출한 후 소모품 재산대장에 매일기록 계정 유지한다.

다. 급양관리관

급양관리관은 주식 및 부식을 재산장교로부터 확인 수령하여 해 월 급식명령에 의한 취사조리를 한다.

라. 소단위 부대 취사 관계관

재산장교, 인사장교, 식사관의 임무를 한 사람이 겸무하는 부대도 식수인원 및 취사통보서 1부를 작성하고 제급식 병력보고서의 근거서류로서 정리 비치해야 한다.

마. 피통합 취사운영 부대 관리관

매월 식수인원 및 취사통보서의 상단부를 작성 취사 통합 운영부대장에게 1부를 제출하고 1부는 보관하며, 월 제급식 병력보고서를 작성 1부를 취사통합 운영 부대장에게 주·부식 결산의 근거자료로 제공해야 한다. 단, 제급식 병력 보고서 작성단위가 아닌 이하 제대는 식수인원 및 취사 통보서에 의거 결산한다.

바. 구비서류

1) 단위부대

가) 부대일지
나) 식수인원 및 취사 통보서 철

2) 편성부대

가) 식수인원 및 취사 통보서 철
나) 소모품 재산대장(육양 4-1-18)
다) 보급거래 기록대장(육양 4-1-14)
라) 불출 및 영수증(육양 4-4-4)
마) 보급정지 증명서 발급 및 접수철

4. 부식 운영

가. 청 구

편성부대 관계장교는 병력 변동사항을 고려한 급식 예상병력에 의거 급식 3일 전까지 해 월 급식명령서를 판독소요부식을 지원시설(급양대 및 사단 보급대)에 청구하여야 하며 급식병력의 변동이 많을 시는 수령 24시간 전 긴급수정 통보해야 한다. 단, 부대조달부식은 총액범위내 1일 청구한도를 폐지하고, 월 ±10% 범위 내에서 증감 청구하여 급식할 수 있다.

나. 수령 및 불출

1) 편성부대 급양장교는 부식류를 수령시 검사판정 결과와 조치량을 확인하여 정량을 수령하여야 한다.
2) 수령한 부식은 취사단위 부대에 추진 분배시에는 불출 및 영수증을 작성하여(2개 단위부대 이상 분배시) 이면에 검사판정 결과를 기록하고 추진분배 확인 날인 후 불출 및 영수증철에 합철 보관한다.
3) 취사단위부대에서는 식수인원 및 취사통보서 이면에 당일 수령한 부식의 품목별 수량을 아래와 같이 기록하고 편성부대 추진관의 서명(날인)을 받음으로써 쌍방 확인이 종결된다.
4) 편성부대로부터 부식을 추진 받은 단위부대(취사)에서 다시 소대급 이하에 불출을 해야 하는 경우에는 식수인원 및 취사통보서 이면에 할당을 기록 분배 확인 받아야 한다. 단, 이면사용 불가시는 불출 및 영수증 양식을 사용할 수 있다.

다. 구비서류

1) 취사 단위부대

가) 해월 표준식단

나) 식수인원 및 취사통보서

2) 금전구량 부대

가) 부식류 구매 관계철
나) 부대작성 급식명령서
다) 식수인원 및 취사통보서

3) 편성부대

가) 해월 급식명령서
나) 부식수령 집계철
다) 부식 결산철
라) 보급정지 증명서철(발급 접수대장)
마) 제급식 병력보고서
바) 불출 및 영수증철
사) 장기저장부식 소모품대장

5. 전투식량 운영

가. 급식시기 및 승인권자

1) 전시, 대간첩작전 및 천재지변으로 정상취사가 불가능한 극한 상황하에서 타 방법(식사운반, 개인취사, 간이식량 등)으로 급식지원이 불가능시 : 각 군사령관(단, 급식 후 보고)
2) 비상사태 및 야외훈련시 : 참모총장(각 군사령관 건의)
3) 순환급식 : 각 군수지원사령관
가) 영내 급식병력 대상 급식
나) 선 확보 후 급식 원칙
다) 급식명령에 편성 선입선출에 의거 급식

나. 급식 운영

1) 전시 및 대간첩 작전시 각 군 사령관은 전투식량 및 전투부식에 대한 재고 통제를 철저히 하여 접적부대 위주로 운영 하되 후방지역 작전병력은 간이 식량(주먹밥) 및 운반급식 등으로 전투식량 소모를 억제해야 한다.
2) 평시 순환급식은 각종 훈련계획과 관련 편성 급식하고 전투체력 소모가 비교적 적은 일자에 편성 급식한다.

다. 저장관리

1) 품질보장을 위하여 아래요령에 의거 매월 정기 또는 수시로 점검하고 이상이 있을 시는 즉시 보고한다.
   가) 순환급식이 용이하도록 수령 및 제조일자별로 구분 저장한다.
   나) 깔판을 사용하고 통풍상태를 점검
   다) 하중을 고려한 퇴적 높이와 통로를 설치
   라) 구서대책 강구
   마) 포장상태를 수시확인 치환급식(터진 것부터 급식)
   바) 기타 하자기간 경과품의 저장유무 확인

6. 급식 운영

가. 급식품목

1) 국방규격 품목으로서 급식품목 일남표에 포함된 품목 중에서 지구급식협의에서 결의 선정된 품목을 급식한다.
2) 지역생산 여건이 양호하거나 기호 및 경제성을 고려 급식효과가 큰 품목으로서 규격 제정하여 급식이 필요할 시는 참모총장의 사전승인을 받아야 한다.

나. 표준식단의 수정 및 통제

1) 수정 및 통제권한

예정 및 시설 표준식단 공히 국방부 표준급식 기준량을 미달시에는 사전 통제권자의 승인을 받아야 한다.

가) 유간 수정 : 군사령관

나) 군간 수정 : 지역 및 부대 급식협의회 위원장

다) 군내 수정 : 사단장급 지휘관

라) 가공품을 군에서 통합 조달 급식할 때는 참모총장의 사전 승인을 받아야 한다.

2) 표준식단의 변경

표준식단은 급식부대장 재량에 의거 1일 부식 수령량 범위내 조정급식이 가능하며 천재지변 등으로 교대 급식이 필요할 시 수납부대장 책임하에 월간 메뉴 범위내에서 교대급식 할 수 있다.

다. 급식 운영

1) 현금(금전) 구매 부대 메뉴는 표준급식 기준과 지구 표준식단을 근거로 지역 특수성과 임무를 고려 현금 구매 부대장이 직접 작성하며, 행정능력이 없는 소단위 부대는 차상급 부대에서 작성한다.

2) 장기 저장성 식품은 급양대에서 월간소모를 일괄 조달 보급한다. 이때 장기 저장 식품 소요액은 부대 영달 금액에서 제외한다.(마른 실미역, 고춧가루, 건멸치. 젓갈류, 통조림 등)

3) 지역 여건을 고려 중앙조달 부식은 월간소요를 일괄 보급할 수 있다.(된장, 고추장, 간장, 식염, 식유 등)

라. 급식품목 선정

1) 현행 규격품을 기준하되 아래사항을 고려 선택하여야 한다.
   가) 기호 및 경제성
   나) 현지생산 및 획득 가능하고 염가조변 가능품(원품 우선)

마. 통 제

1) 지역내에 위치한 현금 구매 부대의 운영은 지원 군사령관 책임하에 통제 운영한다.
2) 표준식단 및 예산 운영은 지역사령관이 통괄한다.

바. 예산조치

현금 구매 부대의 부식비는 구매에 지장이 없도록 급식 전월에 신청 지급 하여야 한다.

7. 급양감독

가. 제대별 감독주기

급양감독은 정기 급양감독과 불시 급양감독으로 구분하며, 정기 급양감독은 다음 제대별 주기에 의거 실시하고, 불시 급양감독은 지휘관이 필요시 실시한다.

제대별	사단 및 여단급	연대 및 독립대대	취사단위부대
주 기	월 1회	주 1회	매 일

나. 급양감독관 편성 운영

1) 취사단위 운영부대장은 일일 급양감독관을 일일명령으로 임명, 매일 취사조리에 관한 전반적인 사항에 관한 감독을 실시한다.
2) 임명된 급양감독관은 아래 사항을 중점 감독한다.
   가) 조리과정 감독
   나) 취사장 내 · 외부 환경
   다) 조리병의 위생
   라) 부식류 수령, 보관 감독
   마) 저장식품의 관리
   바) 지휘관 지시사항
   사) 감독 결과에 대한 인수 인계

제5절 시설관리

1. 개 요

가. 책 임

1) 시설물 관리에 대한 책임은 시설사용 부대장 에게 있다.
2) 기존시설 보수는 시설사용 부대장에 있으며 시설보수 능력이 없는 부대는 상급 또는 지역내 지원 공병부대에서 지원한다. (군 및 군단에서 지정)

나. 용어의 정의

1) 편의 시설

전기, 급수, 위생, 난방, 급유 등 본 건물에 기능발휘를 위한 제반 부수설비

2) 소규모 보수

대규모 보수를 미연에 방지할 수 있는 보수를 말하며 시설물 재산가격의 4% 이상 20%까지 투자하는 보수

3) 지정보수

당해연도 예산편성에 포함되지 못한 계획보수성 사업 및 해당 부대 주요 지휘관심사업으로 꼭 실시해야 할 모두 공사를 육본에서 소규모 보수비로 조치하여 주는 것

4) 계획보수

경제적으로 사용연수를 현저히 증가시킬 수 있는 대규모 보수공사로서 시설물 재산가격의 21% 이상, 50%까지 투자하는 보수

5) 격별(예방) 보수

시설물 재산가격의 3%까지 보수하는 것으로서 당해 시설물의 현상유지를 위하여 수시 또는 주기적으로 실시하는 보수

다. 운 영

1) 편의시설 운영공은 일반 및 기능직군무원, 설비시설 관리원으로 운영한다.
2) "1"항의 인원으로 부족시는 양성기관 교육을 필한 자나 자대 실무양성요원으로 보충한다.

라. 안전검사

1) 보일러

가) 안전검사 : 에너지 관리공단에 의뢰하여 연 1회 정기 및 계속사용 검사 실시한다.

나) 성능검사 : 에너지 관리공단에 의뢰, 시행은 설치 후 3년이 경과된 매년 실시한다.

다) 검사대상

(1) 온수보일러 : 1톤 이상

(2) 섹숀 및 고압, 관류보일러 : 전량

(3) 난방용 : 5톤 이상 매년 실시

(4) 산업용 : 1톤 이상 매년 실시

라) 검사요청은 시설지역 지원부대에서 지역에너지 관리공단과 협조하여 부대별 검사일정을 작성 시행한다.

마) 검사에 필요한 수수료는 책정된 범위내에서 시설지역 지원 부대에서 일괄처리하며 부족시 해당부대 소규모 보수비에서 충당한다.

2) 전 기

가) 전기시설에 대한 일상적인 안전점검은 사용부대장이 가용 기술인원을 활용, 분기1회 이상 실시하여 전기로 인한 재해를 예방하여야 한다.

나) 전기시설 기술점검은 연 1회 이상 군단, 사단, 공병단 단위로 점검관을 편성 실시하고 재경지구 부대 중 군단급 부대는 자체에서 기타부대는 지원 야공단에서 통합 실시한다.

다) 특별 안전검사시 안전관리 측면, 에너지소비절약(전력관리 개선)부분을 중점적으로 점검하여야 한다.

2. 군 배전시설 공용

가. 공용한계

군사용에 지장이 없는 범위내에서 군 전용 배전시설을 한전요청에 의거 필요한 기관이나 민간인에게 공용을 승인할 수 있다.

나. 공용조건

1) 한전은 군사용 목적에 지장을 초래하지 않는 범위내에서 군의 사전 동의를 얻은 후 당해 배전선로를 이용토록 한다.
2) 한전은 공용된 배전시설 구간에 대하여 보수유지와 시설에 대한 전반적인 책임을 진다.
3) 한전은 군이 소요하는 전압을 보장한다.
4) 한전은 당해 배전시설 용량이 수요증가로 인하여 부족될 때에는 군과 협의하여 필요한 조치를 강구한다.
5) 군에서 필요시 보관 위탁 기간중이라도 해제가 가능하다.
6) 위탁료는 무료로 한다.

3. 시설 보수

가. 시설 사용부대

1) 자대 보유시설을 정상상태로 보수유지하고, 시설증감 현황과 보수사항을 판단 작성하여 익년도 보수계획에 반영한다.
2) 시설물 보수유지를 효과적으로 이행하기 위하여 건물예방 보수 점검카드를 기록유지 한다.

나. 기 록

1) 건물 이력카드와 편의시설 이력카드는 준공일을 기준하여 작성 보관하고 보수시마다 내용을 상세히 기록유지하며 편의시설 기록대상 시설은 다음과 같다.

가) 보일러 : 전 보일러(관사, 아파트 설치 온수보일러는 제외)

나) 심정, 항온항습기(심정은 지질상태, 깊이, 내·외부 케이싱 여부, 수중모터펌프의 제원 등을 상세히 기록)

2) 건물 예방보수 점검카드는 연1회(7월) 종합하여 차기 보수 판단에 활용한다.

3) 공사의 관계기록 서류는 문서보관 관리기준에 의거 처리한다.

제6장

정비관리

제6장 정비관리

제1절 정비 및 장비관리

1. 정비의 개요

가. 정비의 의의

정비라 함은 장비 및 물자를 항상 사용 가능한 상태로 유지하거나 사용 불가능한 것을 가능한 상태로 복구시키는 일체의 행위를 말한다.

나. 정비목표

장비 및 물자를 전투 임무수행이 가능하도록 최상의 가동상태를 유지하고 수명기간 동안에 최소의 비용과 적기 정비활동으로 신뢰성, 가용성, 정비성을 보장한다.

다. 정비원칙

1) 사용자 정비 : 예방정비 즉 부대정비 수준
2) 상급제대 정비지원 정비능력, 정비 허용한계 초과시 지원
3) 정비한계 준수 : 계단초과 정비금지
4) 동류전용 금지 : 고장확대 방지
5) 아이론(IROAN) 정비 : 최소한의 정비에 의한 경제적 정비
6) 불가동 장비 후송 : 불가동 장비 조기 정비, 고장 확대 방지
7) 근접 정비지원 : 피지원 부대에 근접하여 현장 복구 지원

라. 정비책임

1) 지휘책임

가) 장비 및 물자의 사용 가능상태 유지
나) 제반 정비규정, 지시이행 상태 확인과 남용 방지
다) 교육 및 정비여건 조성

2) 기술책임

가) 기술교리, 방침, 절차수립 및 기술 감독
나) 정비기준 설정과 발전
다) 장비개선 보고 조치, 수정작업 명령
라) 기술 감독

3) 직접책임

가) 개인은 위임된 장비 관리
나) 직접 지휘관계에 있는 장비 감독 실시
다) 규정된 장비 취급 및 예방정비 실시

4) 지원책임

가) 피지원부대 정비지원(검사, 정비, 방문)
나) 기술 지도 및 감독

마. 정비기준

1) 경제적 수리한계

가) 장비가격과 정비비를 비교 재생 및 폐처리 여부 결정
나) 재생여부 판단
(1) 재생 : 재생장비 활용 가치율 ≫ 재생 원가율
(2) 폐처리 : 재생 장비 활용 가치율 ≪ 재생 원가율

2) 정비사용 가능성 분류 기준

가) A : 사용가(신품)

나) B : 사용가(중고)

다) C : 요정비

라) D : 폐품 및 도태장비

2. 정비 대충장비

가. 지원정비시설에서 즉각적인 수리가 불가능하거나, 정비기간동안 정비대상장비를 장기간 운용치 못함으로써 임무에 지장을 초래하는 것을 방지하기 위하여 저장토록 인가된 완성품 또는 구성품

나. 불출한계

1) 임무수행상 긴급 초래장비

2) 정비기간이 10일 이상 소요 장비

3) 정비대충 목적외 대출 불가

다. 산출공식

1) 대충장비 소요량 = 장비인가량 * 불가동율/100

2) 가동율 = (가동시간(일수)/총 운용시간(일수))*100

3) 불가동율 = 100 - 가동율

3. 정비할당표

가. 정비 할당표는 장비(완제품)를 정비함에 있어서 그 구성품 및 조립체에 대한 각 정비기능 즉, 정비행위별 정비책임부대를 명시한 표로서 기술교범 작성의 기준이 되며 통상 2단계기술교범의 부록에 수록된다.

나. 정비 할당표에는 완제품의 구성장치별 그룹번호, 정비기능(정비행위), 책임 정비 부대 및 작업인시, 정비용 장비 및 공구 등이 명시된다. 정비할당표의 구성은 다음 표와 같다.

(1) 그룹 번호	(2) 구성품/ 조립체	(3) 정비 기능	(4) 정비계단 및 인시					(5) 장비용 장비/공구	(6) 비고
			1(C)	2(O)	3(F)	4(H)	5(D)		

1) 그룹번호

숫자로 표시되며(완제품/구성품 : 2자리수,조립체 : 4자리수, 소 조립체 및 모듈 : 6자리수) 정비를 요하는 구성품, 조립체, 소 조립체, 모듈 등이 차상급 구성품 또는 조립체와의 연관성을 식별하는데 사용되다.

2) 구성품 및 조립체

정비하도록 인가된 구성품, 조립체, 소조립체 및 모듈의 명칭이 기록된다.

3) 정비기능(정비행위)

수록된 구성품, 조립체 등의 품목에 대하여 수행되어야할 정비 기능 즉, 정비행위가 기록되며, 이러한 정비행위에는 검사 · 시험 · 근무 · 조정 · 정열 · 측정 · 제거 및 설치 · 교환 · 수리 · 분해검사 · 재생 등이 있다.

4) 정비계단 및 인시

가) (3)항에 명시된 정비기능을 수행할 수 있는 최저 정비계단과 정비기능수행에 필요한 소요인시가 표시된다.

나) 정비계단은 부호로 부여되며 부호별 정비책임은 다음 표와 같다.

정 비 계 단	정 비 책 임 제 대
1(C)	사용자(운용병, 승무원)
2(O)	부 대 정 비 병
3(F)	직 접 지 원 정 비 부 대
4(H)	일 반 지 원 정 비 부 대
5(D)	정 비 창

5) 정비용 장비 및 공구

할당된 정비기능을 수행하기 위해 필요한 공구(일반 및 특수),시험장비, 측정장비, 진단장비 등의 부호가 기술된다.

6) 비 고

비고란에는 (3)항에 명시된 정비기능을 수행하는데 도움이 되는 보충지침 및 참고교범이 부호로 기술된다.

4. 정비 구분

가. 군 정 비

군정비는 정비작업을 실시하는 부대에 따라 부대정비, 야전정비 및 창정비 등 세 가지로 구분된다. 그리고 군정비는 정비작업 정도에 따라 사용자정비(1단계), 부대 정비병정비(2단계), 직접지원정비(3단계), 일반지원정비(4단계), 창정비(5단계)로 구분된다.

정비구분	정비계단	부호	수행부대	범 위
청정비	5	D	정비창	결합체, 완성품분해, 수리, 재생
야전정비	4	H	일반지원부대	결합체, 구성품 수리
	3	F	직접지원부대	수리부속, 결합체 수리
부대정비	2	O	장비사용부대	검사, 간단한부속교환 (정비병)
	1	C		수입,주유,조정(사용자)

1) 부대정비

부대정비는 장비를 운영하는 부대에서 지휘관 책임하에 편성 장비표의 인원과 공구를 사용하여 점검, 주유, 수리, 시험 및 결합체 교환 등 장비사용자 및 부대정비병이 실시하는 정비이다.

분류	수행자	정비주기	정비 내용
사용자정비	사용자	일일정비 주간정비	운행전·중·후 점검, 손질 조정, 주유
부대정비병 정비	부대 정비병	월간정비 분기정비 반년정비	매월, 매분기 6개월마다 인가된 공구 및 부속품 사용 점검, 손질,조정, 주유, 수리시험 및 부속교환

가) 사용자정비(1계단)

정비를 운전 또는 사용하는 자에 의해서 수행되는 정비이며, 장비 사용전, 사용후에 실시함으로써 결함을 조기에 발견, 수입, 주유, 조정 등으로 장비기능을 회복시킨다.

나) 부대정비병정비(2단계)

편제표에 인가된 공구와 수리부속품을 사용하여 교육받은 기술병이 수행하는 정비이다. 부대정비를 계획적으로 수행하기 위하여 사용자 정비를 일일 정비 및 주간정비로 구분하며, 부대정비병 정비는 월간 및 반년 정비로 구분한다. 정비시기 결정시 사용기간으로 정하는 것이 부적절한 장비는 운행거리 또는 운행시간으로 정비시기를 결정한다. 부대정비 범위는 행당 정비교범 및 주유명령서를 기준한다.

2) 야전정비

부대정비능력을 초과한 정비작업으로서 통상 사용불가능한 장비 및 결합체의 수리 또는 재생과 지시된 수정작업을 실시한다.

분류	수행 부대자	정비주기	정비 내용
직접지원 정비	직접지원 부대 (전문기술병)	• 수시 : 입고정비 • 계획(분기) 이동정비	• 수리부속품 교환 • 수리, 재생 • 수정 작업 • 정비근무지원
일반지원 정비	일반지원 부 대 (전문기술병)	• 수시 : 입고정비 • 계획(분기, 반기) 이동 순환 정비	• 수리부속품 교환 • 수리, 재생 • 수정 작업 • 정비근무지원 • 직접지원 부대능력 • 부족시 보강 지원

가) 직접정비지원(3단계)

직접지원정비부대에 의하여 수행되는 정비로서 전문 기술병에 의한 수리부속품 교환 및 수리 등 각종 정비 근무지원을 말한다. 사용부대의 능력이 제한되어 필요한 정비작업을 수행하지 못할 때는 하급계단 정비를 지원해야 하며 필요시근접정비를 제공해야 한다. 야전정비지원은 근접 정비, 입고정비, 직접교환반 운영, 지역구난 및 기술원조 등에 의하여 수행된다. 야전정비 종결 품목 중 일반정비 지원부대 해당 정비품을 제외한 품목에 대한 검사결과 폐품으로 판정된 완성장비 및 "수리복구 가능" 품목(R품목)은 전량 정비야전수집 시설에 반납한다.

나) 일반지원정비(4단계)

통상 일반지원정비부대에서 수행하는 정비로서보다 정밀하고, 기술적인 정비 및 군 재고로 반환하기 위하여 결합체 및 구성품을 재생한다. 하급계단 정비부대에 대하여 많은 부속품, 정밀공구 및 기계 장비가 인가되어 있으며 반고정, 영구적 공장시설을 갖고 필요시 직접지원 정비부대에 근접하여 보강 지원한다. 야전정비 종결품목 중 일반정비지원부대 정비품목에 대해 폐판정을 한다.

3) 창정비(5단계)

창 정비시설에서는 후송된 장비 및 품목을 분해, 수리, 재생 및 생산작업을 하며, 수정작업 명령에 의거 수정작업 실시한다.

요수리품 자산을 보유하고, 계획정비를 실시하며 필요시 야전정비부대의 능력 초과분을 보강 지원한다. 경제적 수리한계 초과장비의 폐판정 권한을 갖는다.

분류	수 행 부대자	정비주기	정비 내용
창 정 비	창 (전문숙련공)	• 수 시 • 계획(연간) • 기 타	• 수정작업 • 재생, 순환 정비 (분해, 수리, 생산) • 야전지원부대 능력 부족시 보강 지원

제2절 부대정비 근무

1. 부대정비의 중요성

가. 군 정비체계는 정비작업을 실시하는 부대에 따라 부대정비, 창정비로 구분되며, 정비수준에 따라 1계단 ~ 5계단으로 구분된다. 정비체계상의 각 정비부대나 정비계단은 전체 정비체계 내에서 각각 고유한 역할을 담당하고 있으며, 그 중에서 특히 강조되고 지휘 관심을 집중시켜야 하는 분야는 부대정비이다.

나. 부대정비는 군 전체 정비체계의 시발점인 동시에 가장 기본적인 정비 분야로서 보편적인 기술수준으로 임무수행이 가능할 뿐만 아니라 최소의 정비비용으로 최대의 정비 효과를 얻을 수 있다. 따라서 부대정비근무와 관련되는 모든 요원은 "내가 사용하는 장비 및 물자는 내가 손질한다."는 주인으로 서의 책임의식을 가져야 한다. 이를 위해 지휘관은 제반 정비 여건을 조성하고, 직접적인 감독과 지휘검사를 통해 부대가 보유한 장비 및 물자가 항상 사용 가능한 상태를 유지하고 있는지를 확인하여야 하며, 장비운용병과 정비병은 "닦고, 조이고, 기름칠"하는 등의 예방정비 활동을 통해 자신이 관리하는 장비 및 물자가 기준수명을 유지하고 부대임무수행에 즉각 사용될 수 있도록 부단한 관심과 노력을 경주하여야 한다.

다. 범 위

본절에서는 장비의 수령으로부터 장비사용 및 관리, 정비, 재산 처리에 이르기까지의 제반 부대정비 근무활동을 편성부대 자원관리체계(FRMS)와 연계하여 수록 하였다.

2. 예방정비

가. 예방정비란 장비 및 보급품을 항상 사용이 가능한 상태로 유지하고, 결함을 조기에발견하여 이를 시정하기 위해 실시하는 점검, 손질, 조임, 조정, 주유 및 간단한 수리 등 장비운용 부대에서 실시하는 정비근무를 말한다.

나. 일반적으로 예방정비를 철저히 실시함으로써 장비 및 보급품에 대한 결함의 조기발견 및 고장 확대방지, 수리부속품의 소요감소, 상급 정비시설로의 후송 및 입고장비 억제 등을 할 수 있으며, 장비 및 보급품의 기준수명을 유지할 수 있다.

다. 예방정비는 고도의 기술과 많은 시간, 공구, 수리부속, 시설 등을 필요로 하지 않기 때문에 가장 저렴한 비용으로 언제, 어느 곳에서든지 수행이 가능함으로 어떤 특정한 시기나 장소를 국한하기보다 꾸준히 계속적으로 실시하는 것이 더욱 중요한다.

3. 예방정비 구분

예방정비는 일반적으로 다음 표와 같이 구분하여 실시한다.

가. 수시정비

1) 수시정비는 일일 정비라고도 하며, 장비의 사용 전, 사용 중 또는 정지간, 사용 후에 실시하는 점검과 손질을 말한다. 장비 일조점호를 실시하는 장비는 장비 일조검호로 사용 전 점검을 대치할 수 있다.
2) 수시정비는 장비 운용병과 승무원이 함께 실시한다.

나. 계획 정비

1) 계획정비는 사전에 수립된 예방정비 계획에 따라 주기적으로 실시하며, 실시주기는 주간, 월간, 분기 및 반년으로 구분된다.

2) 주간정비는 장비에 따라 1주 또는 2주 단위로 장비 운용병이 부대 정비병의 협조를 받아 실시한다.
3) 월간, 분기, 반년정비는 장비별로 부대 정비병이 실시하며 필요에 따라 해당 장비의운용병이나 승무원의 도움을 받는다.

4. 예방정비 준칙

가. 계획 수립시 고려사항

예방정비계획 수립시는 예방정비의 효율적인 수행을 위하여 다음 사항을 고려하여야 한다.

1) 예방정비 실시 기준

예방정비는 해당 장비의 운용방식에 따라 달리 실시한다. 즉 장비가 시간단위로 운용되면 운용시간에 따라 예방정비를 실시하고 거리단위(Km, Mile)로 운용되면 운행거리를 계산 하여 실시한다. 시간단위로 운용되는 장비에는 발전기, 공압기, 유무선 통신장비, 화포 등이 있으며, 운행거리단위로 운용되는 장비에는 차륜 또는 궤도차량 등이 있다.

2) 계획 일정 산정

토요일, 일요일, 국경일, 기념일 등 공휴일은 예방정비를 계획하지 않는다. 또한 교육과 전투체육을 실시하는 수요일 등 실질적으로 예방정비를 실시할 수 없는 날에도 장성급 지휘관의 승인을 받아 공휴일과 동일하게 적용할 수 있다.

3) 일정의 계속성 유지

장비 반납시를 제외하고 예방정비는 계속 실시되어야 하며, 전년도의 12월과 당해연도의 1월, 그리고 매월 말과 다음달 초 사이에는 관련성 있게 계획되어야 한다. 특히 연초나 월초에 전년도나 전월의 계획을 전혀 무시하고 처음부터 시작하여서는 안 된다.

4) 정비작업량 균등분배

정비병, 공구, 시설 등 정비능력과 장비수를 고려하여 정비일정과 작업량은 전체 계획기간동안 균등하게 배분하여야 하며, 특정일자에 집중적으로 계획하여서는 안 된다.

5) 주행거리(시간) 표시

거리(시간)단위로 운용되는 장비는 월간, 분기 또는 반년 정비를 실시할 당시의 주행거리 (시간)를 해당 일정란에 표시하여 둠으로써 차기 예방정비계획을 수립할 때에 참고로 한다.

6) 정비 주기 엄수

장비별로 설정된 정비주기를 엄수하여 예방정비계획을 수립하여야 한다.

나. 정비주기 및 융통성

1) 장비별 정비 주기

다음 표는 주요장비의 표준적인 예방정비 주기를 제시한 것이다.
특정장비의 예방정비주기는 해당 장비의 기술교범(1, 2단계 정비 교범)이나 관련규정을 참고한다.

구 분	주간	월 간	분 기	반 년
일반 차량	2주	• 1/4톤 및 승용차 : 1,600km • 1 1/4톤 이상 : 2,000km	×	• 1/4톤 및 승용차 : 9,600km 또는 6개월 • 1 1/4톤 이상 : 10,000km 또는 6개월
궤도차량	1주	1개월(400km)	3개월 (1200km)	6개월(2,400km)
화 포	1주	1개월	3개월	6개월
특수무기	1주	1개월	3개월	6개월
통신/전자	1주	1개월	×	6개월
일반장비	1주	1개월(250시간)	1개월 (500시간)	6개월(1,000시간)
기타장비	해당 장비의 기술교범 또는 취급설명서에 명시된 주기를 적용			

2) 정비 융통성

정비 융통성이란 미리 계획하지 않았던 갑작스러운 부대 행사 등 정당한 사유가 있을 때 계획된 예방정비 일정을 앞당겨 실시하는 것을 말한다. 정비융통성의 적용은 위 사유가 발생 되었을 때 월간 정비는 10%, 분기 및 반년정비는 5%이내에서 정비일정을 앞당겨 실시한다. 다음 표는 장비별 예방정비 계획의 정비융통성을 예시한 것이다.

구 분		월 간	분 기	반 년
일반 차량	1/4톤 이하	160km까지 단축가능	-	480km까지 단축가능
	1 1/4톤 이상	200km까지 단축가능	-	500km 단축가능
기타장비		3일 단축가능	5일 단축가능	9일 단축 가능

다. 예방정비 기록표 작성

1) 예방정비 계획을 수립할 때는 예방정비기록표(육양 24군1-05-19-1일)를 사용하며, 매년 말에 작성하여 해당 장비의 장비 종합 이력부와 함께 보관한다. 한편 편성부대 자원관리 시스템(FRMS) 도입에 따라 예방정비 기록표는 전산출력문서인 예방정비계획 현황(UA7P01)으로 대체 사용할 수도 있다.

2) 작성요령

가) 예방정비 기록표는 장비별 1매씩 작성한다.

나) 공휴일은 정비하지 않는 일자로 삭제하나 계획일수 환산시는 일정에 포함한다.

다) 주간정비 : 기동장비 2주, 일반 및 기타 장비 1주 간격으로 계획한다.

라) 주행거리나 시간단위로 운용되는 장비의 월간정비는 미리 계획하지 않으며 장비 별로 주파거리(km)와 시간이 도달 하여만 실시한다.

마) 분기 및 반년정비 일정은 미리 계획하여 주파거리, 시간 중 먼저 도달하는 것을 기준으로 실시한다.

바) 계획은 주, 월, 분, 반으로 표시하며 실시 후에는 주, 월, 분, 반, 으로 표시한다.

사) 불가동일 표시는 부대 D/L의 경우 정비대기는 M, 보급대기는 S로 표시하고 지원부대 D/L의 경우는 SM으로 표시한다.

아) 주파계 및 연료계란은 1개월간의 운행누계(km 또는 시간) 및 연료사용누계(l)를 기록한다.

자) 파견 및 치장시는 최소일자와 마지막일자까지 선을 그어 관련 근거를 명시한다.

차) 토 · 일요일에 계획되는 것은 금요일로 앞당겨 계획하고 국경일, 기념일 등 공휴일과 기타 예방정비를 실시할 수 없는 날은 전일로 앞당겨 계획한다.

카) 계획일정에서 상·하급 정비가 동일 날짜에 겹치면 상급정비 계획을 표시하고 정비를 실시할 때는 하급내용도 포함하여 실시한다.

타) 정비일정은 계획상의 일정을 연기할 수 없고 앞당겨 실시해야 하나 연간계획이 무시되어서는 안 된다.

파) 기타 계획된 훈련 및 작전임무 수행을 위해 훈련전 정비를 실시할 경우에는 훈련이나 작전 기간 중 예방정비는 부대 야전예규에 명시하여 실시할 수 있다.

5. 예방정비 절차

가. 일일정비

1) 일일정비는 장비의 사용전, 사용중 또는 정지간, 사용후 장비운용 병이 장비의 이상유무와 가동 상태를 점검하여 자신이 직접 정비가 가능하면 필요한 공구와 수리부속품, 기타 자재로써 정비를 실시하고, 능력이 초과될 때는 감독자에게 보고하여 필요한 조치를 받는다.

2) 장비 일조점호 대상 장비의 일일 정비중 사용전 점검은 일조점호 행사로 대치할 수 있으며, 점호시 발견된 결함은 일조점호 담당관에게 구두 보고하고 필요한 조치를 받아 시정한다.

나. 주간정비

1) 주간정비 대상은 운용병이 해당장비를 세차 후 작업할 장소에 위치시키고 주간정비 대상임을 알리는 표식을 부착한다.
2) 장비 운용병은 장비검사를 실시하여 정비할 개소와 내용을 확인 후 검사 내용을 『검사/ 작업지시서(육양 24군-05-13-1일)』 에 기록하고 필요한 공구, 수리부속품, 기타 자재를 획득 하여 작업을 실시한다. 이때 필요하다면 부대 정비병의 도움을 받는다.
3) 정비작업이 완료되면 『검사/작업지시서』 의 조치 내용란에 필요한 내용을 기록하여 정비반으로 보낸다. 이때 부대자체 정비능력을 초과하여 상급정비 부대의 지원이 필요한 사항은 담당관(정비반장)에게 보고하여 이동정비를 요청하거나 입고정비를 의뢰한다.

다. 월, 분기, 반년정비

월간, 분기 또는 반년정비의 실시 및 조치절차는 주간정비와 동일하다. 단, 검사 및 정비작업은 부대 정비병이 수행하고 필요시 장비 운용병의 도움을 받는다.

6. 야전 정비부대 정비의뢰 및 지원 요청

가. 입고정비

1) 입고정비는 부대정비 수준을 초과하는 결함 장비를 정비지원부대에 입고하여 실시하는 정비를 말하며, 결함발견 3근무일내에 해당 장비를 정비 의뢰한다.
2) 입고정비 의뢰 전에 준비할 사항은 다음과 같다.
   가) 입고 대상장비에 대한 전반적인 상태를 점검하고, 점검결과 부대에서 정비가 가능한 결함부위는 자체적으로 정비후에 세차와 주유를 실시한다. 특히, 탈거된 복구성품목(R품목)은 입고의뢰 전에 해당 위치에 부착한다.
   나) 입고의뢰 시 제출할 서류는 사전에 기록사항을 확인하여 누락된 부분이나 내용을 보완한다.

3) 장비와 서류에 대한 준비가 완료되면 사용부대정비담당관은 준비된 서류와 함께 해당 장비를 정비지원부대로 이송하고 기술검사관이 실시하는 입고검사에 입회한다.
4) 입고검사 완료 후 기술검사관이 확인, 서명(날인)한 『검사/작업지시서』 1부를 입고 증빙서(미결)로 발부받아 자대 보관 하고 장비출고 시 이를 제출하여 완결한 후 장비를 인수한다.

나. 이동정비 또는 기술검사 지원요청

1) 편성부대에서는 다음과 같은 경우 상급 정비 부대에 이동정비 또는 기술검사를 요청할 수 있으며 이러한 지원요청 사안이 발생하면 사용부대 정비담당관은 지휘관에게 보고후 문서 또는 유선으로 상급 정비부대에 지원을 요청한다.
   가) 전술작전 등 긴급한 임무투입으로 해당 장비를 입고하여 정비할 시간적인 여유가 부족하거나 장비 이동이 곤란한 경우
   나) 부대에서 동시에 많은 장비를 정비하거나 기술적인 능력이 부족한 경우
   다) 부대 보유 장비에 대한 종합적인 기술 검사가 필요한 경우
2) 상급 정비부대에 이동정비 지원을 요청할 때는 고장내용, 수리부속품 소요 등 정비지원 소요판단에 필요한 사항을 통보한다.
3) 이동정비 또는 기술검사를 요청한 후에는 상급정비부대의 지원에 대비하여 다음 사항을 준비한다.
   가) 정비대상 장비를 사전 점검하고 부대정비를 실시한다.
   나) 부대 보유 장비의 전반적인 상태, 결함 내용, 기타 지원요구사항 등 정비반출 동시 제시할 자료와 현황을 파악한다.
4) 정비지원이 계획된 날짜에는 적당한 장소에 대상 장비를 집결시키고 정비반이 도착하면 준비된 현황과 자료를 제공하며 장비 집결 장소로 안내한다.
5) 이동정비 또는 기술검사가 종료되면 『검사/ 작업지시서』 기타 관련서류를 완결하여 발부하고, 정비실적을 유지하기 위해 이를 전산입력하거나 증빙서류로 보관한다.

제3절 정비기록관리

1. 의 의

가. 정비기록관리는 군이 보유하고 있는 장비의 이력, 운용, 정비에 관한 제원과 실적을 부대 배치 시부터 폐기 시까지 기록 유지하는 것으로, 그 목적은 기록관리를 통해 획득한 자료를 종합, 분석하여 정비 및 운용을 통제함으로써 장비를 경제적이고 효과적으로 관리 및 유지하는데 있다.

나. 정비기록관리를 통해 획득한 각종 자료는 다음 업무를 수행하는데 활용하거나 제공된다.

- 종합군수지원의 기초자료 제공
- 부대별 장비관리계획 및 방침수립
- 장비가동률 및 장비수명 판단
- 경제적 수리한계 설정
- 장비유지소요 판단(유류, 수리부속품, 기타물자, 예산)
- 부대별 정비지원 소요 대 능력판단(인원, 정비장비 및 공구, 수리부속품, 시설
- 장비 준비태세 평가
- 신 장비 및 새로운 정비기법에 대한 연구개발

2. 대상장비

정비기록관리는 군이 보유하고 있는 전 장비를 대상으로 하나 다음 장비는 제외된다.

- 시험 중인 장비 및 미 분류 장비
- 예산으로 구입되지 않은 장비

3. 기록의 구분

가. 장비이력기록

장비 배치 시부터 폐기 시까지 장비의 기본제원과 제반 이력, 그리고 장비운용 및 정비에 관한 사항을 종합, 기록 유지하는 것을 말한다.

나. 장비운용기록

각급부대의 장비운용 및 배차 계획에 따라 운용된 내역과 실적을 기록 유지하는 것을 말한다.

다. 장비정비기록

사용부대를 포함하여 각급 정비부대에서 실시한 정비실적과 이와 관련된 제반내용을 기록 유지하는 것을 말한다.

4. 기록문서의 종류 및 사용

가. 종류

정비기록을 위해 단위 및 편성부대에서 사용하는 문서는 원천 기록문서와 전산 출력문서로 구분하며, 그 종류는 다음 표와 같다.

구 분	원천기록문서(양식명)	전산출력문서(양식명)
이력기록	• 장비종합 이력부 (육양 24군1-05-16-1비) • 포 이력부 (육양 24군1-05-18-1비)	• 장비종합이력부(UA7P11)

운용기록	• 월 장비 운행중 (육양 24군1-05-14-1일)	• 운행중 입력현황 (UP3P03) • 부대장비 운용기록부 (UM3P04)
정비기록	• 예방정비 기록표 (육양 24군1-05-19-1일) • 검사/작업지시서 (육양 24군1-05-13-1일)	• 검사/작업지시서입력현황 • 예방정비 계획현황(UA7P01) • 장비정비기록부(UA7P10)
계	5종	6종

나. 원천 기록문서

1) 원천기록문서는 장비관리 및 유지를 위하여 구축된 전산 자료철에 관련 자료를 입력하기 위해 작성하며, 소정의 육군양식을 사용한다.
2) 원천 기록문서별 기록내용과 관리지침은 다음 표와 같으며 세부양식 작성방법은 팸플릿 700-8-6 《편성부대자원관리 실무지침서》를 참고한다.

구분	양 식 명	기록내용	관리지침
이력기록	• 장비종합 이력부 (24군1-05-16-1비)	• 장비등록재원 및 이력사항 • 부수장비 및 공구 • 수정작업내용, 선정품목 교환내역, 순환정비기록, 재생기록 • 년도별 운용실적	• 등록장비당 1매 유지 • 장비폐기시 까지 보관

운용기록	• 월 장비 운행중 (24군1-05-14-1일)	• 장비운행일자별운용 실적 (운행제원, 적재물, 소모유류, 운행자)	• 장비당 월1매 유지 (모듬관리 장비는 제외) • 1년간 보관 후 폐기
정비기록	• 예방정비 기록표 (24군1-05-19-1일)	• 월별 예방정비 계획일 (월간, 분기, 반기정비) • 운행거리(시간) 및 연료 사용실적 (월별, 연간총계)	• 등록장비당 1매 유지 • 1년간 보관
	• 검사/작업지시서 (24군1-05-13-1일)	• 장비식별제원 • 정비, 보급관리거래번호 • 검사 및 결함품목 조치내용 (품목, 상태, 수량, 금액, 정비인시)	• 입고의뢰용 : 장비출고후 거래철에 합철보관 • 예방정비용 : 전산 입력후 파기 • 반납/관리전환용 : 거래증과 합철 보관

다. 전산 출력문서

1) 전산출력문서는 원천기록문서를 전산입력, 전산기에 구축되어 있는 관련 자료들과 연동 및 자동 처리하여 필요로 하는 제원 및 양식으로 출력한 문서로서, 이들 문서는 부대에서 장비운용 및 정비에 관한 업무결산과 계획수립시 활용한다.
2) 전산출력문서별 출력 시기, 배부선 및 용도는 다음표와 같다.

구분	출력문서명	출력 시기	배부선	용 도
이력 기록	장비종합 이력부 (UA7P11)	년단위 장 비 이동시	편 성	• 장비등록 및 이력제원, 정비 및 보급관련 제원이 누계, 종합된 문서 • 정비기록관리제도의 기본 자료로 활용
운용 기록	운행중 입력현황 (UP3P03)	일 일	편 성	• 장비 일일 운행후 전산 입력시킨 운행중 제원 • 월장비 운행증과 제원일치 여부 확인 자료로 활용
	부대장비 운영 기록부 (UM3P04)	일 일	편 성	• 일일 부대장비 운행현황을 파악하고 결산자료로 활용
정비 기록	검사/작업 지시서 입력현황	수 시	편 성 단 위	• 부대정비 실시후 검사작업지시서를 입력하여 출력한 문서로 정비결산자료로 활용
	예방정비 계획표 (UA7P01)	월	편 성	• 최근 정비일시, 장비별 주기를 기준으로 월별 해당장비의 예방정비 종류별 시기와 주기성 교환품목의 교환시기를 결정하는 자료로 활용
	장비정비 기록부 (UA7P10)	월	편 성 단 위	• 유류사용과 정비실적을 종합 집계하여 출력한 문서로 결산자료로 활용

라. 원천기록문서 작성 기준

정비기록관리를 위한 장비별 원천기록문서 작성기준은 다음 표와 같다.

장비명 ＼ 양 식	월장비 운행증	검사/작업 지시서	탄약보급 및 소모거래문서
기동, 건설, 발전장비	○	○	X
소화기류 (권총, 소총류, 기관총)	X	○	○
박격포 류, 무반동총 류	X	○	○
화포(곡사포)	X	○	○
궤도차량	○	○	○
특수무기	○	○	○
통신장비	○	○	○

5. 편성부대 기록관리 전산처리 절차

가. 장비이력기록

1) 장비이력기록은 원천기록문서인《장비종합이력부》(육양 24 군1-05-16-1 비)와 전산출력문서인《장비종합이력부(UA7P11)》를 작성하여 유지한다. 이들 문서는 장비를 반납, 후송, 관리전환 시 반드시 합철하여 장비와 합께 이동시킨다.
2) 《장비종합이력부》는 장비를 최초 수령할 때 함께인수한 《장비종합이력부 및 증록증》및 관련 보급거래문서와 전산출력문서인 《장비종합이력부》, 《등록장비 기본제원표(UA7P7)》등에서 필요한 제원을 이기하여 작성 유지한다. 단, 잔산 출력되지 않는 2면과 3면의 기록내용(수정작업내용, 선정품목교환내역, 순환정비기록, 재생기록)은 해당 정비작업을 실시한 부대에서 기록한다.
3) 전산출력문서인《장비종합이력부》는 《월장비운행증》과 《검사/작업지시서》의 입력으로 생성된 전산기내의 《장비정비기록철》과《장비종합이력철》로부터 연간제원이 자동으로 종합 기록되어 출력된다.

나. 전산화체계

정비기록관리를 위한 단위 및 편성부대 전산화 체계는 다음 표와 같다.

	이 력 기 록	운용기록	정비기록
원천자료 :	• 등록제원 • 보급, 전환/이동제원	· 연료, 거리 (시간), 탄약	· 부 대, 야전정비
이력문서 :	• 장비인수/등록증 • 전산보급거래문서	• 월 장비운행증 • 탄약보급소/소모거래문서	• 검사/작업 지시서

구축자료철 :	• 장비기본 제원철 • 보급거래철 • 장비 기록철 • 재산 대장철	• 운행증철	• 검작지철 • 정비계획철
		장비정비 기록철	
	장 비 종 합 이 력 철 (이 력 , 운 용 , 정 비 실 적 종 합 수 록)		

⇩

출력문서 :	장비종합이력부	• 운행증 입력현황 • 부대장비운영기록부	• 검작지 입력현황 • 예방정비계획현황 • 장비정비기록철

다. 장비운용기록

1) 원천문서 전산처리 과정

가) 장비운용실적 관리를 위한 전산입력 원천문서는 《월장비운용증》이며, 일일 정비운행 및 운용 후 작성된 《월장비운용증》을 전산입력하면 일일

운행된 모든 장비의 운영실적이《장비정비기록철 및 장비 종합이력철》에 종합 관리된다.

나) 장비운용에 따라 소모된 유류에 대한 청구는《유류 불출대장》입력으로 자동 생성된 청구내용을 《편성부대 청구서 작성》화면으로 종합하여 지원 부대로 청구한다.

다) 장비투입 유류는 투입된 유류소모량과 기타 제원을 운영실적 관리의 원천문서인《월장비운행증》에 작성하여 단위부대 및 수송부로부터 보고된 제원을 다음 그림의 화면으로 입력한다.

장비 운행증 입력

디스켓입력, 문서입력, 수정, 삭제, 조회, 종료 0건

편성부대부호 :	시간 :
단위부대부호 :	재 고 번 호 :
등 록 번 호 :	단 위 :
문 서 식 별 :	수 량 :
사 용 목 적 :	피지원부대 :
거 리 :	

F2 : 자료추가후계속, F3 : 자료추가후종료, F4 : 작업취소

2) 운용기록관리 절차

가) 《부대장비운용기록부》는 《월장비운행증》을 전산 입력하면 전산기 내에서 자동 집계되어, 일일 단위로 출력된다. 전산 출력된《부대장비운용기록부》는 수송관과 군수과장의 결재를 득한 후 연속 페이지 순으로 철하여 1년간 보관한다.

나) 《월장비운행증》은 장비운전병 또는 조작병이 기록하는 문서로서, 일일 운행내용을 매일 전산 입력한다. 전산 입력후 기록된 운행제원은 전산망 또는 디스켓을 이용하여 월단위로 자원관리 부대로 전송 또는 송부한다.

다) 화포 및 전차 등 화력장비의 탄약사용 실적은 《탄약보급/소모거래문서(육양 24군 1-05-33-1일》에 작성하여 전산입력 한다.

라) 장비별 운영기록 요령은 다음과 같다.

(1) 기동장비는《월장비운행증》에 운행거리 및 소모된 유류의량과 사용목적을 기록한다.

(2) 일일장비나 통신장비, 의무장비는《월장비운행증》에 운용시간과 유류량, 사용목적을 기록한다.

(3) 화력장비는《탄약보급/소모거래문서》로 입력한다.

라. 장비정비기록

1) 원천문서 검사/작업지시서 전산처리 과정

가) 부대정비 실적의 입력

(1) 최초 장비 검사후 작성된 검사/작업지시서는 아래 표의 화면상에 소요품목의 재고번호와 수량을 입력하여 소모처리와 동시에 청구서가 자동 생성되도록 조치한다.

(2) 정비 완결된 장비의 검사/작업지시서는 다음 표와 동일한 화면으로 정비실적 내역을 입력, 부대정비 실적을 구축한다.

부대/야전정비 검작지 입력

입력 조회 / 수정 / 삭제 종료

기 본 제 원	변 동 제 원
① 단위부대 : ② 등록번호 : Ⓐ 모델부호 : ③ 작명번호 : Ⓐ 장비호수 ④ 장비입고일 ⑤ 정비완료일	ⓢ 문서식별 : ⑥ 고장일자 : ⑦ 정비일자 : ⑧ 일련번호 : ⑨ 재고번호 : ⑩ 수 량 : Ⓐ 금 액 : ⑪ 정비인시 : ⓢ 비정상마모 : ⓢ 사용목적 : ⓢ 정비단계 : ⓢ 고정영향 : ⓢ 정비지연 :

F2 : 자료추가후계속, F3 : 자료추가후종료, F4 : 작업취소, 항목이동

[검사 / 작업지시서] 입력화면

※ 검직지 입력시 Ⓐ기호는 자동 수록되고 Ⓢ기호는 화면에서 선택 입력하여 그 외 내용은 검작지 작성내용에 의거 입력한다.

나) 야전정비 실적의 입력(문서식별 : MT3)

야전정비 실적 관리는 정비(입고 및 이동정비) 완료 후 야전정비부대로부터 증빙서류로 수령한 완결된 검사/작업지시서를 앞 표 화면에서 문서식별 부호 "MT3"로 입력하여 야전정비 실적을 구축한다.

다) 창 정비 실적의 입력(문서식별 : MT5)

(1) 장비를 창으로 후송하여 창 정비 또는 순환 정비를 실시하는 경우는 장비를 정비하는 정비창의 정비자금에 의해 정비실적이 처리됨으로 장비보유부대(편성부대)에서는 수리 부속품 소모실적을 입력하지 않는다.

(2) 그러나 창 정비 또는 순환정비를 실시한 장비를 수령한 편성부대에서는 창 정비 실적이 기록된 장비종합이력부 제원, 즉 종합된 정비금액과 정비기간을 표 1 부대 및 야전정비 검작지 입력화면에 문서식별 부후 "MT5" 입력하여 창정비 및 순환정비 실적을 관리한다.

라) 정비실적 입력제원 처리

(1) 부대, 야전, 창 정비실적을 입력 완료한 후 반드시(표1)화면상의 "자료추가후 종료"를 선택하여 전산기에 구축된 [장비정비기록부철] 과 [장비종합이력철] 이 자동으로 정리되도록 한다.

(2) 모든 [검사/작업지시서] 입력이 완료되면 9종 담당관은 장비관리 기본메뉴상의 [정비/운영관리] 중 [디스켓에 검작지 복사] 를 선택하여 자료를 복사한 후 이를 월단위로 전산망 또는 디스켓을 이용하여 자원관리 부대에 송부한다.

2) 정비기록 관리절차

가) 장비정비기록은 부대 및 야전정비에 따라 정비 실적을 기록 유지하는 것으로서, [검사/작업지시서] 를 전산 입력하여 기록 유지한다.

나) [검사/작업지시서] 는 장비 소속부대 정비병이나 정비관이 직접 작성하고, 부대정비 시는 1부, 사단 입고정비 시는 2부, 군지사 일반지원시설에 입고정비 시는 3부, 장비 반납 시는 기술검사표용으로 2부, 직교품의 경우 교환 시는 2부, 수리시는 3부를 작성한다.

다) [검사/작업지시서] 는 본 절의 4항 "라"의 장비별 원문서작성 기준에 따라 화력장비를 포함한 주요장비는 1개 장비당, 정비건당 1부씩 작성함을

원칙으로 하며, 기타장비는 수리부속품 소모내역만 [검사/작업지시서] 1 장에모둠 작성하여 전산 입력한다.

라) 부대 정비시 기록요령은 다음과 같다.

(1) 부대정비 시 [검사/작업지시서] 는 위(다)와 같이 작성한 후 즉시 일일 단위로 전산 입력한다.

(2) 전산 입력된 [검사/작업지시서] 원천문서는 작성한 부대에서 장비도태 시까지 1년 단위로 보관하고, 입력된 내용은 전산망 또는 디스켓을 이용하여 월단위로 지원관리 부대에 보고한다.

(3) 정비부대 담당관은 접수한 수리부속품 청구서를 전산처리 한다.

(4) 정비부대 담당관은 편성부대 요구시 [장비정비제원표(양식번호: REQ370] 를 분기단위로 출력하여 송부한다.

(5) 정비시 투입된 잡유 소모량은 [검사/작업지시서] 에 문서식별 부호 "MTD"로 작성하여 입력한다.

(6) 요조정, 요조임 등 수리부속품은 소요치 않고 정비인시만 투입될 경우는 장비별로요조정 및 요조임 내용을 [검사/작업지시서] 에 종합작성(문서식별 : MTD)하여 장비별로 정비실적을 전산 입력한다.

마) 부대정비시 소요되는 수리부속품이 직교품목인 경우에는 "직접교환 수리부속" 절차에 따라 처리한다.

바) 순환정비 및 외주 정비시에는 장비 사용부대에서 규정휴대량(PL)으로 보유하던 수리부속품을 가지고 정비했을 경우 [검사/작업지시서] 를 작성하고 입고정비절차와 동일하게 전산입력시켜 처리하고, 타 부대 재산이나민간 업체에서 가져온 수리부속품을 가지고 정비시에는 [검사/작업지시서] 에 기록치 않는다.

사) 부대 구매 수리부속품으로 정비시 기록요령

(1) 단위부대 및 편성부대에서 장비운영유지비로 수리부속품을 구매하여 정비하였을 경우에는 [검사/작업지시서] 의 문서식별 부호란에 "MT2로 작성하여 정비실적을 입력하여 관리한다.

(2) 월간 단위로 구매 수리부속품의 정비내역을 확인하기 위해서는 출력문서(기능별 구매수리부속 사용실적) 을 출력하여 활용한다.

6. 기록제원 보고 및 활용

가. 기록제원 보고

1) 편성부대는 장비등록 및 이동현황과 장비운영실적, 장비정비실적 등을 소정의 기록양식으로 작성하여 전산 입력한 후 전산망이나 디스켓을 이용하여 월단위로 자원관리부대(사단 : 전산실, 비사단 : 군수처)로 보고한다.
2) 자원관리부대 전산실은 편성부대 및 지원 정비부대로부터 접수한 장비운용 및 정비실적, 기타사항을 전산처리하여 지원 장비에 대한 장비등록철, 장비운용철 유지하며, 월 및 분기별로 장비 및 정비관리 실적과 현황을 출력하여 편성부대에 제공하거나 군지사(단)에 통보한다.

나. 출력문서의 활용

편성부대는 원천문서를 입력, 전산처리하여 출력한문서와 상급부대에서 제공된 문서를 분석하여 필요한 자료와 제원을 획득하고 이를 다음과 같은 분야에 활용한다.

1) 장비운용 및 정비예측 소요판단

- 장비운행통계(주파 거리, 시간)
- 유지 및 수리부속품 소모
- 정비인시

2) 부대 전투준비태세 판단 및 보고

- 장비별 가동률 현황
- 장비별, 상태별 보유현황
- 전투준비태세 부대별 평가보고서

제4절 수리부속품 운용

1. 개 요

가. 수리부속품은 완제품을 수리하기 위하여 사용하는 각종 필수 불가결한 자재, 즉 구성품, 조립체 및 부분품 등을 말하며, 보급품종별 분류시 9종으로 분류한다.

1) 구성품

여러 개의 조립체가 연결되어 한 개의 물체를 구성한 것을 말하며, 이러한 구성품은 독자적인 기능을 발휘할 수는 있으나 기능발휘를 위해서는 외부에서 조정하거나 전원을 공급해 주어야 한다. 차량의 엔진이나 변속기 등이 구성품의 "예"에 속한다.

2) 조립체

두 개 또는 그 이상의 부분품이 서로 결합되어 뭉쳐진 품목을 말하며 차량의 기화기, 시동기 등이 이에 속한다.

3) 부분품

한 개의 품목이 그 이상 분해될 수 없거나 그 품목을 더 이상 분해하는 것이 불필요한 품목을 말하며, 각종 볼트, 너트 등이 이에 속한다.

> 완제품은 특정한 사용목적과 일정한 조건에 맞도록 수리부속품을 사용하여 완전하게 만들어진 물품, 즉사용할 수 있는 최종 완성품을 말한다. 완제품은 2개 이상의 구성품으로 이루어진 집결체이다.

나. 편성부대에서 가용한 수립부속품은 규정휴대량(PL)이나, 직접교환 대상으로 선정된 품목, 기타 부대정비에 필요한 소모성 품목 등이며 이들 수리부속품

은 편성부대 자원관리 시스템에 의한 전산청구에 의해 상급 지원부대로 부터 획득하여 일부는 자대구매 또는 인가된 동류전용 등의 방법으로 획득하여 사용한다.

2. 규정 휴대량(PL)

가. 규정 휴대량은 편성 및 단위부대와 격리된 파견대에서 부대정비업무 수행을 위하여 보유하여야 할 15일분의 수리부속품 및 특수 공구를 말하며, 규정휴대량으로 성정된 품목과 수량을 기능별, 장비별로 열거해놓은 문서를 규정휴대량 목록(PLL)이라한다. 규정휴대량 목록은 사용 부대가 지원부대에 수리부속품을 청구할 때의 근거문서가 된다.

나. 품목선정 및 인가

1) 규정휴대량 품목은 매년 군수사에서 발간 배포 또는 국방 인트라넷에 게재되는 규정휴대량 목록책자(보급회보)를 참고로 하여 자대에 해당되는 품목과 수량을 다음 방식에 의거 선정된다.

가) 초도산정 : 부대창설, 신형장비 교체보급 등으로 라거의 수요 경험이 없는 품목은 보급교범이나 회보등을 참고하여 다음 공식으로 산정한다.

$$규정휴대량(PL) = \frac{장비보유수}{100} \times 보급교범(P계열)상수량$$

나) 수요경험에 의한 산정 : 기존 부대 보유 장비의 수리부속품중 과거 3~5년간 평균 수요량이 6개 이상인 품목에 해당되며 다음공식으로 산정된다.

$$규정휴대량(PL) = \frac{과거3\sim5년\ 평균수요량}{365} \times 15$$

다) 소숫점 처리 : 항공장비를 제외한 모든 장비는 0.24 이상시 1개로 절상된다.

2) 규정 휴대량 품목과 수량이 산정되면 기능별, 장비별 재고번호순으로 규정 휴대량 목록(4-1-15양식) 2부를 작성, 지원 정비지원부대에 제출하여 품목과 수량을 인가 받는다.

다. 규정휴대량 품목 운용

1) 편성부대는 정비지원부대로부터 인가받은 규정휴대량목록에 의거 수리부속 전산 재산대장철에 품목별 규정휴대량을 전산 입력한다.
2) 인가된 규정휴대량 품목 확보를 위하여 부족분은 정비지원부대에 청구하고, 미조치 품목에 대해서는 지속적으로 후속 조치한다.
3) 인가된 규정휴대량 품목이 확보되며 관리 및 상용이 편리하도록 저장장소에 장비별로 구분하여 보관하여야 하며, 소요가 발생하면 즉시 사용하고, 부족분은청구하여 보충한다.
4) 수령한 규정휴대량 품목은 필요에 따라 예하 단위부대 또는 소특정, 기능부대에 분할 배당하여 저장관리 할 수 있으나, 자대 규정휴대량 인가수량을 초과하여 저장 할 수는 없다. 따라서 초과자산은 지원부대에 반납한다.
5) 규정휴대량 품목은 계획에 의거 년 1회 검토하여 추가 또는 삭제할 품목은 지원 계통으로 수정 건의 한다.

3. 직접교환 수리부속품

가. 직접교환제도는 보급행정과 절차를 간소화하여 신속하고 효율적인 보급업무를 수행하기 위하여 사용부대가 보유한 사용불가 수리부속품과 지원부대가 보유한 사용가능 수리부속품을 1:1 직접 교환하는 보급제도를 말한다.

나. 직접교환 대상품목은 부대정비가 허용된 수리부속품 중 야전정비부대에서 수리복구 가능품목(복구성 품목), 직접지원 정비부대 지휘관이 필요하다고 판단한 품목을 대상으로 하며 품목선정과 운영은 직접지원 정비부대의 보급통제과에서 담당한다.

직접 교환반을 운영하는 정비지원부대는 년 2회 현 운영중인 직교품목에 대한 수요실적과 운영량을 검토하여 상급지원부대에 보고하고, 수정된 직접교환품목 대상목록을 편성부대에 전파한다.

다. 직접교환 절차 및 운영

1) 편성부대 정비담당관은 정비지원부대로부터 접수된 직접교환품목 대상목록에 포함된 수리부속품이 사용불가로 판정되면 「검사/작업지시서」 3부를 작성하여 사용 불가품과 함께 정비지원부대 직교반에 제출한다.
2) 정비지원부대의 지교반에서 사용 불가품과 1:1로 교환, 불출해 주는 사용가능품을 수령하고, 제출한 「검사/작업지시서」 중 1부를 거래 영수증으로 교부받는다.
3) 지원 정비부대의 직교반에서 사용 가능품을 확보하지 못해 즉시 직접교환을 하지 못할 경우에는 제출한 「검사/작업지시서」 중 1부를 미결영수증으로 교부받아 보관하고, 차후 수령시 제출한다.
4) 편성부대 정비담당관은 직교품을 수령후 수령한 현품은 즉시 정비 작업에 사용하고, 관련서류는 유지물자 관리의 「거래문서입력」 을 통해 재산개정하며 「장비관리」 의 검작지 입력으로 정비실적을 유지한다.
5) 직교 의뢰 기간중 장비 불가동 발생을 방지하기 위하여 직교품중 수요 빈도가 많은 품목은 규정휴대량(PL)으로 인가한다.
6) 직교품이 규정휴대량(PL)으로 추가 책정되었을시 편성부대에서는 관련 증빙서류를 붙임하여 직교반에 청구하고 직교반에서는 관련서류를 확인한 후 초도불출로 처리하여 지원한다.

4. 동류전용

가. 동류전용은 수리를 위해 특정장비의 조립체, 구성품 또는 완제품으로부터 사용가능한 부품을 탈거하여 사용하는 것을 말한다.

나. 동류전용은 정상적인 보급이 제한되는 장소나 시기에 고장장비를 신속히 복구시키는 주요한 수리부속품의 보급원이 될 수 있다. 그러나 무절제하고 불안전한 동류전용은 도리어 타장비의 고장을 확대하고, 정비나 보급요소를 증대시키는 등의 폐단이 있기 때문에 정비원칙과 육규432. 장비 및 물자정비 규정에서 아래의 경우를 제외하고는 그 실시를 엄격히 금하고 있다.

1) **전시**

단시간 내 정비 및 보급지원을 받을 수 없는 접적지역 및 비상사태 시(장관급 부대장 권한으로 시행가능)

2) **평시**

가) 폐 처리가 인가된 장비 또는 구성품
나) 야전정비 종결장비 및 품목 중 군수사령관이 승인한 품목
다) 창 정비 종결장비 및 품목 중 군수사령관이 승인한 품목
(1) 보급원 생산중단 및 국내 미개발 부속으로 획득전망이 없는 품목
(2) 2개월 이내 획득 계획되어 우선 동류 전용으로 충당하고 획득 후 원상태로 복구 가능한 품목

다. 전투지역에서의 동류전용은 전투에 긴요한 장비의 긴급한 수리를 위해 매우 효과적인 방법이지만 차후 정비나 보급상 어려운 문제를 야기 시킬 수 있으므로 사(여)단급(비사단급은 군지사) 부대는「전장동류전용지침」을 내규로 설정하여 동류전용의 무절제한 실시를 엄격히 통제하여야 한다. 다음은 전장지역에서의 동류전용시 고려해야 할 사항이다.

1) 전장지역에서의 동류전용은 수리가능 한 품목에 국한해서 실시한다.
2) 동류전용 대상 장비의 자체 기동기능과 관련된 수리 부속품은 가능하면 동류전용을 해서는 안된다. 특히 화력장비의 기동관련 수리부속품은 가능한 한 보존 되어야 하는데, 이는 장비기동과 관련된 수리부속품을 동류전용한 장비는 운용 가능한 상태로 회복될 수 있지만, 수리부속품을 탈거한 장비는 기동이 불가능함으로 별도의 견인이나 후송을 위한 장비를 필요로 하기 때문이다.

3) 동류전용은 차후 정비나 보급상의 문제점을 고려하고 동류전용 후 추가적인 정비소요 등을 예측한 후 실시한다.
4) 동류전용 대상장비는 유기 및 파괴, 폐품, 경제적 수리불가, 경제적 수리 가능 장비 순에 의거 실시한다.

제5절 장비운용 및 정비 활동간 안전 유의사항

1. 개요

가. 작업안전이란 장비운용이나 정비 작업간에 발생할 수 있는 각종 위험과 사고로부터 인력, 물자, 금전적 손실을 예방하는 것으로서, 작업안전은 평소 관계관들의 부단한 관심과 면밀한 준비, 그리고 각종 예방활동을 통해 위험요소를 사전에 차단 및 제거함으로써 안전 목표를 달성할 수 있다.

나. 본 절에서는 부대정비 활동간의 작업안전을 도모하기 위한 관련요원의 책임, 준비되어야 할 안전장구 및 기재, 각종 안전조치 사항을 수록하였으며, 부대 안전관리에 대한 상세한 사항은 육군 규정 139「사고예방 및 안전관리 규정」을 참고한다.

2. 책임

부대정비 활동간의 작업 안전에 관한 관련요원의 책임은 다음과 같다.

가. 지휘관

지휘관은 부대활동간 각종 안전사고를 예방할 수 있도록 사고 예방대책을 수립, 시행하여 인적, 물적 손실을 방지하고 전투력을 보존할 책임이 있다.

1) 부대 임무와 특성에 부합되는 세부 안전행동 표준의 설정
2) 부대 전 장병에 대하여 안전 활동에 대해 동기부여 및 안전생활화 습성조성
3) 불안정한 행동과 상태 등 잠재적 사고위험요인을 조기에 발견 및 시정

나. 감독자

편재상 지휘관 및 참모 이외의 조장, 반장, 기타 일정한 업무를 지휘 감독하는 직위에 있는 모든 요원(장교, 부사관, 병, 군무원)은 안전감독자로서 다음과 같은 책임이 있다.

1) 임무수행 전 작업분석 실시와 관련 장비 및 비품에 대한 성능검사 실시
2) 안전규정과 수칙의 내용을 설명하고 필요성 강조
3) 새로 전입된 인원에게 안전규정과 수칙을 교육하고 작업요령을 지도
4) 활동범위내의 모든 환경, 도구, 장비 등을 안전한 상태로 유지
5) 일상 업무 활동시 안전의식 고취와 5분 안전교육 실시의 생활화
6) 안전 활동에 대한 솔선수범
7) 일상생활을 통해 발견된 각종 안전사고 위험요인을 적시에 보고하여 부대 안전계획의 보완 발전에 적극 참여

다. 개인

군에 근무하는 모든 인원은 일과시간 내외를 막론하고 자기 자신과 정부 재산을 사고로부터 보호할 책임이 있다.

1) 안전규정, 수칙, 기타 설정된 각종 안전표준의 준수
2) 자기 자신과 동료의 안전을 도모
3) 각종 위험요소는 발견 즉시 시정하고 자력으로 시정이 불가능한 때에는 상관에게 편리한 방법으로 신속히 보고

3. 안전장구 및 기재

각종 정비작업 수행 간 작업자가 갖추어야 할 개인용 안전장구 및 기재, 그리고 이들 장구 및 기재를 사용할 때 유의사항은 다음과 같다.

가. 안전모

1) 안전모는 작업에 지장이 없고 머리부위 보호에 적합한 것을 사용한다.
2) 모자를 쓸 때 모자와 머리 끝부분과의 간격은 25mm 이상 되도록 조절해 주어야 한다.
3) 턱 끈은 반드시 매어 놓아야 한다.
4) 가능하면 각 개인별 전용으로 사용할 수 있도록 한다.

나. 작업복

1) 상의의 옷자락, 소매 및 바지 등은 몸에 맞는 것을 착용해야 한다.
2) 작업 중 휘발유나 인화물질이 묻었을 때에는 화기에 주의하고 될 수 있는 대로 빨리 옷을 갈아입어야 한다.
3) 주머니는 가급적 수가 적어야 한다.
4) 소매나 바지의 옷자락에 끈이 있는 것은 기계 작업을 할 때 착용하지 말아야 한다.
5) 정전기가 발생되기 쉬운 화학 섬유질의 의복착용은 금해야 한다.

다. 장 갑

1) 회전하는 기계작업(드릴링머신, 컨베어 벨트)시는 장갑을 끼지 말아야 한다.
2) 손이나 손가락을 상하기 쉬운 작업을 할 때에는 손에 꼭 맞는 장갑, 토시, 손가락 없는 장갑을 사용해야 한다.

라. 안전화

1) 신 끝에 강철제 심이 들어 있어야 한다.
2) 신발 끈이 견고하게 결속되어야 한다.
3) 미끄럼 방지가 되어 있어야 한다.

마. 보호안경

1) 차광안경

가) 작업 간 눈 보호와 작업수행에 적합한 것을 사용한다.
나) 아아크 용접이나 고열을 발생하는 풍로 등의 작업 시 가시광선을 약하게 하여 고열과 발광상태를 관측할 수 있어야 한다.

2) 보안용 안경

공작기계 조작 시나 연마작업 등 먼지가 많은 곳에서는 보안용 안경을 반드시 착용하여야한다.

바. 귀마개

1) 소음이 많은 작업장에서는 반드시 착용하여야 한다.
2) 휴대하기에 편리하고 귓구멍에 알맞아야 하며, 안경이나 안전모에 방해가 되지 않아야 한다.

사. 방진마스크

1) 페인트 도색작업등 먼지를 흡입할 우려가 있을 시는 반드시 착용해야 한다.
2) 취급이 간편하고 쉽게 파손되지 않으며 오랜 시간 사용하여도 압박감과 고통이 없어야 한다.

아. 보호복

1) 불꽃이나 높은 온도의 물건을 취급하는 작업을 할 때는 반드시 착용해야 한다.
2) 작업에 적합한 종류의 보호복을 선택하여 사용전에 미리 점검해야 한다.

4. 안전조치사항

가. 안전 교육

부대 지휘관과 감독자는 작전, 교육훈련 기타 부대 임무수행 등 부대의 제반 활동 전에 필히 임무와 관련된 내용의 안전기회교육을 실시함으로써 임무수행 간 야기될 수 있는 사고를 사전에 예방토록 한다.

이러한 안전기회교육은 평소 일일 부대활동 전 5분간이나, 아래와 같이 임무와 주변 환경이 바뀔 때 마다 지속적으로 실시한다.

- 새로운 임무를 부여 받거나, 새로운 장비를 지급 받았을 때
- 계절이 바뀔 때
- 위험이 수반된 훈련, 작업, 기타 활동을 시작 할 때
- 새로운 지역에서 활동할 때
- 기타 필요하다고 판단할 때

나. 작업장

1) 몸이 불편한 사람은 정비작업에서 제외시킨다.
2) 차량의 검차 및 주유대 진입 시나 차량 후진 시에는 반드시 측면에서 차량을 유도할 수 있도록 유도병을 측면에 배치한다.
3) 시동을 위한 차량 견인 시에는 직접 감독한다.
4) 유류나 화기 취급소마다 소화 기구를 반드시 비치하고 관계요원에게 소화기구 사용방법을 교육시킨다.
5) 지정된 장소 외에서는 흡연을 금지하며, 발화성물질의 취급을 금한다.
6) 정비차량의 앞 뒤 타이어에는 반드시 고임목을 고인다.

7) 차량 아래에 들어갈 때는 먼저 안전한가를 확인하여야 하며, 운전대에 있는 사람에게도 차량아래에 사람이 있음을 알려 주어야 한다.
8) 공장 내 바닥에 유류를 흘리지 않게 하고 걸리는 물체가 없도록 한다.

다. 장비 사용

1) 모든 장비 사용 시는 반드시 안정장구 및 기재를 착용하게 한다.
2) 충전기, 발전기, 콤프레셔, 용접기 등의 조작은 해당 장비 취급에 숙련된 요원을 취급책임자로 임명하고, 그 요원으로 하여금 조작하게 한다.
3) 기계를 조작할 때에는 그 기계의 소리와 냄새에 유의하도록 한다.
4) 콤프레셔는 압축공기 안전도내에서 작동한다.
5) 모든 정비요원에게 평소 장비의 조작 및 취급요령을 숙지시키고, 잘 모르는 장비는 절대로 손대지 않도록 한다.

라. 공구 및 기재 사용

1) 잘 모르는 공구나 기재는 절대로 손대지 않는다.
2) 잭은 물체의 중심 되는 곳에 고이고 안전잭을 같이 사용한다.
3) 공구 사용할 때는 과도한 힘을 가하지 않는다.
4) 공구는 필히 규격에 맞는 것을 사용한다.
5) 해머 및 줄의 자루는 튼튼하게 하여 사용한다.
6) 전공 플라이어는 연한 철사를 전단 시에만 사용한다.
7) 유리로 된 기재는 조심히 다룬다.

마. 안전감독

1) 각종 정비시설의 안전사고 발생요인을 사전에 철저히 점검하여 제거시킨다.
2) 매일 안전전검을 실시하여 그 결과를 기록 유지한다.
3) 정비작업 간에 위험요소가 발생되지 않도록 철저한 작업감독을 실시한다.
4) 정비작업 간 장난, 잡담, 흡연 등을 금하고, 엄격한 작업군기를 확립한다.

제7장

환경보존 및 저탄소 녹색성장

제7장 환경보존 및 저탄소 녹색성장

제1절 인간과 환경

1. 환경의 의의

가. 환 경 : 자연환경과 생활환경

1) 자연환경 지하 · 지표(행양포함), 지상의 모든 생물과 이를 둘러싸고 있는 비생물적인 것을 포함한 자연의 생태

2) 생활환경 : 대기, 물, 폐기물, 소음·진동, 악취 등 사람의 일상생활과 관계되는 환경

3) 환경오염 : 산업활동, 기타사람의 활동에 따라 발생되는 대기오염, 수질오염, 토양오염, 해양오염, 방사능오염, 소음 · 진동, 악취 등으로서 사람의 건강이나 환경에 피해를 주는 상태

4) 환경보전 : 환경오염으로부터 환경을 보호하고 오염된 환경을 개선함과 동시에 쾌적한 환경의 상태를 유지 · 조성하기 위한 행위

2. 환경의 중요성

가. 인간의 영원한 고향-환경

나. 인간과 환경과의 상호작용

3. 환경권의 내용

환경권은 “모든 국민이 건강하고 쾌적한 생활을 할 수 있는 좋은 환경을 향유할 권리”인바, 이러한 환경권을 공기나 물을 오염시키지 않는 행위 자체가 타인의 권리를 침해하지 않는 한 적법한 것으로 허용되고 타인의 권리만 침해된 경우에는 그것은 개인 대 개인간의 문제로만 취급되었던 근대 민법상의 난점을 극복하고 공기, 물, 일광, 자연환경 등 환경소재를 공공소유의 대상으로 다루어 국민에게 좋은 환경을 향유할 권리를 인정한다는 것을 의미한다.

제2절 환경과 건강

1. 환경오염 종류별 원인과 영향

가. 수질오염

1) 수질오염의 원인

수질을 오염시키는 오염물질의 발생원은 일반가정의 생활하수, 공장 및 사업장의 산업폐수 등 여러 가지가 있다.

2) 수질오염기준 및 영향

가) 기 준

등급	B.O.D	이용목적별 적응대상	비 고
1	1ppm	상수원수 1급	여과 등에 의한 간이정수 처리후 사용
2	3ppm	상수원수 2급, 수산용수 2급	침전여과등 일반적 정수 처리 후 사용

3	6ppm	상수원수 3급, 산용수 2급 공업용수 1급	고도의 정수 처리후 사용
4	8ppm	공업용수 2급, 농업용수 2급	약품처리 등 고도의 정수 처리후 사용
5	10ppm	공업용수 1급	특수한 정수 처리후 사용

나) 인체에 미치는 영향

오염물질	영 향
유기수은	미나미따병(수족 신경마비), 언어장애, 지각이상 등 신경장애
카드뮴	이따이이따이병(키가 줄어듬), 골연화증, 심한 근육 및 관절통
시안	호흡곤란, 경련, 조직부식
납	빈혈, 식욕부진, 신경장애
비 소	호흡기 장애, 색소 침착 및 피부암, 골수장애
크롬	소화장애, 요독증, 비중격 천공
PCB	피부에 색소 침식, 태아 피부이상, 폐기증
농 약	급성중독, 중추신경 장애, 생태계 파괴

나. 대기오염

1) 대기오염의 원인

가) 일산화탄소 : 자동차 배기가스와 가정연료인 연탄에서 주로 나온다.

나) 이산화황(아황산가스) : 유황이 섞인 기름이나 석탄을 쓰는 주택, 공장과 발전소에서 나온다. 안개나 빗물에 섞이면 황산으로 변하고 산성비의 원인

다) 탄화수소 : 연료의 불완전 연소에서 생긴다. 자동차 배기가스에서 주로

나오며 광화학 스모그 현상을 일으키는 원인 물질

라) 질소산화물 : 연료의 광화학 스모그 현상을 일으키고 산성비의 원인

마) 먼지 : 공장 굴뚝, 도로, 저탄장, 건설공사장, 가정에서 발생

2) 대기오염 기준 및 영향

가) 기준 : 연간 3회 이상 초과 금지

오염물질	기 준
아황산가스(SO)	연간 기준치 0.05ppm 이하/24시간 평균치 0.15ppm 이하
일산화탄소(CO)	1개월 평균치 8ppm 이하/8시간 평균치 20ppm 이하
질소산화물(NO)	연간 평균치 0.05ppm 이하/1시간 평균치 0.15ppm 이하
부유분진(TSP)	연간 평균치 150mg/m 이하/24시간 평균치 300mg/m 이하
옥시탄드(O)	연간평균치 0.02ppm 이하/1시간 평균치 0.1ppm 이하
탄화수소(H)	연간평균치 3ppm 이하/1시간 평균치 10ppm 이하

나) 인체에 미치는 영향

오염물질	기 준
아황산가스	호급기자극 증상, 목구멍에 점액 배출, 현저한 자극감 기침 유발
일산화탄소	체내 혈액 10% 기능상실, 격렬한 두통, 시각/정신 기능 장애
질소산화물	눈, 코 자극, 폐기관의 불쾌감, 중추신경 영향, 만성폐병 유발, 폐렴
부유분진	물건을 더럽히고 진폐증, 비타민 부족 질환
옥시탄드	폐 인후의 자극, 폐수종, 급성기관지염
탄화수소	호흡기 장애 및 암 유발

다. 토양오염

토양오염은 직접 인간에게 위해를 끼치지 않지만 농경지 토양의 오염은 농작물에 생육저해와 오염된 농작물을 섭취하는 인간에게 커다란 위해를 끼치는 간접오염

1) 토양오염의 원인

가) 자연수가 흐르는 과정에서 광산폐수, 공장폐수 또는 생활하수가 유입 혼합되는 경우에 수질오염이 발생

나) 공장매연, 자동차 배기가스 및 생활연소 등 대기오염을 통하여 동, 아연, 납, 카드뮴, 수은 등의 오염물질이 토양을 오염

다) 비료 등 농업용 자재의 지속적인 사용으로 분해되지 아니한 농약성분과 비료중의 유해불순물이 토양에 축적되는 경우가 있다.

라) 일반가정 폐기물과 산업폐기물은 매립지의 사후관리를 소홀히 함으로 인하여 지표수와 지하수의 오염이 결국은 토양을 오염시키게 된다.

2) 토양오염 영향

오염물질	영향	
	작물피해증상	건강장애
카드뮴	잎의 황백화, 벼 가지치기 억제, 뿌리 신장저해	급성 : 구토, 설사, 위염, 호흡 곤란 만성 : 인후염, 비염, 골격변화
수은	뿌리 신장 저해	급성 : 단백뇨, 신염, 구내염 만성: 구내염, 치내염, 기억력 불량
비소	뿌리 썩음, 새뿌리 발생 억제, 잎의 황화고사	급성 : 구토, 설사, 탈수증 만성 : 시각장애, 간경변
연	잎의 황백화	급성 : 복통, 구토, 설사, 배뇨이상 만성 : 식욕부진, 변비, 빈혈, 시력장애
은	원뿌리 신장저해, 작은뿌리 발생저해, 철 결핍 유발, 잎의 황백화	급성 : 점막자극, 구토, 설사, 간장장애 만성 : 간장장애, 소화관 자극
아연	새 잎의 황백화, 잎의 적갈색 반점	급성 : 피부변질, 탈모, 구토 만성 : 조사자료 없음

제3절 군 환경보전 활동

1. 수질환경 보전

가. 정화시설 설치

1) 정화시설 설치대상

구 분	대 상 시 설	범 위
일반시설	• 대대급 이상 막사 (특정지역 : 중대급 이상) • APT 30세대 이상	• 건축 연면적 485평 이상 (242평 이상)
복지시설	• 사단급 휴향소, 복지회관	• 건축바닥면적 12평이상
목욕탕시설	• 사령부급 독립목욕탕	• 건축바닥면적 61평이상
골프장	• 골프장 시설	• 18홀 이상

가) 상기 대상 시설중 거주인원이 50명 이하시 : 오수정화시설 미설치 가능
나) 상기범위 이하시설간이 정화시설 설치 또는 방류 가능

나. 폐수 정화 시설 설치

1) 정화시설 설치대상

구 분	대 상 시 설	범 위
세차장시설	• 보병연대급 이상 수송부 • 공병, 포병, 기갑대대급 이상 수송부	• 면적 6평 이상 • 용수 $2m^3$/일 이상

정비시설	• 정비 지원대급 이상	• 면적 70평 이상
세탁시설	• 사단 신교대, 훈련소	• 용수 $20m^3$ 이상 • 용수 $1m^3$/시간 이상
서비스업	• 야전병원 • 사진 현상소	• 병상 80개 이상 • X-ray 2세트 이상
사진업	• 사진 현상소	• 인화지 현상시설 1세트 이상
기타시설	• 학교, 화학실험소 • 인쇄창 / 지도창	• 특정 유해물질 폐수량 $0.1m^3$/시간 이상

가) 상기 범위 이하 시설 : 간이 정화시설 설치 또는 방류 가능

나) 팔당, 대청호 상수원 특별대책 지역

(1) Ⅰ권역 : 시설입지 불가

(2) Ⅱ권역 : 방류수질 B.O.D 30ppm이하로 정화시설 설치시 입지가능

다. 간이 정화시설 설치

1) 설치대상

가) 정화시설 설치대상 규모이하의 시설

나) 생물학적 산소요구량 제거율이 50%이내 방류되고 있는 시설

다) 각 부대에서 필요하다고 판단된 지역

2) 간이 하수처리장 설치(예)

가) 용 도

(1) 취사장, 식기 세척장 방류수 정화

(2) 이발소, 목욕탕, 세면장, BOQ, BEQ 방류수 정화

(3) 기타 영내에서 발생되는 오수 정화

나) 정화처리 절차

단　계	정 화 처 리
1단계 (그물망, 스폰지)	• 그물망에 의해서 고형물 제거 • 스폰지에 의해서 1차 여과
2단계 (막자갈, 스폰지)	• 자갈 표면에 부착 서식하는 미생물에 의해 하수 중에 있는 유기물 포착 분해 • 자갈 및 스폰지에 의해서 2차 여과
3단계 (콩 자 갈 망)	• 2차 여과조사에서 탈리되는 미생물막 여과 • 2차 여과조를 거친 하수 3차 여과
4단계 (모 래, 자 갈)	• 3차 여과조에서 탈리되는 미생물막 여과 • 3차 여과조를 거친 하수 4차 여과
5단계 (스 폰 지, 숯)	• 4차 여과조에서 탈리되는 미생물막 여과 • 4차 여과조를 거친 하수 5차 여과

다) 관리지침

(1) 물 사용하는 근원지에서 찌꺼기 전량 수거

(2) 수거된 찌꺼기는 퇴비로 활용

(3) 하수구가 막히지 않도록 수거망을 설치 전량 수거

(4) 정화시설 찌꺼기는 매일매일 수거

(5) 정화시설 모래, 자갈층 정화망은 정기적으로 교체 또는 세척 후 재투입

(6) 동절기에는 동결방지를 위하여 보온커버를 씌워 방한조치

(7) 정상적인 기능유지의 지속성을 위해서 여과 단계별 상단에 손잡이 부착된 거름망 비치(오물제거 용이)

(8) 간이 정화시설은 부대별 시험 또는 시범을 통하여 경제성과 효율성을 고려하여 효과적으로 설치 운용한다.

(9) 설계시 배수가 용이하도록 단계별 최대한 경사지게 설계하고 정화과정에서 발생된 찌꺼기 제거가 용이하도록 설계한다.

(10) 간이 정화시설은 부대별 시험 또는 시범을 통하여 발전된 방법을 창안하여 경제성과 효율성을 고려하여 효과적으로 설치 운용

라) 간이 유수(流水) 분리처리장 설치(예)

마) 용도 :

세차장, 장비고, 유류고 등에서 발생한 유수 혼합 방류수에 대한 유류 분리제거 및 부유물질 제거

바) 정화처리 절차

단계	정화처리
1단계	• 발생원에서 자동펌프로 1단계 시설로 유입
2,3,4,5단계	• 유수 분리
6단계	• 유수 완전분리 및 부유물질 제거 방류

사) 관리지침

(1) 유수 분리시설의 상단에 뜬 기름은 바가지, 뜰채를 이용 주기적으로 제거한다.

(2) 제거된 기름찌꺼기는 타 소각대상물에 뿌려 제거과정에서 유입된 수분을 건조후 타소각물과 동시 소각장에서 소각처리한다. 단 법정 소각시설 미 보유부대는 폐기물처리장으로 운반되어야 한다.

(3) 유수 분리처리장 설치시는 기존 배수로의 지표면보다 높게 설계

(4) 배수가 용이하도록 단계별로 경사지게 설계한다.

라. 수질오염 방지를 위한 실천사항

1) 정화시설 설치 확충

(1) 정화시설 설치 필수지역 우선 추진

(2) 민원 야기지역

(3) 특정 유해물질 배출부대

(4) 4대강 상류지역(한강, 낙동강, 영산강, 금강)

(5) 호수 및 청정지역

2) 각종 사업계획시 정화시설 설치 제도화(법규 기준에 의거)

3) 교외이전 및 창설부대 위치선정시 환경보전 관련성 검토 후 사업추진

※ 상수원 보호구역 등, 행정관서와 사전 협조

4) 군 특성에 적절한 모델개발 정화시설 설치

※ 관리, 기계조작, 부품교체 편리, 유지비 등 고려, 필요시 각 부대별로 간이 정화시설 설치(세차장 유수분리기 등)

5) 규정에 의한 정화시설 가동, 우기시 무단 방류 금지 : 오수, 폐수, 분뇨, 기타

6) 군사활동 훈련, 부대이동, 격오지 파견(장비운용) 등 계획수립시 위치선정 및 오염 유발요인 검토 철저 : 상수원 보호구역 등 제외

7) 정화시설 관리, 운용요원 임명, 교육

8) 하천 오염행위 안하기 운동 : 부대별 하천 오염행위 안하기 캠페인 전개(세차, 오물투기)

9) 합성세체 덜 쓰기 운동 : 세탁, 목욕, 세척시 합성세제 덜 쓰기 운동 전개로 생화 오염원 저감

10) 1부대 1하천 가꾸기 운동 전개

11) 사용한 수은건전지 수거 철저 : 시계 판매점 반납

12) 취사장, 식기세척장

가) 식기세척전 잔유물 제거, 잔유물 여과 철저, 합성세제 사용 최소화

13) 세면장, 목욕탕, 이발소 : 비누사용 최소화, 샤워위주 목욕

2. 대기 환경보전

가. 대기오염 방지시설 설치

1) 보일러 교체시 연소 보조장치 설치
2) 보일러 대기 배출 허용기준

구 분	오염물질	배출기준		
		'94이전	'95~'98	'99이후
가 스 상물질 (PPM)	암모니아	200	200	100
	일산화탄소	350	350	350
	황산화물	850(1,950)	540(1,950)	540(540)
	이황화탄소	30	30	30
	황화수소	15	15	15
	질소산화물	250	250	250
입자 상물질	먼 지 (mg/sm)	300	300	300
	악취(도)	2도 이하	2도 이하	2도 이하

※ 지역 : 저황류 사용지역 기준, (　) : 기타지역

나. 대기 환경보전 실천사항

1) 연탄사용자 완전건조 및 분진 최소화
2) 에어콘, 에어졸 사용 최소화
3) 비닐, 프라스틱 소각금지
4) 오염방지 시설 운용
5) 화재예방, 가연성, 불가연성, 재활용 쓰레기 분리수거
6) 차량 운행시 완전한 정비, 무연휘발유, LPG 사용 권장, 과속/과적 금지, 운행 최소화, 대중 교통수단 최대 이용

3. 야전지역 환경보존

가. 쓰레기 처리

악취나 벌레, 쥐가 꾀는 것을 방지하기 위해 음식 찌꺼기나 포장물 등을 자주 수거 처리하여야 한다. 또한 액체 및 고체쓰레기를 구분하여 정확하게 적법 처리하여야 한다.

1) 액체쓰레기

가) 배수통과 도량에 액체쓰레기를 폐기한다. 배수로와 도량은 거름장치를 설치하여 찌꺼기를 걸러내도록 한다.

나) 토양은 걸러진 액체 쓰레기를 흡수한다. 처리시설은 중대당 1개를 설치한다. 주둔기간이 2주일 이상이라고 판단되면 중대당 2개를 설치하여 격일제로 사용한다.

다) 지표주위가 방위나 진흙인 경우는 액체쓰레기의 흡수력이 약하므로 배수도랑을 파고 설치하는 것이 효과적이다.

2) 고체쓰레기

가) 소 각

(1) 소각시는 경사진 소각장이나 십자도랑 소각 장을 설치 운용한다.

(2) 젖은 쓰레기는 잘 타지 않는다. 따라서 고체쓰레기에서 수분을 제거하여야 한다. 젖은 쓰레기는 바닥에 구멍이 뚫린 200L드럼통과 같은 여과기에서 걸러서 수분을 제거 후에 소각한다.

(3) 소각시 플라스틱 및 고무 등 과도한 대기오염 발생품목을 제외한다.

(4) 전시에는 소각시 적의 위치탐지가 우려되므로 현지 매립하며, 캔이나 병 등은 납작하게 하여 부피를 줄여서 매립한다.

(5) 소각재는 완전하게 소각후 수질오염 방지를 위해 매립한다.

나) 매 립

(1) 평시 훈련시에는 현지 매립할 수 없다. 소각이 가능한 쓰레기는 소각처리하고 캔 및 병 등 소각이 불가능하거나 잘 타지 않는 쓰레기는 인가된 쓰레기 처리장에 보내져야 한다.

(2) 매립장은 취사와 식수로 사용될 수원으로부터 50m이상 이격

나. 철수시 준수사항

1) 야전지역 철수시는 야전시설 폐쇄에 따른 계획을 수립 시행
2) 훈련간 지면 굴토시는 원상 복구한다.
3) 훈련지역에 일체의 쓰레기 방치를 금하며, 쓰레기는 지방자치단체에서 운용하는 매립장에 운반되어야 한다.
4) 훈련종류 후에는 최종 병영생활지도를 통하여 환경 정리 상태를 점검한다.

제8장

시설 및 소파견지 관리

제8장 시설 및 소파견지 관리

제1절 시설관리

1. 시설점검 및 보수요령

가. 시설물관리

1) 시설관리 일반 심득사항

가) 시설물은 항상 사용 가능 상태로 유지
나) 임의로 용도 및 원형 변경 절대 불가, 주기적인 확인 점검 실시
다) 시설 관계서류 및 설계도면을 영구보존, 기록, 유지
라) 보수 및 정비는 해당분야 관리 기술병 또는 전문기술인 지원
마) 모든 시설물은 국유재산 관리 규정에 의거 재산등록이 되어야 하며 관리 책임자를 반드시 임명
바) 소방시설 및 방화기구를 비치, 시설물 관리에 대한 안전대책 강구

2) 시설물 관리 요령

가) 모든 건물에는 건물 일련번호를 부착한다.
나) 모든 건물에는 출입문 내부 좌측상단에 건물이력카드 함을 설치하여 이력카드를 비치하고 월 1회 이상 점검하여 기록 유지하여야 한다.
다) 건물이력카드 함에는 건물 또는 편의시설 이력카드 1부, 예방보수 점검카드 1부, 건물평면도(영구건물)가 비치되어야 한다.

라) 영내의 각종 건물에는 관리 책임자(방화, 건물)를 이명하고 건물 입구의 외부 상단에 다음과 같은 규격의 표찰을 부착해야 한다.

건물관리 책임자	
정	중대 행정 보급관
부	부 소대장

(가로:20cm, 세로:10cm)

방화 책임자	
정	중대 행정 보급관
부	부 소대장

(가로:20cm, 세로:10cm)

※ 백색 바탕에 흑색글자, 백색 바탕에 적색글자(단 "방화" 글자만)

마) 모든 건물에는 견고한 장금장치가 되어야 하며 열쇄관리에 있어서 주간에는 관계관, 야간에는 당직사관이 휴대하여 상호 인수인계

바) 중대 행정보급관은 시설을 수시 점검, 보수 조치하여야 하며 보수 결과를 건물 이력카드에 기록 유지하여야 한다.

사) 모든 건물에는 화재예방 또는 진압을 위하여 방화기구를 비치

아) 개인이 고의 또는 과실로 시설물을 파손시켰을 때는 개인이 변상

자) 점검시 착안할 사항

(1) 건물이력카드가 규정에 의거 비치되어 있으며 계획대로 점검하고 있는가?

(2) 출입문의 잠금장치는 되어 있는가?

(3) 폭우 폭설로부터 건물보호 대책은 되어 있는가?

(4) 관물대 및 침상 상태는 이상 없는가?

(5) 난방장치는 규정대로 설치되어 있는가?

(6) 전기시설은 완전한가? 방화대책은 완전한가?

(7) 건물의 지붕 물홈통의 집수구는 막힌 곳이 없으며 월 1회 이상 청소를 하였는가? 창문은 온전한가?

3) 건물파손 및 훼손사례

가) 부착물 부착을 위한 벽체 못박기

나) 열쇄 분실로 인한 시건장치 및 출입문(틀) 파손

다) 사용자의 부주의 및 주인의식 결여로 인한 훼손

라) 출입문(틀)의 무리한 작동

마) 칸막이 설치 및 해체 등 내부구조 임의 변경 행위

바) 비 기술자에 의한 개수 및 보수(구조, 색상 등) 행위
사) 침상에서 무리한 행동 또는 활동

나. 시설물관리 및 보수 책임

1) 시설관리 부대장 및 부사관 책임

가) 시설관리 부대장

(1) 시설관리 유지 전반에 대한 책임을 지며 건물별로 정·부를 임명
(2) 시설관리 전담 부사관의 활동 보장 및 여건 조성
(3) 대대(독립중대) 시설관리 부사관의 건의 내용에 대한 조치
(4) 예방보수를 효과적으로 시행하기 위하여 시설 관리내규를 작성 이행 및 감독

나) 대대(독립중대) 시설관리 부사관

(1) 대대(중대)의 전반적인 시설관리에 대한 지시 및 통제
(2) 대대 예방보수비의 소요 반영 및 사용계획수립 후 소요자재 구매 및 할당
(3) 중대 시설관리에 대한 점검 및 감독
(4) 월1회 시설관리상태 점거 및 결신 실시

다) 중대 시설관리 부사관

(1) 중대의 전반적인 시설관리에 대한 지시 및 통제
(2) 대대 예방보수비의 소요 반영 및 사용계획 수립 후 소요자재 구매 및 할당
(3) 중대 시설관리에 대한 점검 및 감독
(4) 월 1회 시설관리상태 점검 및 결산 실시
(5) 월1회 시설관리상태 점검 및 실시

라) 건물별 시설관리 부사관

(1) 해당 시설물의 관리에 대한 책임
(2) 해당 시설물의 격별 보수소요를 중대시설관리 부사관에게 반영
(3) 해당 시설물의 보수소요 발생시 능력 범위내 수리 및 보수
(4) 시설물 이력카드 기록 유지(건물 이력 카드, 예방정비 점검카드)

마) 편의시설 관리부사관

(1) 대대내 편의시설(보일러, 냉방기, 외부전기, 급수시설 등) 관리 유지

(2) 편의시설 예방보수비 소요 반영 및 사용 계획 수립

(3) 예방보수비를 초과하는 보수소요 발생시 대대 시설관리 부사관에게 건의

(4) 편의시설카드 기록 유지

2) 사용자(각 개인)

가) 책임장교 및 부사관의 지시에 따라 정비 및 보수

나) 부주의로 인한 파손은 개인 변상

다) 시설관리 내규 준수

라) 무자재 보수 책임(손질, 청소, 배수 등)

제2절 소파견지 관리

1. 시설점검 및 경계대책

가. 주요 조치사항

1) 전원관리

가) 누전차단기 및 휴즈 정격 용량 확인

(1) 규격전선 및 휴즈 사용

(2) 예비 휴즈 확보상태 확인 및 점검

(3) 전열기구 사용금지

나) 상전 두절시 축전지 전환

(1) 축전지 비중 주기적인 점검 및 보충

(2) 축전지 연결 상태 확인

(3) 축전지 정격 전압 주기적인 점검

다) 비상발전기 가동 및 비상연료 확보

라) 규정된 접지 및 피뢰침 관리

(1) 접지 용도별 규정 저항치 유지

(2) 피뢰침 이상유무 확인

2) 심정관리

가) 모터 펌프의 작동 여부 및 예방정비 실태 확인

나) 겨울철 동파 방지 및 과부하시 차단장치 점검

다) 물탱크 연결라인 및 물탱크 내부 점검

라) 고장시 급수지원을 위한 물 트레일러 협조 및 조치

3) 유류고 관리

가) 저장시설은 타 건물과 이격

나) 저장시설 20m이내 수목, 잡초 등을 제거, 방화지대설치

다) 야간 유류고 출입금지

라) 화재사고 예방대책 강구

(인화물질 휴대 금지, 방화사 및 소화기준비, 잠금장치 확인)

4) 탄약고 관리

가) 주기별 점검 및 기록 유지

나) 소화기 및 방화도구 비치

다) 잠금장치 및 비상벨 설치

라) 탄약고 열쇄는 간부가 직접관리

5) 경계대책

가) 자체 방호계획 수립 및 실시

(1) 제1지대 : 지역 군, 경, 예비군 부대와 협조 및 통신대책 강구

(2) 제2지대 : 가용인원 투입 주·야간초소운용 및 CCTV, 야간 경계 등 운용, 병력, 화력, 장애물 등으로 각종 방호 대책강구

(3) 제3지대 : 통신소 자체 인원으로 경계 병력 배치

나) 사계청소 및 불모지대 형성

다) 울타리 주변 철책, 목책 및 발성 장애물 설치

2. 기상 이변시 통신망 유지

가. 주요 조치사항

1) 낙뢰시 조치

가) 낙뢰시 장비 조작 금지

나) 유 · 무선사용 제한

(1) 최소한의 무선 사용

(2) FM자동 중계운용(낙뢰 위험 배제)

(3) 각종 안테나 이상유무 확인

다) 낙뢰가 심할 경우 안테나 인입선 제거

(1) 장비 전원 OFF(사전 지휘계통 보고)

(2) 전원 콘센트 제거

(3) 장비 안테나 케이블제거

라) 고가초소 근무자 철수

마) 낙뢰 예상지역 활동 금지

2) 폭우시 조치

가) 산사태 및 막사 붕괴 감시를 위한 경계병배치

(1) 경계병과 막사간 통신대책 강구

(2) 경계병 안전지대 위치

(3) 경계병 주기적인 교대

나) 대비를 위한 준비

(1) 총기, 탄약, 비문 지출

(2) 통신장비 및 개인 군장

다) 지속적인 강우량 파악 보고

라) 배수로 및 막사주변 물골작업(안전고려)

마) 주기적인 순찰실시(2인 1개조 편성 위험지역 회피)

바) 인원피해 예상시 안전지대 대피

(1) 주기적인 상황보고(지휘관, 지휘통제본부)

(2) 안전지대 대피시 유무선 통신대책 필히 강구

※ 안전지대에 유선망, 무선 안테나 인입선 사전 구성

3) 폭설시 조치

가) 안테나 주변 주기적인 제설 작업(안테나 쓰러짐 방지)

나) 막사 지붕 제설 작업(막사 붕괴 방지)

다) 진입로 제설 작업

(1) 부식 추진 불가시 비상식량 급식(장기화대비)

라) 헬기에 의한 추진대비 헬기장 작업

나. 사전준비 및 확인사항

1) 파견지 예비장비 확보

2) 규정된 접지상태 확인 점검

가) 주기적인 접지저항 점검

나) 장비 및 시설별 규정 저항치 유지

3) 피뢰침 설치 상태 주기적인 점검(지선 및 접지)

4) 비상전원 동작상태

5) 붕괴 및 침수 우려지역 사전 판단, 대피 장소 및 대피 우선순위 선정(인원, 총기, 탄약 순)

6) 긴급 복구조 출동태세 유지

7) 신속 정확한 상황보고 및 전파 체제 유지

8) 사전 충분한 안전교육

가) 통신근무자 안전조치 요령
나) 유 · 무선사용 요령
다) 낙뢰 유입 가능 시설 접촉 금지

3. 파견지 인원 및 장비관리 요령

가. 주요 조치사항

1) 일일점검 및 조치사항

가) 신상파악(개인 면담, 파견부대 동료)
나) 파견 대원간의 갈등해소 노력
(1) 화합을 위한 공감대 형성
(2) 정신교육 및 단결행사 실시
(3) 의사소통 활성화 분위기 조성
다) 개인 및 공동임무 명확한 구분
라) 주특기 수준유지 교육 계획 작성 및 시행
마) 비상약품 확보 및 활용 응급처치 요령 숙지 상태 확인
바) 신상에 이상 발견시 즉각 보고 후 교체
사) 통신장비 일일점검(장비 100% 가동상태 유지)
아) 장비 고장 발생시 즉각 보고 및 조치(예비장비 확보)
자) 암호장비 및 자재 일일 점검 실시
차) 장비 이상 전원 대책 확인(발전기 1일 1회 가동 상태 점검)
카) 우기 및 동계시 습기 및 동결 방지
타) 장비 접지상태 확인
파) 총기 및 탄약 일일 실셈확인 및 열쇠 직접관리

2) 인원 교대시 확인사항

가) 파견지 신상 파악 철저(건강상태, 주특기 능력, 개인 고민 등)
나) 파견 신고시 개인군장 및 장구류 확인
다) 개인 신상 기록표 복사 후 파견지 인계

라) 피 파견부대 지휘관 자에게 직접 인수인계
마) 복귀인원에 대한 개인 신상기록부 사본 인수
바) 복귀 인원에 대한 정비시간 보장
사) 복귀 후 개인면담실시, 애로 및 건의사항 수렴

3) 파견지 순찰시 확인사항

가) 표준일과표 및 자체 근무명령서 준수 상태
나) 개인 건강 및 위생상태 점검(이발 목욕, 세탁)
다) 개인 일용 품 및 봉급수령 상태
라) 주특기 교육 계획 수립 상태
마) 통신장비 및 발전기 가동상태 점검
바) 개인 면담 및 애로 및 건의사항 수렴
사) 암호장비 및 자재 이상유무 확인

제3절 월동 및 월화준비

1. 시행 준비사업

가. 월하, 월동을 위한 물자 및 장비의 보급, 정비, 치환
나. 시설과 냉·난방 시설 정비
다. 채난 및 냉·난방 시설 정비
라. 비상용 주·부식 및 연료의 확보 및 관리
마. 장병의 건강 및 위생관리
바. 월하, 월동기간 사용한 물자, 장비정비 및 저장관리
사. 기타 월하, 월동에 필요한 사항 전 분야

2. 월동준비

동계를 대비하여 인원, 장비, 물자, 시설 등을 부대임무 수행에 초점을 두고 효율적으로 부대를 운영하기 위하여 월동준비를 실시

가. 월동기간 : 10.1~익년 4.30(7개월)

1) 채난기간

구 분	1·3군	2군 및 한강이남
채난기간	11.1~익년 3.30(150)	11.16~ 3.15(120)
준한기	11.12 · 3월(90일)	11.16~ 12.31/ 익년 3.1~15일(60일)
혹한기	1 · 2월(60일)	

※ 채난기간(일정)은 지역특성에 따라 군사령관이 조정 운영
(군사령관이 장관급 지휘관에게 위임 가능)

나. 주요 조치사항

1) 부대에 필요한 계절성 소요물자를 보급건의 및 확보
2) 철저한 장비, 물자 시설 관리로 동파 방지
3) 병영/난방시설을 우선적으로 보수
4) 동절기 위험지역(빙판 형성지역, 급커브, 급경사지역)은 안전봉, 적설봉, 적사장을 설치 적설에 대비

다. 준비사항

1) 강설대책

싸리비	들것	넉가래	적설봉	안전봉	적사장
200개	10개	10개	각 진지/막사, 도로 담당구역	도로 담당 구역 급커브길	도로 담당 구역 (150m 1개소 설치)

2) 보온대책

가) 난로설치

(1) 난로 설치대는 함석을 입혀 인화 방지(모래 충만)
(2) 연통에는 방열판 부착 설치
(3) 연통 연결부분에 S자 고리 설치(유동방지)
(4) 난로별 방하수 및 방화사 준비
(5) 난로 책임자 임명 부착
(6) 난로 일일안전 점검표 기록 유지

나) 시설물

(1) 출입문 2중 설치 및 창문 방충망 설치
(2) 온도계비치(생활관당 1개)
(3) 배수 및 수도관 보온대책 강구(스치로폴 사용)

다) 비치물자 중 화생방 물자 생활관 보관(동파방지)

3) 전기누전 및 예방대책강구

가) 전기 인입선 점검
나) 각종 스위치 점검(상태불량교체, 예비휴즈 확보)
다) 전역기구 사용 통제(소대장 보관)

4) 월동 보수공사

가) 계획공사

모든 시설공사는 경빙기 이전에 시멘트 공사가 완료되어야 하며 불가피한 공사는 기술적인 검토와 세밀한 계획을 수립하여 시행한다.

나) 월동 보수공사

(1) 각종 위험물 예방공사
(2) 건물 창문 및 출입문 보수공사(방풍장치 설치)
(3) 건물 지붕 및 천정 보수공사
(4) 난방시설 및 보수공사
(5) 급수시설 동결 예방공사, 전기시설 보수공사
(6) 교육장 진입로 정비 및 유지

다) 강설 피해대책

(1) 재설 및 결빙으로 인한 진입로의 두절 예상지역 적사장을 설치한다.
(2) 피해 발생시 상급부대에서 긴급 보고한다(6하 원칙에 의거)

라) 방화대책

(1) 모든 부대는 방화대를 편성 훈련을 실시하고 월 1회 점검한다.
(2) 보일러, 난로 및 전기 등 화재원인이 되는 시설을 사용전에 안전성을 검사한다.
(3) 보유중인 소화기는 완전 충액 및 사용가능 상태로 유지한다.
(4) 누전방지를 위한 사전 대책을 강구한다. 나선부분 테이프 점검, 건물 인입부분의 전선에 애관을 사용하고, 규격휴즈 부착, 누전여부를 한전과 협조하여 점검해야 한다.

2. 월하준비

가. 월하기간 : 매년5.1~9.30(5개월)

나. 주요 월하품목

구분 / 품목	단 위	보 급 기 준	
		1인기준	사용기준
훈증기	개	0.1	6.1~9.30(4개월)
매트(60개)	갑	0.2/월	6.1~9.30(4개월)
모기향(10개)	갑	0.2/0.8	5.1~9.30(5개월)
분무식 살충제	통	0.21/월	5.1~9.30(5개월)
바르는 모기약(600ml) (사용월 6~9월)	• GP/GOP, 해안 경계, 매복 근무자 : 1인 월 0.5병 • 전투/전투지원부대 경계근무자 : 1인 월 0.05병 • 기타부대 경계근무자 : 1인 월 0.025병		

다. 주요조치사항

1) 월하 기간중 필요한 소요 물자의 사전 보급건의 및 확보
2) 월동장비 및 물자는 완벽한 정비를 실시한 후 포장하여 창고내 보관
3) 장마에 대한 붕괴 및 침수예상 지역 판단, 대책 강구
(진지, 막사 주변, 부대 활동지역, 훈련장 등)

라. 정비품목

1) 동계피복류

가) 개인피복 개인세탁 후 나프타린 삽입 후 보관
나) 부대피복 : 세탁 후 부대의 창고에 보관

2) 난로류

가) 부품별로 분리 손질하여 기름을 칠한 후 창고에 보관

나) 정비품/폐품 구분 반납

마. 탄약류

1) 탄약 치환, 통풍장치 점검 및 보수

2) 누수 및 탄약고 상태 점검

바. 기타 시설물 및 훈련장관리

1) 각종 전기시설 점검 의뢰

2) 우기대비 활동(시설물 누수여부, 고압선 통과지점 수목절단)

3) 위험지역, 유실 예상지역에 경고표지판 설치 및 보수

참고자료

참 고 자 료

제1절 전입신병지도

1. 신병 전입시 보직 절차

가. 신병 인도 - 소대 배치시 까지

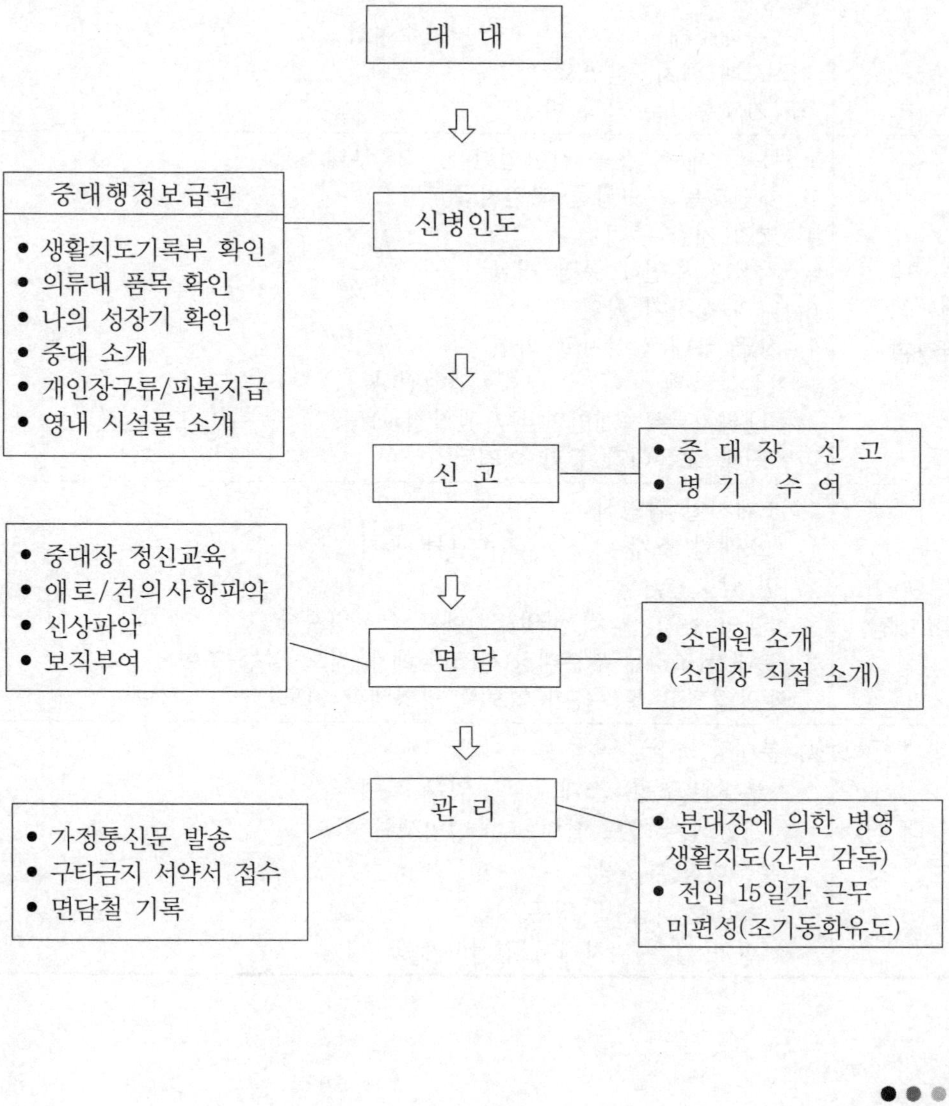

나. 각관의 임무

중대장	1. 신상파악 기초 자료 숙지 • 생활지도기록부 확인 - 신병 교육대 • 나의 성장기 확인 - 상급 지휘관 및 기타 의견 2. 소대배치 검토 • 주특기, 동기의식 고려 2명 이상 배치 3. 면담내용 구상 • 개인 성장환경/사회활동, 부모관계, 이성/ 친구관계/ 질병유무 4. 신 고 / 면 담 5. 중대 소개 • 중대소개 • 병기수여식 • 소대 배치, 환영사 6. 가정통신문 작성 발송
중 대 행 정 보급관	1. 목욕, 세탁, 옷을 갈아입힌다. 2. 부대소개 3. 개인피복 / 보급품 확인지급 4. 병기 지급 준비 5. 지참금 확인 / 통장 개설 6. 나의 성장기 확인 7. 상급 부대 신상자료 확인 • 신상명세서 • 인성검사 • 생활기록부 (개인면담 / 관찰결과) • 신병 교육대장 종합 의견서
소 대 장 (부소대장)	1. 소대전입 환영식 • 소대원 소개 • 관물 배치 2. 면 담 • 개인 능력, 성격 파악 • 애로 / 고민사항 3. 분대장(조장), 부분대장(부조장)에게 지도 임무 부여 ※ 안정되고 두려움이 없도록 병영생활 지도
분 대 장 (조 장)	1. 분대장(조장) • 분대원(조원) 소개 • 임무 부여 • 개인 임무카드 설명 • 병영생활 지도 2. 부분대장(부조장) • 보급품 지급 및 정돈 ※ 형과 같은 위치에서 친절하게

2. 세부 행동요령

가. 전입병 환영 행사를 실시하라.

1) 목 적

전입병 환영 행사의 목적은 새로 전입한 전우를 진심으로 환영해 줌으로써 사기를 앙양시키고 부대의 전통과 정신을 주입시켜 복무의욕을 고취시키는데 있다.

2) 전입 및 전역병에 대한 환영(송) 행사 요령은 그 부대의 임무와 상황에 따라 실시하되 간결하고 검소하면서도 당사자들로 하여금 자부심과 긍지를 가질 수 있도록 세심한 정성을 다해야 한다. 예를 들면 전 소대원이 집합한 가운데 간단한 기념품증정, 환영 또는 환송사 낭독, 박수, 도열 등을 들 수 있다.

3) 전입신병 환영행사 요령

가) 중대 행정보급관이 대대에서 중대로 인솔 및 간단한 부대 소개
나) 중대장 신고 및 병기수여식
다) 관물대 지정 및 명패 부착(환영식시 중대장이 직접 수여)
라) 총기 및 방독면 명찰 부착
마) 생활관 환영 및 자기 소개

나. 첫인상을 인상 깊게 하라.

1) 상관에게 느끼는 인상

"간부들이 좋아지면 군대도 좋아지고 간부들이 싫어지면 군대도 싫어진다." 신병에게는 상관이 곧 군대로 보인다.

2) 첫 인상의 중요성

신병 전입시는 불안, 초조, 궁금증이 고조되고 첫인상에 따라 더욱 불안해지거나 또는 안도감을 갖게 된다.(첫 인상은 강력하게 오래 느낀다.)

다. 첫인상을 인상 깊게 하기 위한 조치

1) 신병이 전입와서 대대 인사과에 대기하고 있으면, 중대에서는 신병이 중대에 도착하자마자 자신의 소속 분대로 갈 수 있도록 사전에 소대 및 부대배치를 완료해 놓아야 한다. 중대에 대기하는 시간이 길면 길수록 신병의 불안감은 증폭되고 그 와중에 선임병에 의한 신고 연습, 군가 가창 등 각종 부당한 행위가 강요될 수 있기 때문이다.
2) 대대 인사과에서 신병을 중대로 인솔해 올 때는 중대 행정보급관이 신병의 해당 분대장을 동행하고 가야 한다. 그 이유는 신병이 자대에 대한 불안감에 싸여 있을 때 처음 만난 사람이 자기에게 친절하게 대해 주면 차후 상의할 일이 있거나, 뭔가 알고 싶은 사항이 있으면 그 사람에게 문의를 하게 되기 때문이다. 따라서 전입시 분대장이 동행하는 것은 신병으로 하여금 분대장을 통하여 자신의 애로사항을 말할 수 있도록 하기 위함이다.
3) 신고는 중대장에게 한 번만 실시하는데 이때 소대장과 분대장이 배석하도록 한다. 분대장이 배석하는 이유는 신병이 느낄 때 분대장을 매우 높은 사람으로 인식시키며 분대장의 권위를 신장시키는데 도움이 되기 때문이다. 중대장의 신고가 끝나고 소대로 갈 때는 소대장이 직접 데리고 가며, 이때 분대장이 의류대를 메고 감으로써 신병의 분대장에 대한 친밀감을 유발시킬 수 있다.
4) 소대장은 신병을 소대원에게 소개하는데 이때 신병의 취미나 특기를 소개하면서 박수로 환영해 주고, 앞으로 편안한 마음으로 병영생활을 할 수 있도록 소대원에게 당부한다. 다음으로 관물배치를 할 때는 사전에 관물대를 준비해 놓고 필요한 장구류를 모두 갖춘 상태에서 소대장이 직접 관물대 명패를 부착해주며, 분대 선임병들이 의류대를 풀어서 관물을 정돈해 준다. 그러면 신병은 무서울 것으로만 생각했던 소대 선임병들에게 친근감을 느끼게 되며 소대에 대한 불안감이 해소되게 된다.
5) 관물배치가 끝나면 신병과 면담을 실시하는데, 사전에 신병의 신상명세서를 숙지한 상태에서 신상명세서를 보지 않고 자연스럽게 신병의 에로사항에 대해 물어봄으로써 신병으로 하여금 '자신에 대해 이 정도까지 관심을 가지고 있구나.'하고 느끼게 할 수 있다. 이와 같은 과정을 통해 신병의 불안감은 최단시간 내에 해소될 것이다.

3. 신병 지도요령

가. 전입신병은 심리상태가 불안하므로 불안감을 해소하고 자신의 고민을 허심탄회하게 이야기할 수 있도록 소대의 분위기를 조성하는 것이 신병의 소대 적응에 가장 관건이 되는 일이다.

나. 신병들이 처음 부대에 오게 되면 모든 것이 낯설은 새로운 환경이기 때문에 자신의 생활태도, 습관을 조속히 부대여건에 적응시켜야 한다.

다. 이러한 병사가 환경에 적응하면서 긴장을 풀고 입대전처럼 자신있게 행동하게 되려면 많은 시간을 요하게 된다.

<u>신병 지도요령</u>

- 소대원들의 따뜻한 환영으로 심적인 안정감 부여
- 보직 신고와 동시에 개인 면담 실시
- 신병 소개, 소대임무와 개인별 성격소개
- 학력, 소질, 취미, 지능, 적성, 능력에 부합된 임무 부여
- 원만한 인간관계 형성 분위기 조성(고운말 쓰기 운동)
- 신병의 참여의식 고취 및 열외 금지
- 선임병과 신병과의 조기동화방안 강구
- 교육훈련간 분대장에 의한 개별지도로 자신감 부여

4. 전입신병에게 발생할 수 있는 잘못된 관행 및 예방대책

가. 전입신병에게 발생할 수 있는 잘못된 관행

1) 신고연습 및 소대 신고

중대 행정병 혹은 소대 선인병에 의해 신고 연습을 시키는 경우가 있으며 그 와중에서 신고요령이 미숙하다는 이유로 목청이 쉬도록 연습을 시키고, 불량할 경우 군기교육을 시키는 사례가 발생한다. 그 와중에서 선임병은 장난기 어린 얼차려를 주거나 노래를 시키는 등 신병의 심적 부담을 가중시키는 행위를 한다.

2) 암기 강요

"암기 및 숙지사항 규제"에 보면 병사들의 암기사항은 없는 것으로 되어 있으나, 전입 신병에게 군 강령, 복무신조, 생활관 병서열, 중대/ 대대 지휘방침, 군가 등을 암기하도록 강요함으로써 신병에게 정신적 부담을 안겨줌은 물론 암기 상태가 불량하다는 이유로 자유시간, 취침시간 등에 얼차려를 가하는 경우가 있다.

3) 군기 교육

상병선에서 신병이 "눈치가 없다." "이유가 많다."는 이유로 집합을 시키면 일병의 중간계층에서 다시 한 번 집합을 시켜 똑같은 과정을 반복한다. 신병의 불안감을 가중시키고 급기야 무단이탈을 하는 사례까지 발생하게 된다.

나. 예방대책

1) 분대장에 의한 신병보호

가) 부대 건재에 의한 분대장과 분대원은 명령·복종 관계가 성립되나 선후임병간에는 같은 분대원이라도 성립되지 않는다. 그러나 후임병은 선인병에 대하여 상급자로서 깍듯한 군대예절을 갖추어야 한다.

나) 따라서 소대장은 신병이 전입오면 1차 면담을 하면서 상급자에 대한 예절을 갖추고, 신병다운 절도있는 동작을 하는 것이 소대 선임병들로부터 사랑을 받는 길임을 특별히 강조해야 하며, 분대장에게는 '분대원에 대한 보호책임'을 강조하는 등 명확한 임무를 부여해야 한다.

다) 분대장은 분대원을 교육하고 보호해야할 책임이 있다. 구타를 한 분대원의 분대장은 교육부실의 책임을 져야 하며, 구타를 당한 분대원의 분대장은 미보호 책임을 져야 한다.

라) 따라서 신병에 대한 교육과 보호의 책임은 1차적으로 분대장에게 있는 것이다. 신병 100일 관리에서 신병이 소대에 적응하고 자신감을 얻을 수 있을 때까지 분대장은 특별한 관심을 기울여 외부의 압력으로부터 신병을 보호하고 생활을 잘 해나갈 수 있도록 외부의 압력으로부터 신병을 보호하고 생활을 잘 해 나갈 수 있도록 방법을 교육해야 한다.

마) 분대장은 신병이 오면 식사, 교육훈련, 작업 등에 직접 데리고 다니면서 각종 요령을 교육하고, 군생활을 성공적으로 하기 위해서 가져야할 마음자세, 태도를 자상하게 알려주며, 어려운 일이 있을 때는 분대장에게 허심탄회하게 말할 수 있도록 분위기를 조성함으써 신병의 소대 적응에 결정적인 역할을 하게 된다.

제2절 신상 파악

1. 신상파악 내용

가. 성장환경

1) 가정적 배경 : 부모 결손 여부, 경제적, 가정분위기, 주변환경
2) 교육적 배경 : 학교 경력, 성적, 학업태도, 학교 친구 관계
3) 지역사회적 배경 : 입대전 직업, 교우 및 여가활용

나. 개인의 특성

1) 지능, 적성, 취미
2) 성격, 학력, 신체조건
3) 행동습성, 가치기준
4) 정신질환 유무

다. 생활 태도

1) 병영생활 태도
2) 교육훈련 태도
3) 임무수행 태도
4) 대인관계

라. 당면문제

1) 가정문제, 대인관계 문제
2) 건강문제, 신상문제(근무, 분대편성)
3) 이성문제, 부채문제
4)보직문제(주특기, 신체조건 등에 적합여부)

2. 신상파악 방법

면담, 사적인 대인관계, 지휘자(관)의 개별서신, 행동 관찰, 기록분석, 참모장교 조언, 기타 ⇒ 입체적, 지속적 파악

가. 면　담

1) 면담은 신상파악의 가장 일반적인 방법이다.

병사들을 정확히 이해하기 위해서는 군대안에서 일어나는 행동은 물론 일반 사회와 연결된 사생활에 관한 정보까지도 알아야한다. 그러므로 병사들의 사생활에 관한 정보, 이를테면 그의 가족사항, 성장과정, 가정의 생활정도, 이성관계 등을 세부적으로 파악해 두는 것이 매우 중요하다.

중대원과 면담을 해야할 시기

- 신병전입시
- 사건발생시
- 개인의 문제 해결 필요시
- 신상 유동 전후
- 보직부여 및 변경시
- 전역전
- 정기적 실태 파악시
- 부하의 행동 및 태도 변화시

면담시 면담자가 주의할 점

- 사무적인 인상을 주지 말 것
- 피상담자를 도와주려는 마음을 가질 것
- 피상담자의 장점 혹은 자랑거리로부터 면담을 시작할 것
- 피상담자의 약점을 들추지 말고 애로사항을 자세히 들을 것
- 면담 결과를 악용하지 말 것

2) 상담시 유의사항

- 긴장감 없는 분위기 조성
- 피상담자의 수준에 맞는 대화
- 말을 잘 들어주는 청취자
- 상담 목적 이탈 방지
- 친절한 태도
- 적절한 질문
- 서둘지 말 것
- 비밀유지

3) 정기 면담에 추가하여 수시 대화를 적극 활용하라.

개인면담을 충분히 하였다고 해서 그 병사의 전부를 충분히 이해했다고 생각

하는 것은 큰 잘못이다. 인간은 누구나 자기의 약점을 남에게 보이지 않으려는 속성이 있기 때문에 피상담자인 병사도 면담을 하면서 자신을 솔직하게 표현하지 않았을 가능성이 매우 높은 것이다.

(부)소대장은 교육훈련 도중, 자유시간 혹은 작업을 할 때 자연스럽게 다가가서 이런 저런 이야기를 하면서 그 병사의 마음상태를 꿰뚫어보아야 한다. 교육훈련이나 작업중 10분간 휴식을 할 때 "힘들지 이거 먹어" 하면서 빵이라도 하나 건네주거나, 혹은 담배라도 하나 주면서, "누구나 다 너처럼 어려운 때를 겪고 이 자리에 있는 거야" 하고 위로해 주면 이등병 같은 경우는 감격에 코끝이 찡하게 된다. 그 다음에 "그래 요즈음 가장 힘든게 뭐야?" 하면서 우회적으로 물어보면 솔직한 대답을 들을 수 있다.

4) 면담 후 사후조치에 만전을 기하라

가) 문제해결의 대략적인 일정을 알려주어라. 그렇지 않으면 그 병사는 의심을 품게 되며 간부들을 불신하게 된다.

나) 약속한 기일 내에 해결되지 않았을 시는 현재 진행사항을 알려주라. 만일 그 병사의 애로사항이 중대장의 위치에서 해결이 불가한 것이라면 중대장에게 조치를 건의하고 그 사항을 알려주어야 한다. 또 그 병사의 애로사항이 현행 규정과 방침상 해결 불가한 사안일 때는 그 내용을 이해하기 쉽게 설명해 주어야 한다.

다) 문제가 해결되면 그 병사와 재 면담을 통하여 전달하고 상황에 따라 충고, 또는 훈계 등으로 선도하라.

라) 면담부터 결과조치까지의 과정을 상세하게 생활지도기록부에 기록하라. 이는 문제가 일단락되더라도 정기적인 면담을 통하여 지속적인 격려와 관심을 표명함으로써 그 병사의 이탈을 방지하는데 도움이 되며, 그 병사가 전역하는 날까지 관심권에서 관리될 수 있기 때문이다.

5) 신상파악시 가족관계는 끝가지 추적해야 한다.

가) 편부/ 편모 : 언제, 어떤 이유로 사망 하였는가?

나) 어머니가 재혼했을 대 몇 살에 하였는가?

다) 그때 병사 나이는?

라) 의붓아버지와 이복형제와의 관계는?

나. 주변인물의 활용

1) 면담만으로는 개인의 모든 신상파악이 곤란하므로 부대 내 사적인 대인관계를 통해 추가적인 신상파악을 실시한다. 친한 전입동기에게 물어보거나 사회친구, 애인, 부모, 친인척 등에게 개별적으로 서신을 보내서 문의해 보거나 직접 만나서 이야기를 들어볼 수 있다.
2) 참모장교 및 병사들의 조언을 청취한다. 본인이 신앙심이 깊은 경우는 군목, 군종병 등 종교관련 종사자들에게 문의하면 평소 그가 종교활동을 하면서 나타낸 언행을 조언 받을 수 있다. 질병이나 신체적 결함으로 고민하는 병사라면 군의관 및 위생병을 통해서 조언을 구하고, 형사 및 민사사고에 관련되어 있을 경우는 법무관을 통해서 해결책을 조언 받을 수 있다.
3) 군종 장교(목사, 법사, 신부)와 군의관, 주임원사의 활동
   가) 군종병이 문제병사 인지시 군종장교에게 신속히 보고
   나) 연락처(전화번호)를 전 병사들에게 알려줌
   다) 필요시 상담할 수 있도록 조치
   라) 군종장교는 해당 지휘관 또는 지휘자에게 알려주는 체제를 강구

다. 공공기관의 활용

1) 공공기관을 이용한 신상 파악시는 꼭 필요한 경우에만 실시하여 불필요한 행정부담 및 민원의 소지를 방지해야 한다.

라. 행동관찰

1) 신상파악의 방법 중에서 가장 중요한 것은 행동관찰이다. 관찰은 단순히 보는 것이 아니라 "왜 그럴까?" 라는 문제 이면에 대한 깊은 탐구심을 가진 상태에서 보는 것이다.
2) 평소 부하들의 행동을 유심히 관찰하면 그 병사를 알기 위해 무엇이 필요한 것인지를 알 수 있게 된다. 즉 관찰 도중에 "면담을 해보아야겠다." "친구에게 자세한 내용을 물어보아야겠다." "공공기관에 신상을 알아보아야겠다." 등의 필요성을 느낄 수 있다.

3) 주요 관찰 대상자

가) 혼자 있기를 좋아하며 대화를 회피하는 병사
나) 환자가 아니면서 식사를 잘 하지 않는 병사
다) 매사에 흥미상실과 자신감이 결여된 병사
라) 비정상적인 행동이나 사소한 경우에도 과격하게 행동하는 병사
마) 특별한 사유 없이 조기 휴가귀대 병사
바) 염치가 좋고 붙임성이 좋은 병사
사) 거짓말을 하거나 사기성, 자기과장을 통한 열등감을 위장하는 병사
아) 전우의 환심을 사고자 용돈을 잘 쓰는 병사

마. 각종 기록 분석

1) 신상파악 단계에서 가장 먼저 이루어지는 중요한 방법

가) 신상명세서 : 가족관계, 교우관계, 경제적인 조건, 학력, 경력, 대인관계
나) 인사기록 : 전입, 보직, 진급, 휴가, 상 · 벌, 군사특기
다) 훈련기록 : 훈련과정, 훈련성격
라) 면담기록 : 가족사항 및 가정문제, 대인관계, 인사문제, 신병문제, 이성문제, 근무문제, 종교문제
마) 관찰기록 : 행동습관, 병영생활태도, 일상근무태도, 교육 및 훈련태도
바) 기타(나의 성장환경 등) : 본인이 처해있는 심리상태 및 문제점

2) 본인이 없을 때 수양록을 펼쳐보거나 본인에게 온 편지를 열어볼 수 있다. 그러나 이 방법은 개인이 알면 부정적으로 생각하게 되므로 불가피한 경우에 한하여 비밀리에 행해야 한다. 뿐만 아니라 모든 신상파악의 자료는 반드시 비밀을 보장할 수 있도록 해야 한다.

바. 기 타

1) 교우도식(Sociogram) 활용
2) 면회객(친구, 애인) 활용

3) 전역자 면담시 사심 없는 건의
4) 생체리듬(Biorythm) 활용

3. 신상파악간 유의사항

가. 면담시에는 상호 충분한 대화가 이루어질 수 있도록 부드러운 분위기를 조성한다.
나. 사적인 대인관계를 통한 신상파악시는 한, 두사람 파악내용에 의존하지 말고 복합적으로 파악해야 한다.
다. 공공 기관을 이용한 신상 파악시는 꼭 필요한 경우만 실시하여 불필요한 행정부담 및 민원소지를 제거한다.
라. 신상파악은 1회에 그치지 말고 지속적인 파악이 될 수 있도록 조치한다.
마. 모든 신상파악 자료는 관계자 이외에는 반드시 비밀을 보장할 수 있도록 조치해야 한다.

제3절 관심병사 유형별 지도요령

1. 관심병사 유형별 분류 대상

가. 보호 및 관심병사란 성격, 건강, 이성, 가정문제 등 애로 및 고민사항으로 군 생활에 잘 적응하지 못하여 다른 병사들보다 좀 더 관심을 가지고 지도하고 관리해야 하는 병사를 말한다.

나. 관심병사 분류 대상 및 분류시기

1) 주요 관심병사 분류 대상

가) 개인문제 : 이성문제, 성격장애 / 정신질환(마약, 변태포함), 질병, 신체허약

나) 부대문제 : 복무 부적응, 구타 가혹행위(인격모독, 성 군기위반), 집단소외(왕따)

다) 가정문제 : 가정환경, 부모불화 / 형제간 갈등

2) 분류시기

가) 전입시 가족 분석 및 면담결과 관심을 요할 경우

나) 참모 장교 및 병의 간접 면담 결과 관심을 요하는 병사

다) 휴가, 외출 및 외박 후 면담결과 이상 발견시

라) 기타 후송 복귀 등 주요 신상변동으로 관심을 요하는 경우

2. 유형별 지도요령

가. 이성문제 고민 병사

1) 원인

가) 입대 후에 애인이 변심을 한 경우

나) 좋아하지 않는 여자가 자주 찾아오거나 혹은 행패를 부리는 경우

다) 보고 싶은 애인이 자주 면회 오지 않아 불만이 쌓인 경우

라) 성관계를 한 여자가 임신을 한 경우

2) 특성

가) 마음의 평정을 잃고 불안한 모습을 보인다.

나) 밖으로 뛰쳐나가고 싶다는 말을 자주 한다.

다) 자포자기한 상태에서 사고를 일으키겠다는 의지를 표명하기도 한다.

3) 지도 방법

가) 인내의 중요함 교육
나) 애인에게 격려의 편지 유도
다) 거절시 이기적이고 사랑이 없는 여성으로 판단, 설득
라) 군 생활 21개월을 기다리지 못하는 여성은 인생에 도움이 않됨
마) 중대장은 병사의 입장에서 공감대를 형성하여 위로
바) 행정보급관등 나이 많은 간부를 통한 선도
사) 필요시 청원휴가 건의, 조치

나. 가정문제 고민 병사(편부, 편모, 계모, 형제간 갈등 및 극빈)

1) 병영생활에서 애정을 느끼도록 하라.
2) 가정통신문 발송으로 가족의 조력 및 협조를 구하라.
3) 의가사 전역 여부를 확인하라.
4) 가정이 극빈할 경우 단기복무 부사관 지원을 권유하거나, 전역후 곧바로 취업할 수 있도록 군에서 실시하는 각종 자격증 획득을 위한 국가고시에 응시하도록 권유하고 여건을 보장해 준다.

5) 지도 방법

가) 행복의 조건은 마음의 문제점
나) 젊었을 때의 경제적 어려움은 전역후 인생살이를 살찌우는 거름
다) 젊어서 자수성가한 기업인의 예를 들어 교육
라) 전역 후 성공적인 삶을 위해 최선을 다해 생활
마) 병영생활에서 애정을 느끼도록 전입동기와 분대장이 함께 고민
바) 가정통신문 발송으로 가족의 조력 및 협조
사) 의가사 전역 가능 여부 확인 / 조치
아) 각종 자격증 획득을 위한 국가고시 기회 부여

다. 신체허약자 및 고질적인 질병 보유자

1) 원인

가) 선천적인 신체허약

나) 입대전 고질적인 질병 (허리디스크, 신장염, 관절염 기타)

다) 내성적인 성격의 소유자로 패기와 의욕이 없고, 자신감이 없는 생활태도 유지

2) 지도 방법

가) 상태에 따라 적절하게 보호해 주어라. 교육훈련 및 병영생활에서 열외를 시키면 본인 스스로 환자라는 인식에 사로잡혀 정신적으로도 환자가 되어 버린다. 따라서 이들의 업무 한계(목표)를 상태에 따라 차등을 주어 선정하고 소대원에게 공포하여 전원이 인식하도록 해야 한다.

나) 군의관과 상의하여 환자의 진단결과에 따른 적절한 조치를 하라.

다) 단계적으로 치료하라. 일일 치료를 꾸준히 할 수 있도록 감독하고, 주 1회 외진을 통해 병원치료를 받도록 하라. 또 상태가 심하면 후송을 보내 병원에서 전문적인 치료를 받도록 할 수도 있다.

라) 지휘보고하여 육체적인 부담이 덜한 곳에서 복무할 수 있도록 보직을 조정해 주어라.

라. 전문가에게 의뢰할 병사

1) 마약 및 습관성 의약품 오·남용 예방책

가) 군내 마약 유입 흔적 발견

마약은 입대전에 복용하던 병사들이 휴가, 외출, 외박시에 복용을 하거나 복귀시 몰래 군내로 반입하는 경우가 있다. 주둔지 주변 사각지점을 순찰하면 그 흔적을 쉽게 발견할 수 있다.

나) 예방교육

(1) 휴가 출발전, 외출, 외박시 정신교육 호기심 또는 복무염증 탈피 목적으로 한 마약 흡입이 결국 인생을 불구로 만들게 됨

(2) 지휘관 / 군의관에 의한 마약류 특성과 해독성 교육
(3) 동료 병사 면담을 통한 복용 우려자 파악 및 수시 면담시 교육 / 확인

2) 지도 방법

가) 각종 향정신성 의약품을 반입하여 복용할 수 있으므로 병영생활지도시 또는 불시에 관물대를 확인해서 군에서 지급되지 아니한 약품을 감기약, 소화제 혹은 자신의 질병을 치료하기 위해서 장기 복용해야 한다는 명목으로 소지하고 있는 병사에 대해서는 즉시 악품을 회수해서 군의관에게 검사를 의뢰하여야 한다.

나) 정기 및 불시 병영생활지도시 마약, 본드, 부탄가스 및 각종 약품을 소지하고 있는가를 확인하여 회수 / 파기하며, 외출·외박·면회·휴가 복귀시 소지품 검사를 하여 상기 물품의 반입을 차단해야 한다. 중대에서는 장구류 보수를 위하여 본드를 구입하여 사용하고 있는바, 본드 흡입자는 대형 본드를 사용하므로 장구류 손질을 위한 본드는 튜브식으로 된 소형 본드를 사용하도록 하고 중대 행정보급관이 통제하여 일정한 장소에 보관하도록 한다. 부탄가스는 충성클럽에서 판매를 하고 있으나 병사들이 병영생활을 하면서 부탄가스를 사용할 일이 없으므로 병사들에게는 부탄가스를 판매하지 못하도록 하고, 주기적으로 충성클럽에 가서 부탄가스를 사가는 병사가 누구인가를 확인해서 그 용도를 자세히 조사해야 한다.

다) 마약류 사용자 발견시 조치

(1) 신속하게 지휘보고(보안유지)
(2) 전문가에게 의뢰
(3) 상태가 심할 경우 보호병사 처리지침에 의거 처리
(4) 상태가 경미할 경우(호기심에 의한 사용)는 마약류의 해독성에 대한 교육실시 및 지속적인 관찰대상자로 선정하여 관리

제4절 초임부사관 부대적응지도 및 관리

1. 개 요

가. 병 복무기간 단축으로 하사 편제가 증가되고 있음.

나. 따라서 육군은 초임 부사관에 대한 체계적인 부대 적응지도와 임무 수행능력 향상을 통해 중대급 이하 제대의 전투력 향상 대책을 강구하고자 함.

2. 교육 및 지도목표

가. 부대 전통의 창조적 계승자로서 사명감과 긍지를 함양

나. 병 기본, 주특기, 소부대 전투기술의 권위자가 되도록 행동으로 전수

다. 부대관리의 핵심 담당자로서 병력·장비·시설관리의 전문가가 되도록 현장 경험위주의 기법 전수

라. 군 간부로서의 자긍심과 명예심 함양, 계급과 직책에 맞는 행동 준수

※ 최하급 제대 지휘자로서 병사들과 함께 동고동락하면서 분(소)대원을 지도하고 훈련시키는 자신감 넘치는 분(부소)대장을 양성한다.

3. 중 점

가. 초임 부사관에 대한 부대적응 지도 및 능력향상 교육은 자대전입 후 부대별 임무와 훈련주기를 고려하여 3단계로 구분 시행한다.

구 분	1 단 계	2 단 계	3단 계
중 점	교관화 교육	부대관리 교육	임무 / 부대 적응
세 부 내 용	• 교관편성/ 임무 수행 자신감 함양 • 분야별 세부 지도 요령 숙지	• 부대관리 노하우 교육 / 자신감 함양 • 병영생활 지도능력 배양	• 임무/부대적응 자신감 함양 • 실무 수행능력 배양

※ 교육시기는 초임 부사관 전입시기를 고려 분기 1회 시행한다.

나. 각 단계별로 부대임무, 특성, 역사 및 전통을 교육 시킨다

다. 1단계 교육은 사·여단장 책임하에 양성과정에서 습득한 교관능력에 대한 실기·실습위주 교육과 아울러 각종 규정·방침등 분야별 임무수행 지침교육을 통해 교관으로서의 임무수행에 대한 자신감을 함양시킨다.

라. 2단계 교육은 연대장급 지휘관 책임하에 부대관리에 대한 주제발표 및 현장토의식 교육, 사례교육, 상담요령교육 등 다양한 부대관리 Know - How를 전수하여 병 생활 지도와 사고예방에 대한 사명감과 자신감을 함양시킨다.

마. 3단계 교육은 대대장급 지휘관 책임하에 주 단위 부대적응 및 실무능력 배양을 중점으로 체험 및 동참, 결산 및 토의 방식으로 현장적응 및 임무수행 능력을 극대화 한다.

바. 3단계 교육 종료 후 대대장급(독립 중대장) 지휘관 책임하에 성공적인 부대적응 여부를 평가하여, 이후부터 간부에 준하여 휴가제도를 적용한다.

※ 교육주관자(주임원사)는 단계별 교육종료시 평가결과 성과 달성이 미흡한 초임 부사관에 대하여 1주 단위 현지방문, 필요시 1일 단위 소집교육으로 보강교육을 실시한다.

사. 사단 ~ 대대장급 지휘관은 단계별 교육시 사명감 있고 능력 있는 교관을 편성하고, 매 분기 교육실시전 연구강의를 통해 교육준비 상태를 감독·점검하여 교육의 수준과 질을 유지한다.

※ 제대별 교관은 주임원사가 주도적으로 수행하며, 일반 참모 부서와 감찰, 헌병, 군종 등 전 부서를 망라하여 우수교관을 선정한다.

4. 단계별 세부 지침

가. 단계별 교육체계

※ 3단계 교육 종료시 평가결과 우수자에 한하여 위로휴가(4박 5일)를 부여할 수 있으며, 이후 간부 휴가제도 적용

나. 1단계 : 교관화 교육

1) 교육책임 및 주관

가) 사 · 여단장 책임하에 사 · 여단 사령부로 소집하여 집체교육을 실시함을 원칙으로 한다.

나) 사 · 여단 주임원사가 주관하여 교육을 실시한다.

2) 교육시기 및 기간

가) 사 · 여단장급 지휘관은 사·여단 참모장교 및 주임원사, 참모부 및 직할대 부사관 중에서 우수자를 선발 교관을 편성한다.

나) 사 · 여단장급 지휘관은 교육 개시 2주전까지 연구강의를 실시하여 교육 준비 상태를 점검한다.

다) 학급편성은 사·여단급을 기준으로 동시 전입자를 대상으로 편성함은 원칙으로 한다. 단, 부대운영을 고려하여 분기 단위로 통합할 수 있다.

4) 교육내용 및 방법

구 분	부대임무/특성, 역사 및 전통	규정 및 방침	병기본, 주특기, 편제화기/장비	연구강의
기 간	1일	2일	5일	2일
방 법	시청각 교육, 현장체험/답사	사례위주 강의/토의	시범/실습위주 교육	실습평가

가) 교육 개시전 소속부대에 주교관 임무수행 과목(과제)을 확인하여 연구강의 임무를 부여하고, 교육진행간 연구강의 준비를 자습교육으로 병행실시한다.

나) 장관급 지휘관은 부대임무 및 특성에 따라 교육내용 및 방법을 조정할 수 있다.

다) 연구강의 불합격에 대한 부담감을 해소토록 융통성 있게 시행한다.

5) 교육 평가

가) 사 · 여단장급 지휘관은 집체교육실시간 수시 및 관찰평가, 주 · 부교관 임무에 대한 연구강의 평가, 일과후 병영생활간 관찰평가를 종합, 분야별 합 · 불합격을 판정하고 우수자를 선발 · 포상한다.

나) 사 · 여단장급 주임원사는 불합격자에 대해 교육종료후 소속부대를 현지 방문하거나 여건을 고려 소집, 보강교육을 실시한다.

다. 2단계 : 부대 관리 교육

1) 교육책임 및 주관

가) 연대장급(독립 대대장) 지휘관 책임하에 연대 단위로 소집하여 집체교육을 실시함을 원칙으로 한다.

나) 연대 주임원사가 주관하여 교육을 실시한다.

2) 교육시기 및 기간

가) 사 · 여단이 1단계 교육을 실시한 후 연계하여 실시함을 원칙으로 하되, 전입시기와 부대운영을 고려하여 분기단위로 통합 실시할 수 있다.

나) 교육기관은 2주 교육을 원칙으로 하되 부대운영 및 특성을 고려하여 연대장급 지휘관이 조정할 수 있다.

3) 교관 및 학급 편성

가) 연대장급 지휘관은 연대 참모장교 및 주임원사, 참모부 및 직할대 부사관중에서 우수자를 선발 교관을 편성한다.

나) 연대장급 지휘관은 교육 개시 2주전까지 연구강의를 실시하여 교육준비 상태를 점검한다.

다) 학급편성은 연대급을 기준으로 동시 전입자를 대상으로 편성함을 원칙으로 한다. 단, 부대운용을 고려하여 분기단위로 통합 실시할 수 있다.

4) 교육내용 및 방법

구 분	부대임무 및 특성 /정신교육	규정 및 방침	부대 관리 분야			
			병력 관리	장비/ 보급품 관리	시설 관리	지휘통솔 /상담 기법
기 간	1일	1일	2일	2일	1일	3일
방 법	시청각, 현장체험	사례위주 강의/토의	강의, 주제발표, 사례위주 토의			

가) 교육 개시전 소속부대에 전입 후 보직을 확인하여 부대원 약식 신상명세서, 장비 및 보급품 목록 등을 숙지, 현장감 있는 교육을 실시한다.

나) 집체교육시 일과후 시간을 활용하여 연대 내에서 타 부대에 대한 동참근무식 순환근무를 실시하여 부대별 강약점등을 파악토록 하여, 부대에 대한 친숙도와 임무수행에 대한 자신감을 함양한다.

다) 연대장급 지휘관은 부대임무 및 특성에 따라 교육 내용 및 방법을 조정할 수 있다.

5) 교육 평가

가) 2단계 교육간 평가는 실시하지 않는다.

나) 단, 연대 주임원사 통제 하·부대관리의 제 분야에 대한 주제발표, 토의내용을 정리하여 임무수행 바인더를 보완시킨다.

라. 3단계 : 임무/부대적응

1) 교육책임 및 주관

가) 대대장급 지휘관 책임하에 현장교육 및 소집교육 실시한다.

나) 대대 주임원사가 주관하여 교육을 실시한다.

2) 교육시기 및 기간

가) 1 · 2단계 교육을 종료한 후 연계하여 실시함을 원칙으로 하되, 전입시기와 부대운영을 고려하여 1 · 2단계 교육, 전에 실시할 수 있다.

나) 교육기간은 8주 교육을 원칙으로 한다.

다) 교육시기와 기간은 부대운영 및 특성을 고려, 연대장급 지휘관 이 조정할 수 있다.

3) 교관 및 학급편성

가) 대대장급 지휘관은 대대, 주임원사, 대대 참모장교 및 부사관, 행정보급관 중에서 우수자를 선발 교관을 편성한다.

나) 대대장급 지휘관은 대대 주임원사 책임하에 참모부 부사관과 중대행정보급관을 일일 현장교육 및 지도 책임관으로 편성한다.

다) 대대 주임원사와 상사급 이상 경험 많은 부사관을 일일결산 및 토의 주관 책임관으로 편성한다.

라) 병기본 및 주특기 훈련을 담당하는 교관 중 대대 최우수 교관을 선발, 과목(과제)별 지도교관으로 편성 한다.

4) 교육내용 및 방법

가) 부대임무, 특성, 역사 및 전통에 대한 교육을 시청각 교육 및 현장답사 위주로 1일간 실시한다.

나) 교육훈련 및 부대관리 분야에 대하여 8주간 주단위로 중점관제를 선정하고 1일단위 현장 동참식 교육 및 지도를 실시한 후 일과 후 결산 및 토의를 실시한다.

다) 교육훈련 분야 주·부교관 임무수행 과목(과제)에 대하여 4주 이내 현장 연구강의를 실시하고, 분대 전술훈련 과제에 대하여 6주 이내 연구강의를 실시하고, 분대 전술훈련 과제에 대하여 6주 이내 연구강의를 실시하고, 차후 미흡 분야에 대해 지속적으로 보완한다.

라) 대대장급 지휘관은 부대임무 및 특성에 따라 교육내용 및 방법을 조정할 수 있으며, 개인별 능력과 부담감 등을 고려하여 융통성있게 연구강의를 실시할 수 있다.

5) 교육 평가

가) 대대장급 지휘관은 일일결산 및 토의, 연구강의 평가, 임무수행간 관찰 평가 결과를 종합, 분야별 합·불합격을 판정하고 결과를 아래와 같이 조치한다.

(1) 교육 우수자 : 포상/포상휴가(위로휴가 포함 5일)

(2) 단계별 교육 불합격 : 미흡분야 보완(질책보다는 자상한 지도)

나) 대대급 주임원사는 불합격자에 대해 미흡분야에 대한 단기집중교육을 실시하여 추적 조치한다.

5. 병영생활 통제

가. 병영생활은 육규 135(복무규정)에 의해 현역병 임관자는 3개월, 민간임관자는 6개월간 적용하고, 영내거주/영외거주는 아래와 같이 적용한다. 단, 영외거주 통제는 부대임무, 수행직책, 독신 숙소 여건 등을 고려하여 장관급 지휘관이 조정 및 통제 가능하다.

<table>
<tr><th colspan="2">구 분</th><th>①병영생활통제</th><th>②영내거주</th><th>③영외거주</th></tr>
<tr><td colspan="2">전문하사</td><td rowspan="2">3 개월</td><td>복무 잔여기간</td><td>·</td></tr>
<tr><td rowspan="2">단기
하사</td><td>현역</td><td>9개월</td><td rowspan="2">36개월</td></tr>
<tr><td>민간</td><td>6 개월</td><td>6개월</td></tr>
</table>

나. 세부 통제, 관리 기준은 다음과 같다.

<table>
<tr><th colspan="2">구 분</th><th>①병영생활통제</th><th>②영내거주</th><th>③영외거주</th></tr>
<tr><td colspan="2">기 준</td><td>통 제</td><td>부분통제</td><td>자 율</td></tr>
<tr><td colspan="2">장 소</td><td>통합막사 내</td><td>주둔지 내</td><td>주둔지내외</td></tr>
<tr><td rowspan="2">외출
외박</td><td>평일</td><td>금 지</td><td>승인 후 출타</td><td rowspan="6">간부 기준
적 용</td></tr>
<tr><td>휴일</td><td>1/3출타(승인 후)</td><td>당직계통통제</td></tr>
<tr><td colspan="2">식 사</td><td>병 식</td><td>병식(원칙)
* 간부식 가능</td></tr>
<tr><td rowspan="3">병영
생활</td><td>점 호</td><td rowspan="3">분대건제 유지
*표준일과표 준수</td><td rowspan="3">부대별 내규
적용
*당직계통 통제</td></tr>
<tr><td>일과표</td></tr>
<tr><td>병영생활</td></tr>
<tr><td colspan="2">휴가/보급품</td><td colspan="3">간부 기준 적용(현 방침 준수)</td></tr>
</table>

제5절 초임장교 부대적응지도 및 관리

1. 목 적

초임장교가 조기 부대 적응토록 전 부대가 공통적으로 적용할 수 있는 체계적인 방안을 제시하여 초임장교가 자신감을 가지고 부대를 지휘할 수 있도록 부대적응 및 지휘능력을 향상시키는데 있음.

2. 교육 및 지도목표

가. 목 표

초군반 과정의 병체험훈련 및 지휘실습과 부대배치후 집체교육 및 실무적응교육 내용을 연계하여 초임장교로 하여금 부대 조기 적응을 유도하고 자신 있게 지휘할 수 있는 능력을 부여

나. 초임장교 지휘능력 향상을 위해 단계별로 체계적인 적응교육을 실시한다.

1단계	2단계	3단계
병체험훈련 및 지휘실습(2주)	집체교육 (10일이내)	실무적응교육 (1개월이내)

다. 1단계는 병과학교 교육기간중 담임교관 및 학생대장 책임하에 실시하고 2·3 단계는 부대 전입 후 각각 사·여단장과 대대장(중대장) 책임하에 교육을 실시하며 매 단계별로 성과분석을 한다.

라. 각 부대는 제시된 단계별 교육중점 및 과제 중에서 부대별, 기능별 임무와 특성에 부합되는 교육 과제를 선정하여 집중교육을 실시한다.

마. 초임장교의 조기 부대적응 및 지휘능력 향상을 위해 제시된 단계별 「초임장교 부대적응지도 및 관리」 모델을 기준으로 제대별세부교육 계획을 수립하여 시행한다.

3. 세부내용

가. 단계별 관리 중점

1) 1단계 : 초군반 병체험훈련 및 지휘실습(2주)

가) 지휘실습간 단순 참관 및 견학 형식을 지양하고, 실습·체험·토의 및 성과분석으로 실전적인 교육성과를 달성한다.

나) 야전실무 기초교육 및 추가보완교육은 전담교관, 지휘실습은 대대장 책임하에 부임 예정부대(중대, 소대)에서 실시한다.

다) 중점 및 과제 : 붙임#1-1
(「초임장교 부대적응지도 및 관리」 모델) 참조

※ 부대 임무 및 특성을 고려 세부과제를 선정하여 부대별 자체 지휘실습 교육 계획을 수립하여 시행

라) 각 관의 임무

(1) 전담교관 : 지휘실습전 중점 및 과제에 대한 소개교육, 지휘 실습후 체험에 대한 토의 및 성과분석, 지휘구성 토의

(2) 대대장(중대장) : 세부 교육계획에 의거 체험위주 교육 시행

2) 2단계 : 실무부대 집체교육(10일 이내)

가) 집체교육은 10일 이내 사·여단장 책임하에 실시하되, 부대별, 병과 기능별, 임관구분별로 세부 교육계획을 수립하여 시행한다.

나) 중점 및 과제 : 붙임 #1-1
(「초임장교 부대적응지도 및 관리」 모델)참조

다) 상급부대(지휘관) 조치사항

(1) 전입 후 즉시 소대로 배치하여 소대장 이·취임식을 실시하고, 이후 사·여단에서 통제하여 집체교육을 실시하되, 다수교체가 이루어지는 시기(6월말)에는 지휘공백이 발생하지 않도록 A·B조로 구분하여 실시한다.

(2) 교육간 숙식을 포함한 각종 편의를 제공하고, 격려 및 자신감을 부여한다.

3) 3단계 : 실무부대 실무적응교육(1개월 이내)

가) 실무적응교육은 사·여단 집체교육후 대대장 및 중대장이 주관하여 1개월 이내 실시하고, 기간 종료시 대대장은 성과분석을 실시한다.

나) 기간 중 병 생활 이해 및 지도를 위해 생활관 동숙근무를 원칙으로 하며, 장관급 지휘관은 부대특성 및 개인능력을 고려하여 생활관 동숙근무 없이 기간을 연장할 수 있다.

다) 중점 및 과제 : 붙임#1-1
(「초임장교 부대적응지도 및 관리」 모델)참조

라) 상급부대(지휘관) 주요조치 사항

(1) 일일 및 주간단위로 토의 및 성과분석을 실시한다.

- 일일 : 중대장이 교육훈련성과분석 또는 상향식 일일 결산시 병행
- 주간 및 기간종료시 : 주 1회 대대장이 주관하여 성과분석, 실무적응교육 종료후에는 대대장 주관하 성과분석 및 간담회 / 격려하여 활동 실시

(2) 해당 지휘관(사·여단장~중대장)은 기간중 세심한 지휘관심을 갖고 격려, 자상한 배려 및 따뜻한 인간관계 유지로 심리적 안정 및 조기 적응유도와 더불어 지휘여건 보장대책을 강구하여 교육성과를 극대화한다.

붙임 #1 - 1

『초임 장교 부대적응지도 및 관리』 모델(예)

○ 1단계 : 초급반 병체험훈련 및 지휘실습(2주)

중 점	주 요 과 제
실병지휘	• 일조/일석점호, 병영생활 확인 지도 • 각종사격통제 • 공사/작업지도 • 각종 당직근무 • 교관 실습 및 5분대기조 소대장 역할 • 국지도발 대비훈련 • 체력단련(산악 급속행군)
기본 병원관리	• 신상파악 및 조치요령 • 신병, 보호 관심병사 관리 • 의사소통 방법 • 병 생활기록부 숙지(부임소대)
교육훈련 및 전투준비	• 작계지역 답사(진지/거점, 지형정찰) 및 주요 훈련장 견학 • 주특기, 전술훈련, 작계시행, 5분대기조 임무수행 • 교관실습(정신교육, 전투체육, 주특기 등) • 전투진지 공사 • 교보재 및 교탄 수불 절차
실 습	• 소부대 전투 기술 • 메모식 교안 작성 • 실습계획표 작성 • 현장지도 요령
체 험	• 경계/작전 책임지역 답사, 경계 체험 • 근무편성 및 신상파악 요령 • 불침범/주둔지 경계근무 • 편제 및 비편제 화기 조작 • 체력단련(급속/산악 행군)
복무계획 작 성	• 소대장으로서 갖추어야할 윤리/도덕관 • 초급간부 복무자세 • 소대장 복무계획서 작성 ※ 부임대대 배치시 제시 및 토의
토 의 및 보 완	• 체험간담회 및 성과분석 • 부대 유형별, 직책별 토의(각 병과학교) • 지휘구상 토의

※ 상급부대(지휘관) 주요 조치사항

○ 지휘실습전 : 중점 및 과제에 대한 소개교육(전담교관)

○ 지휘실습간 : 중점 및 과제에 대한 체험위주 교육(대대장)

○ 지휘실습후 : 체험에 대한 토의 및 성과분석, 지휘구상 토의(전담교관)

○ 2단계 : 실무부대 집체교육(10일 이내)

중 점	주 요 과 제
부대소개	• 부대 일반현황 및 작전계획 소개 • 부대의 강·약점 • 지휘관 지휘개념 및 강조사항, 상급부대 지시/강조사항
참모부 업무소개 및 실무교육	• 인사 : 규정/방침, 병영생활/복무규정, 군법교육, 부대관리 Know-How 123 병영생활 지도요령, 군 기강 및 사고예방 활동, 상담교육(면담기법) • 정보 : 보안규정, 적전술, 방첩교육(기무) • 작전 : 상황/당직근무요령, 즉각조치요령, 경계체험 • 군수 : 규정 및 방침, 보급품관리, 물자/장비/시설관리 • 교육 : 부대훈련지시, 교육훈련관리체계, 연구강의 교육 임무 수행능력 평가/보완교육 • 기타 : 체력단련(급속/산악 행군), 경리업무(소대지휘활동비 사용요령), 대적관교육, 군대예절, 충·효·예 교육, 고충처리교육, 인성교육(사회봉사활동), 각종규정(병 휴가, 봉급, 급양, 피복, 장비물자 기준)
실 습	• 취사장 운영/급양감독 • 연대 RCT 및 ATT등 주요훈련 참관 • 시범식교육 및 인접부대 견학 • 주요 훈련장, 각계지역 견학
지휘통솔	• 지휘통솔 및 신세대 지휘통솔기법, 소대장 임무수행 요령 ※ 중·소대장 지휘통솔 지침서 활용 • 선배장교와의 대화(지휘 성공사례) • 부사관과의대화(부대전통 및 병영관리) • 사고예방 교육 - 소대원 신상파악 및 보호관심사병 관리 및 면담 요령 - 일병휴가시까지 집중 관리 요령 - 자살사고 예방 지침서, 인격지도요령 교육 • 부소대장/분대장 활용 요령
부대특성별 직무교육	• GOP, 해·강안부대 : 경계실습 및 침투사례 분석 • FEBA부대 : 작계지역답사, 교육훈련실습 • 기계회부대 : 정비소개·편제장비 조작, 장비정비 실습, 밀폐/암중조종 실습 • 통원/향토부대 : 예비군 및 동원업무 • 포병부대 : TSFO(모의사탄관측)교육 견학 • 방공부대 : 방공무기 체계 및 방공작전 규정 • 공병부대 : 공사 감독요령, 공사현장 견학
복무계획 작 성	• 선배장교에 의한 집합, 음주, 집단외출 통제 • 정신교육 및 간담회(애로사항 접수, 자신감 부여) • 지휘관 주관 격려행사 실시

※ 상급부대(지휘관) 주요 조치사항

○ 집체교육기간 지휘공백 방지, 대리근무체계 유지

○ 지휘관 정신교육, 격려 및 자신감 부여

○ 3단계 : 실무 적응 교육(1개월 이내)

중 점	주 요 과 제
지휘기법 집중지도	○ 소대원 지휘기법 집중지도 • 병영문화혁신 추진내용, 소대 안전평가 및 조치방법 (병영부조리, 의사소통, 비공식 조직, 악습 등) • 신상파악, 신병 및 보호관심병사 관리요령 • 소대 사기 및 군기유지 방법 ○ 병영생활 지도 및 중·소대장 지휘통솔 지침서 활용 ○ 부대관리 Know-How 교육/활용, 사고예방지침 교육 ○ 지휘관 정신교육 및 토의 ○ 바람직한 인관관계를 위한 교육 • 공과 사의 구분 • 병, 부사관, 동료, 상급자와의 올바른 관계 형성
토의 및 Know-How 전 수	○ 전투준비 • 작계지역 확인(진지 및 거점 확인, 지형 정찰) • 전투 세부시행 규칙 숙지 • 임무수행철 숙지 및 활용 ○ 교육훈련 • 주특기 및 병 공통과제 • 정신교육 및 전투체육 지도 • 전술 및 작계시행 훈련 교육 • 사격통제 ○ 연구강의 • 소부대 전투기술 • 실습계획표 작성 • 편제화기 조작 능력

중 점	주 요 과 제
토의 및 Know-How 전 수	○ 병영저변 실태 파악 및 해소 • 병영생활지도 : 당직근무/점호행사, 불침번/경계근무 병영부조리 근절, 건강/환자 관리 • 보호관심병사 관리/지도, 상담 및 면담기법 • 구타 및 가혹행위 근절 : 발생원인, 색출방법, 근절방안 • 부대운영 : 공사/작업지도, 검열/측정수검, 환경관리/개선 • 시기/복지 : 외출 · 외박 및 휴가, 종교활동, 체육 및 여가활동복지시설 이용, 휴식/자유시간 보장, 동아리활동, 운동/오락 여건조성 • 급양감독, 총기/탄약관리, 불발탄 처리 ○ 부소대장/분대장의 근무여건 조성 • 부소대장에 대한 인격 존중, 권위신장 • 분대장에 대한 인격적 대우, 지휘권 보장
교관임무 수행능력 향 상	○ 교관임무 수행능력 평가 • 교육훈련 내용 숙지 및 준비 점검(일일결산) • 핵심과제 위주 집중교육 • 발표력 향상, 지도능력 중점교육 • 현장위주(실병지휘) 연구강의 ○ 교육훈련 및 전투지휘능력 향상 • 중 · 대대장의 경험적 Know-How 전수 • 행정부담 최소화 및 교육훈련 전념 풍토조성 ※ 자신감 부여에 중점

지휘통솔 능력향상	○ 지휘통솔 참여활동 평가 및 성과분석 • 업무현황 파악 및 복무의욕 고취 • 병영생활 지도기록부, 보호관심병사등 부대안전평가 결과 확인 • 선임소대장, 부사관 및 선임병과의 관계 확인 ○ 소대장 지휘여건 보장 • 소대장 길드리기 현상 여부 확인 조치 (제한요소 사전 제거) • 소대 장악여부 확인, 별도의 조치계획 수립 • 병 포상휴가 및 외출/외박 건의, 소대 지휘활동비 사용, 분대장 지휘활동비 사용 확인 등 ※ 권한과 책임 보장(신상필벌) ○ 인접부대 견학 기회 부여 • 인접 소대장과의 상호체험 및 실무 비교 토의 • 상호 격려, 동기유발 촉진 ○ 토의 및 간담회
기 타	○ 퇴근길 사생활 지도 ○ 교육 및 작업현황 지도, 격려 ○ 부대발전을 위한 제언, 애로 및 건의사항 수렴 및 조치

※ 상급부대(지휘관) 주요 조치사항

○ 기간내 병영생활 이해를 위한 생활관 동숙근무

○ 토의 및 성과분석

- 일일 : 중대장이 상향식 일일결산시 병행
- 주간 및 기간종료시 : 주1회 대대장이 주관하여 성과분석, 실무적응교육 종료후 지휘관 주관하 간담회/격려활동

제6절 자살 예방 지침서

1. 이 지침서의 발간 목적은 육군은 지휘관 및 간부들에게 자살에 대한 폭넓은 이해를 위한 지식과 자살사고 예방활동의 지침을 제공하기 위한 것이다.
2. 자살에 대한 대화는 대부분 기피한다. 왜냐하면 '삶의 가치에 대한 부인'하는 특이한 생각을 많은 사람들이 잘 이해하지 못하기 때문이다.
3. '자살적 행위(Suicidal behavior)'에 대한 자료는 생각보다 부족하다. '자살적 행위'란 자살시도, 자살 의사표시, 위협 및 자살충동 등의 포괄적인 행위를 말하는데, 연구기관의 자료에 의하면 실제 '자살적 행위'는 노출된 것보다 100배 정도 더 많을 것이라고 예상한다. 자살미수에 그친 사람들은 재시도를 막기 위해 치료 및 정신과 상담을 받아야 하지만 대부분 다시는 자살을 시도하지 않을 것으로 생각한다. 그러나 미수에 그친 사람들 중 25%는 재시도를 하게 된다.
4. 美육군 자살률은 미국사회와 대동소이하여 10만명당 19.6명 전후를 유지하고 있어 국가적 차원에서 운동을 전개하고 있다. 이에 따라 모든 장병들에게 상담과 정신과 치료를 확대시키고 치료를 받을 수 있는 방법과 절차를 교육시키고 있다. 이로 인해 초기 개입을 촉진시키고, 정신과 치료받도록 유도하고 있다.

가. 美육군에서 10년간 자살장병들을 분석한 결과

- 76%는 남녀관계에 심각한 문제를 갖고 있었다.
- 63%는 타인에게 자살을 할 의도를 알렸다.
- 53%는 자살 시 명백한 우울증 증상을 보였다.
- 43%는 업무관련 문제를 갖고 있었다.
- 32%는 약물중독 문제를 갖고 있었다.
- 23%는 금전적 문제를 갖고 있었다.
- 16%는 법적 문제를 갖고 있었다.
- 70%는 하나 이상의 문제를 갖고 있었다.

※ 이러한 사실들에도 불구하고, 겨우 20%의 장병만이 자살전에 정신과치료를 받았다.

나. 비록 우리 육군과의 환경은 다소 차이가 있을 수 있지만, 여자문제, 자살징후 표출, 우울증 증상을 대부분 가지고 있었으며, 70% 이상이 복합적인 문제를 가지고 있었다는 사실은 우리에게 시사하는 바가 크다.

5. 육군의 사망사고 감소 추세인 반면, 사망사고 중 자살의 비율은 꾸준히 증가추세를 보이고 있다.

[사망 / 자살사고 발생 현황]

구 분	98년	99년	00년	01년	02년	03년	04년	05년	06년	07년
사망사고	203	192	147	125	127	107	101	99	100	93
자살사고	75	84	66	60	66	53	53	51	66	68
비 율	37%	44%	45%	48%	52%	50%	52%	52%	61%	71%

6. 이는 육군이 사고예방 시스템을 발전시켜 왔고 지휘노력을 경주함으로써 사망사고를 줄이고 있지만, 사회의 자살 증가현상이 유입되는 것에 대한 대응은 다소 미흡한 것으로 분석된다.

※ 사회의 10만명당 자살률은 '00년 14.6명에서 '06년 23.0명으로 2배 가까이 증가하였고, 연평균 20%증가 추세를 보이고 있다.

7. 자살의 원인을 보면 복무부적응, 염세비관, 여자문제, 가정환경, 지병 등으로 다수 발생하였으나 대부분 우울증이나 성격결함이 복합적으로 작용하고 있다.

8. 수단별로는 목매어 사망, 총기사망, 음독 등 일시에 죽을 수 있는 수단을 택하고 있는데, '06년도 총기에 의한 자살사고가 급격히 증가된 것은 총기·탄약이라는 강력한 자살수단에 접근이 쉬워짐으로 인해 급증한 바, 자살수단을 제거하는 것이 중요하다.

9. 결과적으로 전 장병 교육을 통해 자살에 대한 이해를 넓혀 적극적인 초기 개입을 촉진시키고, 자살의 원인과 수단을 제거하는데 노력을 기울이며, 병영부조

리를 발본색원하여 '존중과 배려의 선진병영문화'를 정착한다면 혼자서 고민하고 자살의 원인과 수단을 제거하는데 노력을 기울이며, 병영부조리를 발본색원하여 '존중과 배려의 선진병영문화'를 정착한다면 혼자서 고민하고 자살을 시도하는 것을 최소화시킬 수 있을 것이다.

10. 군 복무간 자살하는 병사들이 개인적인 문제가 있었다 하더라도, 동료들의 따뜻한 위로와 사랑이 있었다면 예방되었을 경우도 많을 것이다.
11. 따라서 자살을 예방하기 위해서는 병영생활을 직접 지도하고 그들의 신상을 관리하는 대대장, 중대장, 소대장, 분대장을 비롯한 대대급 이하 제대 간부들의 역할이 매우 중요하다.
12. 이에 자살에 대해 각급제대 간부들이 알아야할 기초지식과 자살방지를 위해 간부들이 조치하고 행동해야 할 사항을 종합정리하여 지침서를 작성하게 되었다.

1. 자살에 대한 이해

가. 자살은 무엇인가?

자살은 한 개인이 의도적으로 자신의 삶을 끝내는 행위이다. 자살 행위에는 다음과 같은 것들이 포함된다.

• 심각한 자살충동 혹은 징후	• 자해행위
• 자살을 하려는 시도	• 자살

나. 왜 우리가 자살에 대해서 알아야 하는가?

누구든지 자살하려는 사람을 막아야 하는 상황에 처할 수 있다. 대부분의 자살이나 자살기도는 심각한 외로움, 無常, 무력감, 절망감 및 우울증에 의해 나타난다. 자살을 시도하기 전 다른 사람과 대화를 통해 도움을 구하려고 한다. 이러한 감정을 느끼는 사람들이 전문가의 도움을 받게 된다면 많은 자살시도를 예방할 수 있을 것이다.

다. 왜 사람들은 자살을 하는가?

1) 왜 사람은 자기 자신을 죽음으로 몰고 가는가? 심리적 고통이 자살의 가장 근원적인 이유이다. 자살이 행복이나 기쁨의 결과일리는 없다. 부정적인 감정이 자살을 야기한다. 자살은 종종 심리적 고통으로부터 벗어나기 위한 선택으로 여겨진다.

2) 자살을 이해하기 위해서, 우리는 먼저 심리적 고통을 이해해야 한다. 자살을 실제로 행하는 사람들은 벼랑 끝에 몰려 자살 외에는 대안이 없는 것처럼 느끼며 자살밖에는 선택의 여지가 없다고 생각한다.

가) 가장 큰 고통은 심리적 욕구의 좌절이다. 이러한 욕구는 성공하고자 하는 욕구, 성취하고자 하는 욕구, 친밀해지고자 하는 욕구, 해(害)를 피하고자 하는 욕구, 사랑받고 인정받고자 하는 욕구, 삶에 일어나는 일들을 이해하고자 하는 욕구 등이다.

나) 한 개인이 자살을 하고자 함은, 심리적 욕구가 거부되거나 좌절됨으로써 오는 고통에서 벗어나려고 하는 것이며, 자살의 심리적 욕구좌절은 대부분아래와 같은 경우이다.

- 사랑하는 사람들과의 관계가 단절되거나 그들이 죽었을 때
  ※ 삶의 비애와 상실감의 문제, 대인관계 소외감
- 자기가 수행한 직무의 결과가 기대했던 것에 못 미칠 때
  ※ 무능함에서 오는 자책감, 성취감 결여, 정체성의 문제
- 타의에 의해 새로운 환경에 적응해야 하는데 자신이 없는 경우
  ※ 부적응으로부터 기인하는 문제
- 사회적 지위 또는 재정적 상태에 심대한 타격을 입었을 때
- 과도한 화, 분노, 적개심 등

라. 군내 자살을 촉발하는 스트레스적인 상황에는 무엇이 있는가?

특정 계기가 자살을 유발하기도 하지만, 오히려 특정한 사건들은 자살이나 자살시도에 선행할 뿐이다. 양동이의 물을 넘치게 하는 한 방울의 물처럼, 이러한 사건은 불안한 심리상태, 개인적인 스트레스 극복스타일 또는 스트레스성 사건들의 축적으로 인해 이미 심약해진 사람을 결국 막다른 골목으로 몰아넣게 된다.

- 질책, 모욕, 부정적인 근무평가
- 가족, 친구, 여자친구와의 결별
- 고민을 털어 놓을 사람이 없을 경우
- 빈곤, 부채
- 좌절감 (예 : 직업, 진급, 애인관계 등)
- 처벌에 대한 두려움
- 우울증, 상담 / 정신과 치료 중단

마. 누가 자살을 하는가?

1) 우리나라 통계청 자료에 의하면, 10만명당 자살률이 26.1명으로 OECD 국가 중 1위를 차지하고 있으며, 매년 20% 이상의 증가추세를 보이고 있다. 그리고 남녀 자살률을 볼 때, 의외로 남성이 70%를 차지하고 있으며, 30~40대가 각각 20%로 높고, 50~60대는 각각 15% 전후, 10~20대는 각각 12% 전후의 비중을 차지한다.

바. 우울증과 절망이란 무엇인가?

1) 우울증은 친지의 죽음, 유전 혹은 신체상태 등으로 인해 야기되는 우울한 심리 상태를 일컫는다. 우울증을 앓고 있거나 절망한 사람들에게 삶은 견딜 수 없게만 보이며, 당사자는 모든 활동에 대한 흥미를 잃고 '삶으로부터 도피하려고 한다.' 우울한 사람들은 모든 일을 부정적으로 바라보며, 문제에 대처하는 효과적인 방법을 잘 생각해내지 못한다.

2) 절망은 영적, 관계상의 문제이다. 이는 종종 절대자 혹은 다른 이로부터 고립되었다는 느낌으로부터 기인한다. 절대자와의 연결은 사람들이 슬픔과 상실을 극복하는 능력에 있어 핵심적인 연결고리가 된다. 사람들이 믿음을 갖게 되면 긍정적인 세계관이 생겨나며, 이는 인생의 가장 절망적인 상황으로부터도 회복할 수 있도록 해 준다.

사. 우울증과 절망의 일반적인 증상은 어떠한가?

1) 우울증의 증상

가) 집중력이나 주의력, 기억력 혹은 명확히 사고하는 능력의 감퇴 (예 : 우유부단함)

나) 일반적인 오락이나 유희활동에 대한 관심 상실

다) 기력상실 혹은 만성적 피로, 말과 근육의 움직임이 느려짐

라) 효과성이나 생산성의 감소

마) 자신이 부적격이라거나 모든 게 부질없다는 생각

바) 수면습관의 변화 (불면증 혹은 계속 자고 싶어 함.)

사) 미래에 대한 비관적인 태도, 과거에 대한 부정적인 생각

아) 칭찬이나 보상에 기쁘게 반응하지 못함

자) 울먹이거나 울음을 터뜨림, 우울한 감정을 느낌

차) 최근 체중의 변화, 식욕감퇴, 체중의 증가 및 감소

타) 성욕의 감퇴,

파) 불안

2) 절망의 증상

가) 더 이상 아무런 대책이 없다고 생각한다.

나) 누구도 자신을 걱정해주지 않는다고 느낀다.

다) 내가 없으면 세상이 더 나아질 거라고 생각한다.

라) 나 자신과 다른 사람에 대한 통제력을 완전히 상실한다.

마) 죽음이 고통으로부터 벗어나는 유일한 방법이라고 생각한다.

아. 대부분의 자살이 갑작스러운 비극적사건에 의해서 야기되는가?

갑작스럽게 닥친 비극적인 사건이 자살을 촉발할 수는 있지만, 유일한 원인이 되지는 않는다. 여러 가지 다른 사건이나 감정들이 일정기간 누적되었을 가능성이 높다. 자살은 여러 가지 심적 동기가 복합적으로 작용하여 일어나게 된다. 그러나 자살하는 사람들 대부분은 스스로감당하기 어려운 외로움 속에서 자기 자신이 희망도 없고, 가치도 없고 도와줄 사람도 없는 상태라고 느낄 때 이러한 상황에서 탈출하기 위한 마지막 방법으로 자살을 선택하게 된다.

Tip!!!

<u>우리나라 자살에 대한 데이터</u>

- 연간 35만명이 자살을 시도하고, 11,000여명이 자살로 사망
- 매일 960명이 자살시도, 30명이 자살로 사망
- 1분 30초마다 1명이 자살시도, 48분마다 1명이 자살
- 자살로 인한 사망은 매주 대구 지하철 참사를 겪는 숫자
- 20대 및 30대의 사망원인 1위가 자살
- 2000년대 들어서 매년 자살률 20% 증가
- OECD국가 중 자살률 1위

2. 자살에 대한 오해

자살에 대한 잘못된 믿음과 진실을 정확히 아는 것이 중요하다. 이러한 것들이 자살을 하려는 사람에 대한 다른 사람들의 태도나 조치에 영향을 미치기 때문이다. 특히 잘못된 믿음들은 적절한 조치를 취하지 않게 하는 요인이 되므로 아래 표에서 제시하는 잘못된 믿음을 없애도록 하는 장병교육이 필요하다.

〈자살에 관한 잘못된 믿음과 진실〉

구분	잘못된 믿음	정 당 화	진 실
1	대부분의 자살은 사전 경고 없이 발생한다.	자살을 예상할 수 없기 때문에, 누구도 그것을 막을 수 없다.	대부분의 사람들은 그들을 자살로 내모는 사건들에 대해서 본인이 어떻게 느끼고 있는지 또 어떻게 하고자 하는지에 대해 사전경고를 보낸다. 이러한 사전경고 혹은 도움을 요청하는 행위 등은 직접적인 요청, 신체상의 징후, 감정적 반응 혹은 행동으로 드러난다. 이들은 고통을 회피하거나, 긴장을 해소하거나, 통제를 유지하거나 혹은 상실감을 달래는 수단으로 자살을 감행할지 모른다는 신호를 보낸다.
2	자살 위험에 처한 사람과 자살에 대한 얘기를 해서는 안된다. 왜냐하면 그 사람이 실제 자살을 감행하도록 충동할 수 있기 때문이다.	그저 모른 척 하는 것이 최상이다.	자살에 대해서 얘기하는 것은 위험을 촉발하거나 증가시키지 않는다. 오히려 위험을 감소시킨다. 자살의도가 있는지 알아보는 최선의 방법은 직접 물어보는 것이다. 누군가의 자살충동에 대해서 솔직하게 물어보고 진심으로 걱정을 해주는 것은 당사자에게 큰 위안이 되며 종종 임박한 자살위험을 방지하는 결정적인 원인이 된다. 자살이라는 주제를 회피하는 것은 오히려 자살을 부추기는 것이다. 무작정 회피하기만 하면 위험에 처한 사람은 더 외롭다고 느끼게 되며, 도움을 줄 수 있는 사람을 찾으려는 노력도 포기하게 만든다.
3	자살에 대해서 대놓고 말하는 사람은 실제로 자살을 하지 않을 것이다.	자살에 대해서 대놓고 말하는 사람에 대해서는 걱정할 필요가 없다.	실제로 자살을 감행하는 사람은 보통 자살전에 직접적이나 간접적으로 자신의 의도에 대해서 얘기한다. 자살을 하는 5명 중 4명이 자살 전에 타인과 어떤 형태로든 자살에 대해서 얘기한다. 사람들이 이러한 말을 심각하게 받아들이지 않기 때문에, 자살사고를 막을 수 있는 기회를 놓치는 것이다.

4	치명적이지 않은 행동들은 단지 관심을 끌기 위한 행동일 뿐이다.	이러한 행동들은 그저 무시하거나 아니면 처벌해야 한다.	몇몇 사람들은 자살의 행위 혹은 자살 의사 표시를 통해 타인에게 도움을 요청한다. 만약 이 때 적적한 도움을 받지 못할 경우, 도움을 받고 싶다는 생각을 하던 당사자는 이제 앞으로 절대 도움을 받을 수 없을 거라는 절망에 빠지게 된다. 또한 죽음까지는 생각하지 않았던 사람도 쉽게 죽어버리겠다는 생각을 하게 된다. 자살충동이나 행위들을 통해 타인의 도움을 요청하는 것이 옳지 않다는 판단 아래 이를 처벌하는 것은 매우 위험하다. 처벌은 종종 의도했던 것과는 정반대의 결과를 낳기 때문이다. 문제의 해결을 돕거나, 문제해결을 위한 다른 방법을 찾도록 도와주는 것이 자살행위를 감소시키는 데 있어서 훨씬 더 효과적이다.
5	자살을 시도하는 사람은 정말로 죽고 싶은 사람이다.	이런 사람들을 도와 봐야 소용없다. 이들은 자살에 성공할 때까지 계속 자살을 시도할 것이다.	자살행위를 하는 사람들 대부분은 실제로 죽는 순간까지 자신의 실제 의도에 대한 확신을 갖지 못한다. 자살을 하겠다는 결심을 하거나 자신의 삶을 끝내버리겠다는 생각을 완전히 굳히는 사람은 거의 없다. 대부분의 사람들은 다른사람들이 도와주겠다고 개입할 경우 그것을 받아들이며, 때로는 강제로 개입할 경우에도 이를 받아들인다. 자살행위를 하는 대부분의 사람들은 결국은 어떻게든 삶을 지속시킬 방법을 찾아낸다.
6	한번 자살미수에 그친 사람은 다시는 자살을 시도하지 않을 것이다.	이제는 더 이상 걱정할 필요가 없다. 당사자는 자살미수만으로 충분히 만족했을 것이다.	자살을 시도하는 많은 사람들이 실제 죽음에까지 이르지 않는 것이 사실이지만, 많은 사람들이 재차 자살을 시도한다. 자살미수를 경험한 사람들의 자살률은 일반인보다 50배나 높다. 자살자의 50%는 이전에 자살을 시도했던 경험이 있었다.

7	자살을 하려는 사람들의 요구는 너무 심각해서 나로서는 도저히 어떻게 할 수가 없다.	이들은 내가 할 수 있는 것 이상을 요구하기 때문에 오직 전문가만이 이들을 도울 수 있다.	자살행위를 하는 사람이 많듯이 자살행위의 배경에도 많은 이유가 있다. 이 많은 사람들에게 모두 적용되는 일반적인 원칙을 굳이 찾아보면, 자살은 아주 복잡한 원인을 갖고 있다는 것 하나 뿐일 것이다. 그러나 한 개인의 자살행위를 이해하고 이에 반응하는 데에 자살동기나 자살충동의 배경에 대한 깊은 이해가 필요한 것은 아니다. 그 사람이 말하는 것에 대해 관심을 보여주고, 이를 심각하게 받아들이며 지원을 해 주고, 도움을 주는 것으로 충분하다. 많은 사람들은 이런 식의 응급조치나 즉각적인 도움이 없었기 때문에 자살을 감행하고 만다.
8	우울해 하던 사람이 돌연 기분이 좋아 보이면, 자살의 위험은 지나간 것이다.	이제 많이 좋아졌다. 다시는 자살하지 않을 것이므로 자살에 대해서 얘기 하거나 이들을 주시할 필요가 없다.	기분전환의 결과는 두 가지 방향으로 나아갈 수 있다. 1) 완전히 회복하거나 혹은 2) 삶과 죽음의 경계에서 갈등하다가 죽음으로 완전히 넘어갔기 때문에 위험이 더욱 증가한다. 또한 중증 우울증에 빠진 사람은 자살을 감행할 힘조차 없을 수 있다. 우울증이 일시적으로 완화됨에 따라서 자살감행에 필요한 힘을 회복하고, 삶을 계속할 이유가 없다는 절망감에 굴복할 수 있다. 혹은 회복을 위한 지원이 성급하게 없어짐에 따라 지속적인 회복이 되지 않을 수 있다. 솔직하게, 직접적으로 자살에 대해서 얘기하는 것이야 말로 어떤 방향으로 흘러가고 있는지를 판단하는 유일한 방법이다.
9	자살위기 이후의 증상 개선은 자살위험이 사라졌다는 뜻이다.	이제 모두 긴장을 풀고 자살문제에 대해서는 신경을 쓰지 않아도 된다.	많은 자살이 일시적 "증상개선" 이후에 일어난다. 자살 충동이 재발하기 때문이다. 자살위기 이후 적어도 3개월 간은 해당인원에게 특별한 주의를 기울여야 한다. 전문가들은 이 기간동안에 특별히 환자들을 진료하는데, 이를 통해 우울증, 절망감 혹은 불안의 정도가 증가하지 않는지 확인한다.
10	한번 자살 하려고 하는 사람은 평생 자살을 하려 할 것이다.	자살충동을 없애거나, 자살소동 후에 당사자를 정상적인 임무로 복귀시키는 것은 불가능하다.	대부분의 자살위기는 적절한 도움만 주어진다면, 시간이 지남에 따라 진정되고 지나간다. 그러나 만약 감정적 번민이 계속되고, 도움마저도 주어지지 않는다면, 추가적인 자살행위의 위험은 계속 존재한다. 당사자가 일상으로 복귀한 후에도 전문적인 도움이 지속되어야 한다.

3. 병사들은 왜 자살하는가?

가. 우리 병사들이 자살하는 원인도 한마디로 요약할 수는 없다. 병사들은 자신들의 희망과는 관계없이 일정기간 군 복무를 해야하고, 군 복무는 필연적으로 인내와 절제, 복종, 사회와 단절된 생활 등을 요구하게 된다. 이러한 상황들은 병사들이 받는 스트레스의 주요인이 된다.

나. 위와 같은 병영생활의 특성을 토대로 병사들의 자살 원인을 분석해 보면 그 공통점은 아래와 같다.

• 현재의 병영생활을 더 이상 감당할 능력이 없고, 의미도 없다고 느끼는 경우 • 군 복무 기간 중 개인 또는 가정적인 환경변화가 발생하여 본인 스스로 이를 해결하거나 누구의 도움도 받을 수 없는 상태라고 판단하는 경우 등

다. 병사들은 병영생활 도중 상급자로부터 인격적으로 모욕감을 느끼는 언행을 당했을 때, 동료들로부터 따돌림을 당했을 때, 상급자로부터 신체적 고통(구타/가혹행위, 성추행 등)을 당했을 때, 스스로 부대 업무·훈련 등을 감당할 수 없을 때 자살을 선택하게 된다.

『부대관계 자살사고 사례』

내 용	비 고
• 한 자살병사는 수양록에 『난 어리버리하다. 죽어서도 탈출하고 싶은 군대. 적성에 정말 안맞다』 등 군복무의 어려움을 기록하였고, 육군수첩에 『어머니, 죄송합니다. 전 살아갈 가치가 없는 놈입니다.』 라는 유서형태의 메모를 남겼으나 자살자의 주변 동료들은 전혀 인지하지 못하였음.	복 무 부적응

• 한 이병은 부대원들의 왕따, 군 생활 부적응 등을 고민하다 휴가 중 자살하였는데, 수양록에 『고민을 말해도 나에게 관심 없고 무조건 참으라 한다. 동료들도 벌레 보듯하고 모두에게 왕따 당해 힘들다. 포대장·대대장에게 고민을 털어놓았더니 부대에 소문이 퍼져 왕따가 된 것이다. 내가 의지할 곳은 죽음밖에 없다.』는 내용이 글을 남겼음.	따돌림, 부적응, 면담기법 부족
• 한 일병은 선임병 병장 등 3명의 잦은 폭행과 가혹행위가 힘들어 자살하였는데, 입대전 부친이 암으로 사망한 것에 대한 슬픔이 있었으며, 사고자는 수양록에 『이제 얼마 후면 세상과 안녕, 선임병 갈굼에 점점 미쳐, 군대 정말 싫다. 내 장례식은 간소하게, 화장해서 바다에 뿌려줘』 등 유서 형식의 메모를 남김	선임병 횡 포

라. 또한 병사들은 군 복무간 부모의 관계 악화(이혼, 별거 등) 부모·형제·친구·애인의 사망, 여자친구의 변심 등의 상황이 발생하여 군인의 신분으로 스스로 이를 해결할 수 없는 무력감에 빠질 때 자살을 시도한다.

『부대관계 자살사고 사례』

내 용	비 고
• 상병은 10세 때 부모이혼, 입대 전 누나 가출, 부친의 주벽 등의 가정환경을 비관해오다 정기휴가 중, 애인이 자신의 친구와 사귀는 것을 알고 삶의 희망을 잃고 자살함.	부모이혼, 애인변심
• 상병이 입대 전부터 장래를 약속하고 사귀어오던 애인이 자살한 것에 충격을 받고 휴가 중 죽은 애인의 49제를 지낸뒤 『아버지 정말 죄송하네요. 꽃이 시들기 전에 떠나고 싶어요』 라는 내용의 유서를 남기고 자살함.	애인자살

라. 결론적으로 병사들은 비정상적인 병영생활에서 발생하는 스트레스 개인·가정적인 고민, 우울증 등이 복합적인 원인이 되어 자살을 시도하게 되는 것이다. 그러나 일·이등병이 자살병사의 대부분을 차지하는 것을 볼 때 군복무 환경과 자살이 무관하지 않다는데 간부들은 유념해야 할 것이다.

○ TIP ! ! !

> 청소년 자살의 특징
>
> - 자살시도율이 가장 높은 시기가 청소년기이다.
> - 자기 나름대로의 분명한 자살 동기가 있다.
> - 남을 조정하려는 의도, 자신에게 부당하게 대했다고 생각하는 가족이나 청소년들은 충동성이 강해 순간적으로 자살하려는 경우가 많다.
> - 정보화세대인 청소년들은 인터넷 자살 사이트 등을 통한 동반자살 이나 모방 자살에 관심을 가진다.
> - 목맨, 추락, 투신 등 쉽게 선택할 수 있는 방법을 통한 자살이 늘어나는 추세이다.
> - 판타치 소설 등의 영향으로 현실의 고통을 벗어나 가상 세계 혹은 사후 세계에서 문제를 해결하려는 생각을 갖고 있다.

1. 전문가 의견/사례

가. 전문가의 연구결과에 의하면 사람들은 자기 인생의 단지 짧은 기간 동안 자살을 생각한다고 한다. 따라서 병사가 자살을 생각하는 동안 자살을 생각한다고 한다. 따라서 병사가 자살을 생각하는 동안 적절한 조언이나 도움을 받아 그 위기를 넘긴다면 그 병사는 다시는 자살하지 않고 주어진 삶을 충실하게 살아 갈 수 있을 것이다.

나. 美육군의 연구에 의하면 병사들의 자살은 아래와 같은 경우에 증가하거나 감소하였다고 한다.

1) 병사들의 자살이 증가하는 경우

가) 간부들이 병사에게 책임을 전가하거나 굴욕감을 느끼게 하는 행동을 했을 때

나) 간부들이 병사들의 관심사와 어려운 점에 대해 무관심 하거나 충분하게 그 내용을 알고 있지 못할 때

다) 간부들이 자살에 대한 징후를 잘 모르고, 위험에 처한 병사를 식별해 내지 못했을 때

라) 간부들이 도움을 요청하는 병사들의 행동을 무시하거나, 상담/치료를 요하는 병사들을 질책할 때

마) 간부들이 자살방지 프로그램을 알지 못하고 시행하지 않을 때

2) 병사들의 자살이 감소하는 경우

가) 부대 장병이 화합하고 단결할 때

나) 간부들이 자살예방 프로그램을 가지고 정기적으로 시행할 때

다) 간부들이 병사들에게 자살징후를 알게 하고, 동료의 자살 징후를 발견했을 때 어떻게 행동할 것인가를 주기적으로 교육했을 때

라) 간부들이 위험에 처한 병사를 식별할 수 있을 때

마) 간부들이 어려움에 처한 동료를 돕는 병사를 격려하고 용기를 북돋아 줄 때

다. 위에서 살펴본 바와 같이 자살은 예방할 수 있다. 특히 간부들이 평소 부하들에게 얼마만큼 신뢰감을 주고 병사들의 자살징후를 어떻게 식별해 내며, 식별된 자살우려자를 어떻게 조치·관리하느냐에 따라 우리 병사들은 죽음을 택할 수도 또는 새로운 삶을 선택할 수도 있는 것이다.

2. 자살징후자를 어떻게 식별할 것인가?

가. 통계에 의하면 자살자의 경우 80% 이상이 자살을 시도하기 전 어떤 형태로든 자살의사를 밝히고 있으며, 이는 자신의 자살에 동의를 구하는 행위이고 주변의 도움을 요청하는 신호이다. 나머지 20% 미만은 급격한 상황의 악화

또는 자존감에 심대한 타격을 입었을 때 순간적으로 이성을 잃고 스스로 목숨을 끊는 경우에 속한다.

나. 따라서 자살사고 예방은 ① 자살 징후를 어떻게 식별해 내고, ② 그 자살징후에 대해 간부에게 얼마나 신속하게 보고되느냐! ③ 해당 간부는 얼마나 적절한 조치를 취하느냐! 하는 것에서 출발한다.

다. 지휘관(자)은 부하 장병에게 자살징후에 대하여 주기적으로 교육해야 한다. 자살자가 자살을 시도하기 전 주변동료들에게 도움을 요청했음에도 불구하고 동료들이 이를 알아채지 못하거나, 무심하게 받아 들여 자살자의 죽음을 방치했음을 적절한 사례를 통하여 강조해야 한다.

라. 동료들에 의해 식별된 자살징후는 즉시 지휘계통으로 보고되도록 의사소통체계를 구축해야 한다.

1) 이를 위해 각급 제대는 상향식 일일결산, 분대장 관찰보고, 계층별 간담회 등이 실질적으로 이루어지도록 해야 하며

2) 자살우려자 또는 자살징후를 발견한 병사가 전화, e-mail 등을 이용하여 쉽게 지휘관(자)에게 보고할 수 있도록 조치해야 한다.

3) 한편, 각급제대 지휘관(자) 및 상담관들은 자살징후 보고를 기다리는 것이 아니라 자살우려자를 적극적으로 찾아 나서야 한다. 훈련장, 근무지, 경계초소, 생활관, 식당 등지에서의 관찰과 진솔한 대화는 자살우려자를 식별해 내는 좋은 수단이 된다.

마. 각급 부대는 화장실, 창고 등 구석진 곳에 사랑의 우체통을 설치하고, 개인 애로사항이나 발견된 자살징후 등을 이곳을 통해 보고할 수 있도록 조치하며, 1일 1회 이상 소대장 또는 중대장이 직접 확인해야 한다. (다양한 의사소통 채널 구축)

바. 각급 부대는 부대관리 주(週)를 이용하여 월 1회 자살징후 발견을 위한 설문을 주기적으로 실시하여야 한다.

사. 인정검사 자료를 활용하여 부대 내 왕따 병사와 복무부적응자 중에서 중대장, 대대장이 자살우려자를 식별해내야 한다.

아. 자살징후의 식별 및 신속한 보고를 위해 가장 중요한 것은 지휘관(자) 및 간

부에 대한 병사들의 신뢰도이다. 보고된 자살징후는 어떤 이유로도 무시되어서는 안되며 대대장까지 즉각 보고되어야 하고, 적절한 조치와 관리를 통해 자살우려자가 보호되어야 한다.

자. 자살의 특징적인 징후(긴급한 의사표시로 받아들여야 한다.)

[군에서 자살징후를 보인 사례]

자살위협	• 주위 사람들에게 직·간접적으로 죽음을 표현, 암시한다. "넌 군대생활 잘해라, 저 세상에서 다시 보자, 그동안 고마웠다" 등 • 유서를 작성한다.
죽음에 대한 집착	• 소중히 여기던 물건을 나누어 준다. • 죽음에 관한 말을 하고 책을 읽거나 쓴다. • 죽은 사람을 추억하거나, 죽음을 주제로 한 무엇을 만들거나 그린다. • 자신이 죽고 난 뒤의 일들을 준비한다.
행 동, 성 격, 감정변화	• 우울증, 심한 절망감이나 무력감을 호소한다. • 태도가 위축되고 스스로 자신을 주변으로부터 고립시킨다. • 평상시에 즐기던 취미에 관심이 줄거나 참여하지 않는다. • 위험한 행동을 자초한다. • 알코올 또는 약물 사용이 늘어난다. • 업무에 성실성이 떨어진다. • 외모가 갑자기 변한다. • 갑자기 체중과 식욕이 줄거나 늘어난다. • 집중력이 떨어지고 이성적인 판단력이 떨어진다. • 불면증이 있거나 갑자기 숙면을 취하게 된다. • 감정 기복이 심해지며 극도의 불안 또는 공격성을 보인다. • 말이 없어지고 침울해 한다. • 이유를 알 수 없는 두통, 빈혈, 메스꺼움을 호소한다. • 질병에 대한 과장된 공포를 갖는다. • 자주 울음을 터뜨린다. • 낮은 자존감, 자책감을 갖는다.

[군에서 자살징후를 보인 사례]

내 용	비 고
1. 한 병장은 자살하기 한달 전부터 "분대장으로 한 것이 없다. 사회에 나가 새로운 사람을 만나는 것이 두렵다." 등 자신을 자책하는 말을 소대장과 주변 동료들에게 하였으며, 자살 2일 전부터 "자살할 것 같다, 그동안 미안했다."등의 말을 동료들에게 하였음.	우울증, 무기력
2. 휴가 미귀 군무이탈 후 짝사랑하던 누나에게 "누나 곁을 떠나고 싶어요" 라는 유서를 남기고 민간아파트에서 투신 사망한 일병은 동료에게 "같이 죽자"라는 말과, "인생이란 쓸쓸함 그 자체 아니겠어, 바람이다. 나그네다." 등 삶을 비관하는 말을 자주 하였음. ※ 그러나 부대에서는 자살우려자로 관리하지 않았음.	삶을 비관, 죽음 동경
3. 총기 자살한 일병은 평소 동료들에게 "애인에게 다른 남자가 있어 고민이다."고 하였으며, 자살 15일 전에 "여자 친구와 깨지면 나는 죽을지도 몰라"고 하였음. 또한 자살 4시간 전에 동료에게 휴가비로 쓰라고 2만원을 주는데 동료가 받지 않다 "다시는 이런 기회가 없을 텐데"라는 등 자살을 암시했으며, 자살 전 하루 종일 혼자 줄담배를 피웠음.	의욕상실, 물건(돈) 양도

자. 자살 징후자에 대한 최초 대처법

1) 만약 누군가가 자살할 위험에 처해있다고 의심이 간다면(위에서 언급된 사전 징후를 포착하였거나 아니면 당사자가 자살충동이나 계획에 대해서 털어놓았다면), 당신은 그들에게 필요한 도움을 주어야 한다. 당신의 간섭으로 인해서 화를 낼 것이라고 걱정할지 모른다. 하지만 이러한 걱정들은 제대로 대처하지 않았을 경우 발생하는 결과(즉, 죽음)에 대해서는 아무것도 아니다. 위험을 과소평가하기 보다는 과민 반응하는 것이 낫다.
2) 가능하다면 당사자에게 당신이 그들의 자살이나 자해 가능성에 대해서 걱정하고 있다는 것을 말해주고 도움을 주도록 하며, 이러한 문제를 즉각 조치

가능한 간부에게 알린다. 예를 들어, (부)소대장, 행정보급관, 군종장교 혹은 중대장에게 알린다.

차. 하지 말하야 할 것

1) 자신만의 비밀로 숨겨놓지 말라, 의심이 가는 사항에 대해서는 다른 사람에게도 말해라.
2) 자살적 행위를 할 위험에 처해 있다고 의심이 가는 사람과 얘기할 때에는,
   가) 그 인원의 말에 충격 받았다는 듯이 행동하지 마라.
   나) 다투거나 설득하려 하지 마라.
   다) 자해의 부도덕성에 대해서 논쟁하거나, 다른 사람들이 얼마나 상처받을지에 대해서 얘기하지 마라.
   라) 자살유발 동기에 대해 임의 해석하지 마라.(예를 들어서, “너는 아마도 이러 이러하기 때문에 기분이 상한 것일 뿐이야.”)
   마) 그 인원을 놀라게 하거나 충동질하지 마라. (예를 들어, “자살 할 테면 해봐.”라고 말하는 것. 이런 것은 영화에서만 통하는 것이다!)

3. 자살우려자를 어떻게 보호 · 관리할 것인가?

가. 자살징후를 심각하게 받아들여라

1) 우리는 일상적인 병영생활 속에서 많은 병사들이 아무 의도 없이 힘들다는 표현을 ‘죽고싶다’라 말로 하는 것을볼 수 있다. 따라서 ‘죽고싶다’라는 말 한마디로 자살징후라고 확신하기는 어렵다. 그러나 간부는 식별되는 모든 자살징후를 결코 무시하지 말고 즉시 대처해야 함은 물론 부하들에게 즉시 보고토록 교육해야 한다.
2) 0000년 발생한 자살사고를 조사 및 분석한 결과 전체 자살자의 70% 이상이 자살 전에 그 징후를 보인 것으로 나타났다. 지휘관(자) 및 간부들이 자살예방을 본연의임무로 생각하고 적극적으로 대처했었더라면 많은 부하들의 소중한 생명을 구할 수 있었을 것이다.

나. 즉각 조치해야 할 사항을 우선 조치하라

1) 자살징후가 식별되면 최소한 대대장급까지 즉각 보고되어야 한다.
2) 지휘관(자)은 자살징후가 식별되면 자살우려자의 절친한 동료나 책임감이 강한 간부에게 관찰임무를 부여하여 자살우려자의 행동을 탐지하고 자살을 방지할 수 있도록 한다. 관찰자로 임명받은 간부 또는 병은 화장실까지도 함께 가는 적극성을 가져야 한다.
3) 한편 자살우려자의 주변에 자살할 수 있는 도구(끈, 약, 탄약 등)를 모두 제거해야 한다.
4) 특별히 자살방지 교육을 수료한 군종장교 또는 군의관에게 신속하게 도움을 요청한다.
5) 지휘관이 판단하기에 병사 자신이 심각하게 자살위험을 느끼고 있다면 우선 병원에 보내 위험한 상황을 피할 수 있도록 조치해야 한다.

다. 위험한 고비를 넘겼다면 장기적인 보호대책을 강구하라

1) 주기적인 면담을 통해 혼자가 아니라는 것을 자주 인식시켜라

가) 자살을 생각하고 있는 병사는 진실로 마음 아파하고 고민하고 있는 중이다. 따라서 문제가 무엇이든 간에 자살우려자의 이야기를 들어주고 이해하고 동정하는 측은한 마음을 유지하면서 대화를 하는 것이 중요하다.

> ※ 미국 에드윈 슈나이드만(Ed Schneidman)박사는
> “인간이해(Human Understanding)는 자살에 대한 가장 효과적인 무기다.”라고 말하여 자살하고자 하는 사람의 고통을 이해하고 아는 것이 자살방지를 위해 매우 중요한 요소임을 강조하였다.

나) 한편 면담은 시간과 장소, 형식에 얽매이지 말고 가능한 한 자연스러운 분위기를 연출하도록 해야 한다. 예를 들어 근무지에 찾아가거나, 취침 전·후의 시간을 이용해도 효과적일 것이다.

2) 부모 · 애인 · 친구들과 연계하여 관리하라

가) 자살우려자에게 필요한 것은 따끔한 충고가 아니고 의지할 수 있는 안식처와 삶의 대한 희망을 발견하게 해주는 것이다. 따라서 자살우려자가 평소 그리워하고 의지하는 부모·애인·친구들의 관심과 격려는 통제된 軍생활 속에서 새로운 희망을 발견하고 삶에 대한 애착을 갖게 할 것이다.

나) 다만, 결손가정, 내성적 성격 등으로 마땅히 의지가 될 만한 가족 · 애인 · 친구가 없는 경우에는 대대장, 중대장, 소대장, 분대장 또는 군종장교 중에서 자살우려자가 믿고 따르는 간부가 그 역할을 해주어야 한다. 책임 있는 간부가 부모, 애인, 친구의 역할을 해야 한다.

3) 「비전캠프」에 입소시켜라

가) 지휘관(자)은 자살우려자를 비전캠프에 입소시켜 자기 자신을 돌아보고 자존감을 향상시킬 기회를 부여하라.

나) 비전캠프 진행간 지휘관(자)이 약간의 다과를 준비하여 현장을 찾아가 따뜻한 정을 나눈다면 자살우려자의 마음을 열게 하는 등의 효과가 있을 것이다.

다) 주의해야할 점은 비전캠프가 자살우려자를 모범병사로 만드는 것이 아니라는 것이다. 비전캠프 수료 이후에도 군종 및 지휘계통에서 지속적인 관심과 대화가 계속되어야 한다.

라) 필요할 경우 「포스트 비전캠프」에 입소 또는 전문 상담관과의 상담 등을 통해 자살심리를 치료하고, 마음의 변화를 일으켜 주도록 노력해야 한다.

4) 휴가복귀 전 부모 및 자살우려자와 통화하고 부모가 동반하여 복귀토록 유도하라.

가) 자살우려자들은 휴가복귀 일자가 다가오면 상당한 심리적 압박을 받을 것이다. 따라서, 휴가복귀 1일 전쯤에 부모와 통화하여 자살우려자와 함께 부대까지 동행해 줄 것을 당부하고 자살우려자에게는 부대의 근황을 알려주면서 심리적 안정을 취할 수 있도록 해야 한다.

나) 특히 신병 100일 휴가를 마치고 귀대하는 이등병의 경우 부대생활에 따른 심적 부담감은 근무이탈의 원인이 될 수 있고, 나아가 군무이탈에 따른 죄의식, 처벌우려, 자책감 등은 자살로 연결될 수 있기 때문에 더욱 부모와 함께 복귀토록 유도해야 한다.

다) 아울러 이때 지휘관(자)은 부모로부터 자살우려자의 휴가 중 있었던 일이나 병사의 심경변화 등에 관해 부모로부터 이야기를 들음으로써 향후 병사관리에 참고하도록 해야 한다.

라) 한편 자살우려자의 가정환경상 부모의 동반복귀가 곤란할 경우에는 함께 휴가 중인 친한 동료와 함께 복귀토록 하고 그것도 여의치 않으면 평소 자살우려자가 잘 따르는 부대간부가 집으로 찾아가 함께 복귀하는 방법도 고려할 수 있다.

5) 휴가 기간동안 E-mail, 전화 등을 통해 상담을 지속하라.

가) 휴가기간 동안의 지나친 전화는 간섭으로 받아들여질 우려가 있으므로 가능한 한 E-mail을 사용하고, 여의치 않을 경우에는 2~3일에 한번씩 전화하되 "휴가 잘 보내고 있냐, 어제 재미있는 일 있었니!" 등 부담 없는 내용으로 최대한의 관심과 정성을 전달해야 한다.

나) 인터넷 대화를 위해 평소 병사들의 E-mail 주소를 확인, 유지하고 지휘관(자), 군종장교 등의 E-mail 주소를 알려주어야 한다.

다) 요즘 병사들은 휴가 출발 시 제일 먼저 PC방 등에 들러 자신의 E-mail부터 확인하는 병사들이 많다. 따라서 지휘관(자)이 자살우려자 휴가 출발 시 가장 먼저 E-mail을 이용해 "휴가 잘 보내고 건강한 모습으로 귀대하라"는 내용의 편지를 보낸다면, 자살우려자는 지휘관(자)의 정성과 관심에 감동할 것이다. 조그만 관심은 감동을 줄 수 있고, 감동은 삶의 활력소가 된다.

6) 자살징후가 농후한 병사는 자살 의도가 사라질 때까지 일정기간 군종장교 또는 자살우려자가 존경하고 따르는 간부와 24시간 함께 생활하도록 하라.

가) 부하 병사들의 자살을 방지하는 것은 간부들의 기본소임이다. 일상 병영생활에서 벗어나 본인이 좋아하는 간부(군종장교가 그 역할을 해주면 효

과적임)와 일정기간 생활하면서 삶을 유지하기 위한 재충전의 기회를 부여한다.

나) 이 기간 동안 함께 생활하는 간부는 목욕도 같이 하고 순찰도 같이 돌고 비디오도 함께 보면서 자연스럽게 자신이 살아가는 모습을 보여주면 된다.

다) "모두 힘들지만 참고 근무한다, 너보다 어려운 상황에서도 다들 열심히 살아간다."는 등 훈시적 대화는, 자살우려자로 하여금 자책감만 부추기므로 삼가는 것이좋다.

라) 자연스런 생활 속에서 살아가는 즐거움, 재미, 조그만 행복 등을 스스로 느낄 수 있도록 세심하게 배려해야 한다.

7) 모든 간부들은 자살우려자를 자살의 유혹으로부터 구하는 것이 지휘관(자)의 멋진 훈시나 의례적인 상담이 아님을 명심해야 한다. 자살우려자들은 간부와 주변 동료들의 애정어린 눈빛, 걱정하고 위로하는 말 한마디, 나눠먹는 초코파이, 빵 한 조각에서 감동 받고, 위로 받아 자신의 위기를 극복하고 새로운 희망을 찾을 수 있을 것이다.

4. 면담(상담)시 유의할 사항은 무엇인가?

가. 자살에 대해 토론하는 것을 두려워하지 말라.

만약 병사가 자살을 생각하고 있는 것처럼 보이면 "요즘 많이 안좋아 보이는데 혹시 자살을 생각하고 있는 것 아니니?" 하고 직접적으로 물어보는 것도 좋다. 자살에 대한 감정에 대해 직접 이야기하는 것은 자살의도나 징후를 파악하는데 도움이 되고, 자살하려는 병사에게는 직접적인 고통을 감소시켜 주는 효과가 있다. 자살 우려자와 자살에 관해 이야기하는 것을 두려워하지 말아야 한다.

나. 대화에 적극적으로 임하라.

좋은 상담자는 좋은 청취자(Good Listener), 좋은 친구(Good Friend)가 되어야 한다. 상대방이 가능한 많은 얘기를 할 수 있도록 정성껏 들어주고 적극적으로 맞장구를 쳐주어야 한다.

다. 훈시하려 들거나 상황을 가볍게 만들지 말라.

자살우려자에게 일반적인 또는 자신의 도덕적인 판단에 기초해서 훈시하려 하면 안된다. 이들의 심리는 일반적인 사람들보다 깊기 때문에 섣부른 훈시는 거부감을 갖게 된다. 예를 들어 "네 생각은 잘못된 것이다. 세상에 여자는 얼마든지 있다."는 등의 말은 자살우려자의 슬픔을 더욱 깊게 만들 뿐이므로 삼가야 한다.

라. 자살우려자의 슬픔에 동참하라.

상담자는 자살우려자의 말에 긍정하고 똑같이 슬픈 감정을 갖기 위해 노력해야 한다. 자살우려자가 분노하는 일에 함께 분노해야 한다. 그리하면 자살우려자는 자신이 혼자가 아니라고 느낄 것이며, 상담자와 많은 일을 상의하려 할 것이다. 서로 신뢰가 쌓이면 조금씩 도와주어야 할 일을 찾아서 도와주어야 한다.

마. 자살우려자에게 상담자가 돌보고 있음을 느끼게 하라.

자살하는 병사 대부분은 자신이 외롭고, 무가치하고, 사랑받지 못하는 존재라고 느끼고 있다. 그러므로 상담자는 자살우려자에게 자신이 도움을 줄 수 있는 존재임을 각인시켜야 한다. 또한 실제로 도움을 주어야 한다. 큰 도움이 아니더라도 괜찮다. '자살우려자의 근무시간을 기억했다가 근무시간에 초소를 찾아가는 행동', '집안 걱정이 많은 자살우려자의 집에 전화해 함께 걱정해 주는 행동'등 도울 수 있는 작은 일은 우리 주변에 너무 나도 많다. 행동하지 않는다면 단지 관심이 부족할 뿐이다.

바. 혼자 해결하려 하지 마라.

상담의 목표는 자살우려자를 자살하지 않게 하는 것이다. 따라서 적당한 시기에 전문적인 상담 · 치료를 받도록 격려하고 도와주어야 한다. 병사를 군의관에게 맡겨 병원에 보내는 것보다 여건이 허락한다면 지휘관(자), 상담관이 병원까지 동행해서 치료를 받게 하면 효과적이다.

※ 자살우려자는 누군가가 자신을 돌보고 있다고 생각하거나, 자신이 지금 의지할 상대가 있다고 믿는다면 실제 자살을 감행하지 않는다. 대대장, 중대장, 소대장, 분대장, 그밖에 모든 간부가 그 역할을 스스로 감당해야 한다.

5. 자살우려자 관리 시 유의사항

가. 자살우려자로 식별된 인원을 절대 혼자 두어서는 안된다.

나. 잘생긴 외모와 좋은 학력, 좋은 가정이라고 해서 자살할 병사가 아니라고 단정하지 말라.

다. 병사가 자살 의사를 밝히는 것에 대해 절대 분개하여 행동하지 마라.

라. 자멸적인 행동에 대해 도덕성을 논하거나, 그 행동이 다른 사람을 얼마나 슬프게 하는지 말하지 마라.

※ 죄의식과 자책감만 유발한다.

마. 자살우려자가 있을 경우 비밀을 유지하려 애쓰지 마라.

※ 주변 동료들이 알고 진심으로 도울 수 있도록 노력하라.

가. 적시적절한 조치와 역할

1) 자살을 예방하기 위해 리더십의 중요성은 아무리 강조해도 지나치지 않다. 군의 간부들은 존중과 배려, 사랑의 리더십을 통해 부하들을 감동시켜 올바른 방향으로 이끌어 가야 한다. 간부들은 부하들에게 인명중시의 가치관을 주입시켜 자살을 하지 않도록 유도해야 한다. 또한 지휘관과 간부들은 정신건강이 신체적 건강, 영적인 건강과 더불어 개인 건강의 3요소임을 인식하고 다음의 사실을 명심해야 한다.

가) 모든 장병들 사이에서 상호 '상담자'의 풍토를 육성해야 하는데, 이는 소외되는 장병이 없도록 환경을 만드는 것이다. 이 노력은 모든 장병이 동참해야 하며, 사소한 관심에서부터 개인적, 가정적 문제를 상담해 주는 것에 이르기 까지 관심을 보이는 모든 행위를 포함한다.

나) 우리가 아니면 누가 우리 장병들을 지키겠는가? 전우는 감정적 고통에

휩싸인 동료 전우를 절대로 못 본 체 하지 않으며, 전우는 동료에게 닥친 문제를 절대로 묻어두지 않는다! 전우는 반드시 서로에게 관심을 표명하며, 동료 전우의 생명을 구하기 위해 적극적으로 개입토록 리더쉽을 발휘해야 한다.

다) 자살 징후에 주의를 기울이고, 도움을 필요로 하는 이들에게 적절한 조치를 취한다. 만약 동료 전우나 가족 혹은 그 누구라도 문제를 겪고 있다는 사실을 알고 있거나 그런 의심이 들 경우에는, 반드시 그들에게 도움을 제공하거나 도움을 줄 사람을 찾아주어야 한다.

라) 스트레스의 축적, 처벌과 질책, 집단 따돌림 등은 불안정한 사람들의 부적절한 행동을 촉발하는 계기가 된다. 간부는 부하들의 개인적인 애로사항에 관심을 기울여야 하며, 스트레스 징후에 유의해야 한다.

마) 말과 행동으로 의사소통을 해야 한다. 의례적인 소통이 아니라, 힘을 불어넣어 주는 소통을 통해 동료를 괴롭히는 인생 문제를 알아내고, 문제를 건전하게 해결하도록 도움을 주어야 한다. 여러 가지 채널을 유지한다고 하지만, 실제 어려운 병사가 이용하지 않는 방법이 있다면 그것은 형식적인 채널에 불과한 것이다. 과연 실질적인 의사소통 채널을 가지고 있는지 되짚어 보아야 한다.

바) 장병들이 도움을 요청하는 분위기를 조성해야 하고, 위기가 닥치기 이전에 조기에 도움을 요청하는 용기 있는 동료를 격려하고 최선을 다해 보호해 주어야 한다.

2) 스트레스, 불안감 그리고 대인관계에 얽힌 갈등으로부터 회복하는 능력은 장병 개개인이 모두 상이하다. 개인적 보호요소를 개선하고, 군대 환경의 스트레스를 효과적으로 해소할 수 있는 능력 및 의사결정 기법, 그리고 기타 역량들을 보유한 인원은 그렇게 많지 않다. 이러한 능력은 선천적 기질, 환경, 성장 상의 영향요소들에 의해 만들어진다. 또한, 모든 장병들이 군복무나 삶 자체에 스트레스를 제대로 다룰 수 있는 것은 아니다. 특히 이들이 정신질환 인자를 갖고 있다면 더 더욱 그러하다. 자살 사고의 대부분은 어느 정도의 정신적 질환에서 기인한다. 가장 흔한 것으로는 우울증이 있다.

3) 우리 신병들의 정신건강이 최상의 상태라고 말하기는 어렵다. 따라서 불안

정한 장병의 자살시도를 방지하기 위해서는 적극적인 자살징후 식별, 개인별 특성을 고려한 맞춤식 교육 및 관리, 이러한 개입은 장병들이 정신건강의 장애나 조기 포기로 이어지지 않도록 도와준다. 취약한 환경의 예는 다음과 같다.

가) 가족, 애인과의 결별 등 인간관계

나) 경제적인 문제(과도한 빚, 악성 부채)

다) 처벌에 대한 두려움

라) 업무부담, 무능력, 자신감 결여

마) 업무 성과에 비해 과도한 노력과 시간 투자

바) 결손 가정, 불우한 성장기 등

4) 지휘관의 조기진단 및 식별이 중요하다. 고민을 하거나 고통을 받고 있는 장병들은 모든 것을 혼자서 해결해야 한다는 중압감에 시달린다. 부대 지휘관이 해당 장병에게 도움을 받는 것이 자산뿐 아니라 부대를 위해서도 최선이라고 말해줌으로써 그에게 큰 변화를 유도할 수 있다. 지휘관이나 상급자들은 정신과 치료를 망설이는 장병을 설득하는데 매우 큰 역할을 할 수 있다.

5) 만약 장병 스스로가 자신의 문제를 인식하고, 자가진단을 한다면 장병이나 부대를 위해서 최상의 결과를 얻을 수 있을 것이다. 이러한 조기 자가진단은 사후 조치에 비하면 아무리 노력해도 부족함이 없다. 그러나 장병들은 웬만해서는 자발적으로 정신과 치료를 받으려 하지 않는다. 왜냐하면 이들은 다음과 같은 잘못된 믿음을 갖고 있기 때문이다.

가) 자신의 증상은 정신질환과 아무 관계가 없다.

나) 자신의 증상은 자가치료가 가능하다.

다) 진단을 받으면 정신병자라는 낙인이 찍힐 것이다.

라) 치료가 아무 도움이 안 될 것이다.

마) 우울증은 심각한 것이 아니다.

바) 자신의 증상은 질병 때문이 아니라 군인으로서 나약하기 때문이다.

6) 지휘관과 간부들은 항상 위기에 처한 장병들을 지원해야 하며, 다음과 같은 현상이 의심될 경우에 반드시 정신과전문의나 군종장교에게 이를 알려야 한다.

가) 행동의 변화
나) 인간관계나 가족, 애인과의 관계 변화
다) 금전적 문제
라) 신체적 건강의 이상
마) 지나치게 감정적인 반응 혹은 분노의 증상
바) 처벌에 대한 두려움

7) 위의 자살징후들은 자살 혹은 잠재적 자살행위로 이어질 가능성이 크다. 현재 자살을 시도하지 않더라도, 상기 징후나 증상을 보이는 사람은 도움을 필요로 한다. 비록 도움을 줄 수 있는 사람이 가까이 있고 힘들면 얘기하라고 권유하더라도, 정신적인 문제로 괴로워하는 많은 장병들은 혼자서 고민을 품고 있는 경향이 있다. 이러한 경우에, 지휘관은 다음과 같은 조치를 취할 수 있다.

가) 지휘관 지시에 의한 전문상담 의뢰 또는 정신과 진료
나) 민간 전문가에 의한 상담치료, 정신과 치료

8) 지휘관이 다음과 같은 상황일 경우 진단을 지시해야 한다.

가) 비정상적인 생각과 행동을 하는가?
나) 병사의 업무부담 해소가 필요한가?
다) 계속 복무하기에 적합한가?

9) 이러한 지휘조치들의 궁극적인 목표는 자가치료이며, 이 목표를 달성하기 위한 최선의 방법은 장병들로 하여금 조기에 자가진단을 하도록 하는 것이다. 만약 장병이 '위기'에 처해있다면, 지휘계통에서는 해당 장병에게 적절한 위기 해결조치를 취해줄뿐 아니라, 문제가 완전히 해결될 때까지 책임을 질 것이라는 확신을 주어야 한다. 위기가 해소되거나 질병이 완치되었다는 확신이 설 때까지 지휘관의 관심은 계속 되어야 한다.

나. 전장병의 동참 유도

1) 연계성(connectedness), 의사소통(communication), 보호(caring)의 3C는 인간 환경을 정의하는 공동체의 3요소이다. 인간은 매우 친밀한 소규모의

가족 그룹 내에서 성장한다. 한 개인이 가정을 떠나서 군에 입대하면, 군 공동체가 구성원 서로를 연결시켜주는 유대감을 형성해 주어야 한다. 이러한 상호연계성이 없다면 장병들은 정신적 고통을 끝내는 유일한 방법으로 자살을 택할 것이다.

2) 정신질환은 종종 개인의 판단력을 흐리게 하기 때문에, 정신질환으로 고통받는 장병들은 자신이 처한 문제의 심각성을 제대로 인식하지 못할 수 있다. 이들은 반드시 동료들로부터 도움을 받아야 한다. 자살을 시도할 경우, 생명을 구하기 위한 적극적인 도움을 주어야 한다.

3) 모든 장병들은 부대 동료들의 생명을 보호할 책임이 있으며, 남의 일에 개입하고 싶지 않다는 이유만으로 책임을 회피해서는 안된다. 모든 장병들은 인생의 문제로 괴로움을 겪고 있는 사람들을 식별할 수 있어야 하며, 이들에게 도움을 줄 수 있는 방법에 대해서도 알고 있어야 한다.

다. 보호요소 및 회복

1) 일 반

가) 자살사고 예방을 위해 주변동료들이 관심을 가지고, 용기를 북돋워 줌으로써 효과를 거둘 수 있다. 왜냐하면 자살자의 모든 심리상태를 식별하기 어려우며, 모든 스트레스를 제거하기도 불가능하기 때문에 긍정적인 생각과 자신감을 갖도록 하는 것이 중요하다.

나) 개인의 심리적 좌절감을 완화할 수 있는 회복 및 보호요소를 찾아내는 노력이 필요하다. 이러한 요소들의 발견은 스트레스적인 사건이나 환경에서도 군무이탈, 폭력, 자살과 같은 많은 종류의 사고를 예방하는 데에도 효과적이다.

2) 회 복

가) 회복이란 극심한 스트레스와 충격적인 사건이 존재하는 험난하고 힘겨운 인생에 성공적으로 적응하는 과정 및 결과를 의미하며, 회복은 위기의 순간을 잘 극복할 수 있도록 도와주고, 위기가 지나간 후 더 빠른 회복

을 도와 주는 자신감, 태도 / 가치관변화 등으로 인해 이루어진다. 또한 회복은 개인이 세상을 바라보고 대처하는 방법, 사회적 대책의 가용성과 우수성, 그리고 세부 대응전략 등과 관련이 있다.

나) 낙천적인 사람들이 통상 회복력이 강하다. 이들은 자신의 능력을 믿고, 통제력과 일관성을 갖고 있으며, 담대하다. 이들은 자신들이 삶의 진로에 영향을 미칠 수 있다고 생각하고 변화를 삶의 일부로 받아들인다. 회복력이 강한 사람들은 다음과 같은 특징을 보인다.

(1) 문제에 대응하기 전에 한걸음 물러나서 문제를 살펴본 후 이를 해결한다.
(2) 큰 과업은 작은 부분으로 나누어서, 작고 중요한 과업부터 먼저 수행한다.
(3) 자신만의 대책을 추구한다.
(4) 문제들로부터 잠시 손을 떼고 휴식을 취한다.
(5) 다른 사람들에게 도움을 청한다.
(6) 일관성을 유지한다.
(7) 자신이 속한 공동체를 활용한다.

3) 보호 요소

자살을 예방하기 위한 개인적 보호요소와 환경적 보호요소가 있어야 한다. 여기에는 훌륭한 문제해결 기술, 합리적인 기대와 실패에 대한 관용 그리고 새로운 도전을 향한 시도, 사회적 포용, 타인의 지원, 부대단결 등이 포함된다.

가) 개인적 보호요소

(1) 무난한 성격, 낙천적인 전망
(2) 자기통제, 문제 해결 및 위기 해결의 경험
(3) 높은 자존심과 자신감
(4) 의사결정 / 문제해결 기술
(5) 개인의 통제 및 자제력
(6) 집단이나 조직에 대한 소속감
(7) 우수한 회복력

나) 환경적 보호요소

(1) 인간관계 형성(긴밀한 가족관계, 원만한 대인관계)

(2) 임무성과를 통한 성취감

(3) 주변동료의 관용, 격려

(4) 가용한 지원대책(보직조정, 병원진료 등)

(5) 두터운 신앙심, 생명존중의 가치관

제7절 징계사유 및 처벌기준

1. 총 칙

가. 용어의 정의

고의(故意) : 자신이 의도한 행위에 대하여 비위 사실의 발생을 인식하면서 그 행위를 한 경우

과실(過失) : 정상적인 주의를 게을리 함으로써 비위사실의 발생을 예견하지 못하고 그 행위를 한 경우

태업행위(怠業行爲) : 상관의 적법한 명령이나 지시를 이행함에 또는 법규에 정하여진 임무 수행을 함에 있어서 능동적·적극적인 자세가 아닌 소극적인 자세로 일관하여 주어진 임무수행에 장애를 초래하는 행위

언어폭력(言語暴力) : 폭언, 욕설, 기타 개인의 인격을 모독하는 비인간적인 말 등으로 상대방의 자존심을 무너뜨리고 마음의 상처와 정신적 충격을 주어 정상적인 병영생활을 저해하는 행위

가혹행위(苛酷行爲) : 폭행이나 협박 외의 비정상적인 말 등으로 상대방의 자존심을 무너뜨리고 마음의 상처와 정신적 충격을 주어 정상적인 병영생활을 저해하는 행위

인사청탁(人事請託) : 진급이나 보직에 관한 알선·청탁 및 영향력 행사 등(동기회나 기타 사조직 등 단체의 명의를 이용하여 진급이나 보직에 관한 영향력을 행사한 경우를 포함)

직권남용(職權濫用) : 공무원이 권한을 남용하여 사람으로 하여금 의무 없는 일을 하게 하거나 사람의 권리행사를 방해하는 행위

명정추태(酩酊醜態) : 술에 취한 상태에서 싸움·고성방가하는 행위 등 군인으로서의 품위유지의무를 위반한 일체의 추잡하고 창피스러운 행태

단순음주소란(單純飮酒騷亂) : 대상관 및 상습적인 음주소란이 아니지만 군인으로서 품위유지의무를 위반하였다고 인정될 만한 명정추태행위의 한 형태

불륜관계(不倫關係) : 사회적으로 비난가능성이 있는 간통 기타 비 윤리적인 남녀관계로서 불건전한 이성교제를 포함

패륜행위(悖倫行爲) : 직계존속을 폭행하는 경우와 같이 사람으로서 마땅히 지켜야 할 도리에 어긋난 행위(부부폭행 포함)

무고행위(誣告行爲) : 타인으로 하여금 형사처분 또는 징계처분 기타 인사상의 불이익을 받게 할 목적으로 공무소 또는 공무원에 대하여 허위사실을 신고하는 행위

파렴치(破廉恥) : 도덕적으로 비난 받아야 할 동기에서 행하여지는 일체의 군풍기 위반행위

성추행(性醜行) : 동성 또는 이성간에 성적인 행동을 강요하여 객관적으로 일반인에게 성적 수치심이나 혐오감을 일으키게 하고 선량한 성적 도덕관념에 반하는 일체의 행위

성폭행(性暴行) : 물리적인 힘 또는 협박으로 상대방의 반항을 현저하게 곤란하게 한 상태에서 성적만족을 취하는 행위

성희롱(性戱弄) : 그 직위를 이용하거나 업무 등과 관련하여 성적언동 등으로 성적 굴욕감 또는 혐오감을 느끼게 하거나 성적 언동 그 밖의 요구 등에 대한 불응을 이유로 불이익을 주는 것

악성과다부채(惡性過多負債) : 상습적으로 유흥을 위한 소비나 낭비를 목적으로 자신의 번제 능력을 초과하여과다하게 돈을 빌리는 행위

나. 징계양정 기준 및 방법

1) 징계건명은 징계양정기준의 징계사유 중에서 설정하여야 한다. 다만, 부득이 한 경우에는 다른 징계건명을 설정하되 유사한 처벌기준에 따라 처벌한다.

2) 징계위원회(징계권자)는 징계종류를 정함에 있어 징계양정기준을 준수하여야 하나, 특별한 사정이 있는 경우에는 가감하여 징계할 수 있다. 이때에는 그 특별한 사정을 징계의결서 중 심사개요란 또는 징계의결기록 중 징계권자 조치란에 자필로 기재하여야 한다.
3) 징계사유로서 '지시불이행'은 다른 징계건명을 적용할 수 없는 경우에 한하여 보충적으로 적용한다.
4) 1개의 사실이 수개의 징계건명에 해당할 때에는 가장 중한 것을 적용하여 징계하여야 하며, 서로 관련이 없는 수개의 사실을 동시에 징계할 때에는 그 중 책임이 중한 징계건명에 해당하는 징계보다 1단계 가중하여 징계종류를 정한다.
5) 병을 징계함에 있어서는 1차적으로 병에 대한 징계양정기준을 준수하여야 하고, 다만 징계사유가 병에 대한 징계양정기준에 포함되어 있지 않을 때에는 2차적으로 간부에 대한 징계양정기준에 의하여 정한다.
6) 병에 대하여 간부에 대한 징계양정기준을 적용하는 경우 '강등'은 간부의 파면·해임·강등에, '영창'은 정직·감봉에, '휴가제한'은 근신에, '근신'은 견책에 준하여 처리한다.
7) 병에 대한 징계양정기준에서 휴가제한 벌목에 의할 수 없을 때에는 근신처분으로 징계하여야 한다.

다. 중대한 위반과 경미한 위반의 구별

1) 중대한 위반은 행위의 반복여부, 행위로 인한 안전사고 발생 여부, 군무이탈 기타 후발적 범죄행위 또는 비위의 원인제공 여부, 언론 보도 기타 사회물의 야기 여부, 국가배상책임의 발생 여부, 동종의 행위와 비교하여 피해자 또는 피해액의 다소 여부 등을 종합하여 판단하되 열거된 사유 중 어느 하나에 해당하는 경우 특별한 사정이 없는 한 중대한 위반으로 본다.
2) 중대한 위반에 해당하지 않는 경우는 경미한 위반으로 본다.
3) 음주운전에 있어서 중대한 위반은 3회 이상 음주운전으로 입건된 경우, 인명사고 후 도주(도주차량)·물적손해 발생후 미조치(손괴후 미조치)가 경합된 경우, 음주운전으로 면허가 취소·정지된 상태에서 행한 음주운전 등을 말하며,

경미한 위반은 혈중알코올 농도 0.1%이상의 음주운전, 음주운전으로 2회 입건된 경우, 음주운전으로 인명사고 · 재물손괴사고가 발생한 경우를 말한다.

[참고 : 국방부 군인 · 군무원 음주운전 사건처리지침]

유형	처 리 기 준
• 면허정지(최초) • 음주운전으로 인한 면허정지 · 취소상태	경고
• 면허취소(최초) • 면허정지(2회) • 음주운전(면허정지이상)으로 인적 · 물적 피해발생	경징계 의결요구
• 면허정지 또는 취소(3회이상) • 음주뺑소니로 인한 인적 · 취소상태에서의 무면허 음주운전	중징계 의결요구

※ 여기서 음주운전이란 도로교통법 제44조 제4항의 혈중알콜농도 0.05%이상을 의미함

2. 장교, 준사관, 부사관, 군무원에 대한 징계양정기준

징계사유 \ 위반정도		중대한 위반		경미한 위반
		고의(계획적)	과실(우발적)	경징계
성실의무위반	지휘감독소홀(안전사고 기타)	중징계	중 · 경징계(감봉 이상)	경징계
	보고의무위반(허위보고 · 보고누락)	중징계	중 · 경징계(감봉 이상)	경징계
	직무유기	중징계		경징계
	근무태만(안전사고, 태업, 자해 등)	중 · 경징계(감봉 이상)		경징계
	겸직 및 영리행위	중징계		경징계

<table>
<tr><th colspan="3" rowspan="2">위반정도
징계사유</th><th colspan="2">중대한 위반</th><th colspan="2">경미한 위반</th></tr>
<tr><th>고의(계획적)</th><th>과실(우발적)</th><th colspan="2">경징계</th></tr>
<tr><td rowspan="5">복종의무위반</td><td colspan="2">항명</td><td colspan="2">중징계</td><td>중·경징계(감봉이상)</td><td>경징계</td></tr>
<tr><td colspan="2">상관(폭행·협박·상해, 모욕·명예훼손·언어폭력)</td><td colspan="3">중징계</td><td>경징계</td></tr>
<tr><td colspan="2">폭행·협박·상해, 모욕·명예훼손·언어폭력</td><td>중징계</td><td>중·경징계(감봉이상)</td><td colspan="2">경징계</td></tr>
<tr><td colspan="2">상습(폭행·협박·상해·모욕·명예훼손·언어폭력), 가혹행위</td><td colspan="2">중징계</td><td colspan="2">경징계</td></tr>
<tr><td colspan="2">지시불이행(명령위반, 정치관여, 집단행위, 기타)</td><td>중징계</td><td>중·경징계(감봉이상)</td><td colspan="2">경징계</td></tr>
<tr><td rowspan="2">부대이탈금지위반</td><td colspan="2">군무이탈</td><td colspan="2">중징계</td><td colspan="2">경징계</td></tr>
<tr><td colspan="2">무단이탈</td><td colspan="2">중·경징계(감봉이상)</td><td colspan="2">경징계</td></tr>
<tr><td rowspan="4">공정의무위반</td><td colspan="2">인사청탁, 부정인사</td><td rowspan="2">중징계</td><td rowspan="2">중·경징계(감봉이상)</td><td colspan="2" rowspan="2">경징계</td></tr>
<tr><td colspan="2">문서위·변조, 손괴</td></tr>
<tr><td colspan="2">허위공문서 작성</td><td colspan="2" rowspan="2">중징계</td><td colspan="2" rowspan="2">경징계</td></tr>
<tr><td colspan="2">직권남용</td></tr>
<tr><td rowspan="3"></td><td rowspan="3">금품관련 규정</td><td>금품수수, 증·수뢰</td><td colspan="2">중징계</td><td colspan="2">경징계</td></tr>
<tr><td>향응 기타</td><td colspan="2">중·경징계(감봉이상)</td><td colspan="2">경징계</td></tr>
<tr><td>국고손실(업무상 횡령·배임)</td><td colspan="2">중징계</td><td colspan="2">중·경징계(근신이상)</td></tr>
<tr><td rowspan="3">청렴위반</td><td colspan="2">군수품관련 규정(부정유출·처분·손실·남용)</td><td colspan="2">중징계</td><td colspan="2">중·경징계(근신이상)</td></tr>
<tr><td colspan="2">국유재산 관련부정(처분, 손실 등)</td><td>중징계</td><td>중·경징계(감봉이상)</td><td colspan="2">경징계</td></tr>
<tr><td colspan="2">강·절도, 사기, 공갈, 횡령·배임</td><td colspan="2">중징계</td><td colspan="2">경징계</td></tr>
</table>

<table>
<tr><td colspan="3" rowspan="2">위반정도
징계사유</td><td colspan="2">중대한 위반</td><td colspan="2">경미한 위반</td></tr>
<tr><td>고 의
(계획적)</td><td>과 실
(우발적)</td><td>고 의
(계획적</td><td>과 실
(우발적)</td></tr>
<tr><td rowspan="2">비밀
업수
의무
위반</td><td colspan="2">군사기밀 누설</td><td colspan="2">중징계</td><td>경징계
(감봉이상)</td><td>경징계</td></tr>
<tr><td colspan="2">보안위규</td><td colspan="2">중 · 경징계
(감봉이상)</td><td colspan="2">경징계</td></tr>
<tr><td rowspan="11">품위
유지
의무
위반</td><td rowspan="2">명정
추태</td><td>단순음주
소란</td><td colspan="2">중 · 경징계(감봉이상)</td><td colspan="2">경징계</td></tr>
<tr><td>대상관 · 상
습 음주소란</td><td colspan="3">중징계</td><td>경징계</td></tr>
<tr><td rowspan="2">도박</td><td>영내 · 상습
도박</td><td colspan="3">중징계</td><td>경징계</td></tr>
<tr><td>단순도박</td><td>중징계</td><td>중 · 경징계
(감봉이상)</td><td colspan="2">경징계</td></tr>
<tr><td rowspan="2">사생
활방
종</td><td>불륜관계</td><td colspan="3">중징계</td><td>경징계</td></tr>
<tr><td>패륜행위,
악성과다부
채, 기타</td><td colspan="2">중징계</td><td colspan="2">경징계</td></tr>
<tr><td rowspan="2">음주
운전</td><td>음주운전</td><td colspan="2">중징계</td><td colspan="2">경징계</td></tr>
<tr><td>음주운전차
량 동승,
기타방조</td><td colspan="4">경징계</td></tr>
<tr><td>교통
사고</td><td>사망자
발생 기타</td><td>중징계</td><td colspan="3">경징계</td></tr>
<tr><td rowspan="2">성적
문란
행위</td><td>성폭력(성폭
법 제12조
상의 성폭
력범죄)</td><td colspan="3">중징계</td><td>경징계</td></tr>
<tr><td>성의롱(국가
인권위원회
법 제2조
제5호)</td><td colspan="2">중징계</td><td colspan="2">경징계</td></tr>
</table>

<table>
<tr><td colspan="3" rowspan="2">위반정도
징계사유</td><td colspan="2">중대한 위반</td><td colspan="2">경미한 위반</td></tr>
<tr><td>고 의
(계획적)</td><td>과 실
(우발적)</td><td>고 의
(계획적</td><td>과 실
(우발적)</td></tr>
<tr><td rowspan="4">품위
유지
의무
위반</td><td rowspan="4">성매
매</td><td>중징계</td><td colspan="3">경징계</td><td>경징계</td></tr>
<tr><td>기타</td><td colspan="2">중징계</td><td colspan="2">경징계</td></tr>
<tr><td>성매매</td><td>중징계</td><td colspan="3">경징계</td></tr>
<tr><td>기타</td><td>중징계</td><td colspan="3">경징계</td></tr>
<tr><td rowspan="3">법령
준수
의무
위반</td><td colspan="2">외부세력을 이용한
내부질서 문란</td><td rowspan="3">중징계</td><td rowspan="3">중·경징계
(감봉이상)</td><td colspan="2" rowspan="3">경징계</td></tr>
<tr><td colspan="2">부당한 공문서
유출</td></tr>
<tr><td colspan="2">기타 직무수행관련
의무위반</td></tr>
</table>

3. 병에 대한 징계양정기준

<table>
<tr><td colspan="2" rowspan="2">징계사유</td><td rowspan="2">구 체 적 유 형</td><td colspan="2">중대한 위반</td><td colspan="2">경미한 위반</td></tr>
<tr><td>계획적</td><td>우발적</td><td>계획적</td><td>우발적</td></tr>
<tr><td rowspan="5">성
실
의
무
위
반</td><td>지휘감
독소홀</td><td>분대장 등의 책임을 가진 자가 감독을 소홀히 하여 사고발생에 영향을 미친 경우</td><td colspan="2">영창</td><td colspan="2">휴가제한,
근신</td></tr>
<tr><td rowspan="2">보고의
무위반</td><td>구타 · 가혹행위 등 허위보고,
보고누락(피해자는 제외)</td><td colspan="2">영창</td><td colspan="2">휴가제한,
근신</td></tr>
<tr><td>기타 직무관련 허위보고,
보고누락</td><td colspan="2">영창, 휴가제한</td><td colspan="2">근신</td></tr>
<tr><td rowspan="2">직무
유기</td><td>자신의 임무와 관련하여
고의적으로 직무를 유기</td><td colspan="2">강등, 영창</td><td colspan="2">휴가제한,
근신</td></tr>
<tr><td>부주의로 인하여 직무유기</td><td colspan="2">휴가제한</td><td colspan="2">근신</td></tr>
</table>

징계사유		구 체 적 유 형		중대한 위반		경미한 위반	
				계획적	우발적	계획적	우발적
성실의무위반	근무태만	초병 근무지 이탈	의도적으로 지정된 경계근무지 이탈	강등, 영창			휴가제한
			용변 등의 사정으로 일시적 경계근무지 이탈	휴가제한, 근신			
		초령 위반	경계근무에 임하는 것을 의식적으로 포기하고 수면	영창		휴가제한	
			타인에게 대신 경계근무에 임하게 하는 행위	영창		휴가제한	
			타인을 대신하여 경계근무에 임하는 행위	휴가제한		근신	
		경계 근무 소홀	초병으로서 임무 미완수 (병력통제실패, 경계실패)	영창		휴가제한	
			경계 기본자세에 어긋나는 행위(흡연, 복장해체, 휴대금지품목 소지 등)	휴가제한, 근신			
		근무지 이탈	점호나 구보 기타 단체 활동에서 임의로 열외	영창		휴가제한, 근신	
			일과시간 중 근무지에서 근무를 소홀이 하는 행위 (수면, 라디오 청취 등)	휴가제한		근신	
		안전 사고 등	화재 또는 화재로 인한 인적 피해 야기	강등, 영창		휴가제한, 근신	
			유류고·탄약고 등 폭발, 화재의 위험이 있는 곳에서 흡연 기타 사고를 가져올 위험한 행위	영창		휴가제한, 근신	
		교통 사고 등	운전병이 임무수행중 음주운전한 경우	영창		휴가제한	
			운전병이 임무수행중 과실로 인적·물적 피해	휴가제한		근신	
			운전병이 안전수칙 · 교통법규를 위반	영창		휴가제한	
		총기 관리등	총기 등을 방치하여 일시적으로 분실	영창		휴가제한	
			총기 등을 임의 방치	영창, 휴가제한		휴가제한, 근신	
			총기 등을 잘못 관리하여 효용을 해한 경우	영창, 휴가제한		근신	
			폭발 · 화재의 위험이 있는 곳에서 위험한 행위	영창, 휴가제한		근신	
		자해	군무를 기피할 목적으로 자살 또는 자해 기도(정신병질환은 제외	강등 · 영창		휴가제한, 근신	

<table>
<tr><th colspan="2" rowspan="2">징계사유</th><th rowspan="2">구체적 유형</th><th colspan="2">중대한 위반</th><th colspan="2">경미한 위반</th></tr>
<tr><th>계획적</th><th>우발적</th><th>계획적</th><th>우발적</th></tr>
<tr><td rowspan="12">복종의무위반</td><td>항명</td><td>명령권을 가진 상관의 지시에 고의로 불복종 또는 이행지시</td><td colspan="4">강등, 영창</td></tr>
<tr><td rowspan="3">상관폭행등</td><td>상관 등에 대하여 폭행·협박·상해·모욕 등 행위</td><td colspan="4">강등, 영창</td></tr>
<tr><td>상관 등에 대하여 신체적 접촉을 수반한 불손한 행동</td><td colspan="2" rowspan="2">영창</td><td colspan="2" rowspan="2">휴가제한, 근신</td></tr>
<tr><td>상관 등에 대하여 언어적으로 불손한 행동</td></tr>
<tr><td rowspan="4">폭행·가혹행위</td><td>신체의 일부 또는 물건을 이용하여 물리적 가격·접촉</td><td colspan="2">영창</td><td colspan="2">휴가제한</td></tr>
<tr><td>부당·과중한 얼차려 부여</td><td colspan="2" rowspan="3">영창</td><td colspan="2" rowspan="3">휴가제한</td></tr>
<tr><td>암기 등 부당 강요</td></tr>
<tr><td>협박·폭언·욕설 기타 비물리적 가혹행위</td></tr>
<tr><td rowspan="4">지시불이행</td><td>상급자의 적법한 지시에 고의로 불복종</td><td colspan="2">강등, 영창</td><td colspan="2">휴가제한</td></tr>
<tr><td>상관등의 지시를 받고도 부주의로 임무불이행</td><td colspan="2">휴가제한</td><td colspan="2">근신</td></tr>
<tr><td>휴대금지 물품(호출기, 휴대폰, 기타) 소지</td><td colspan="2" rowspan="2">휴가제한</td><td colspan="2" rowspan="2">근신</td></tr>
<tr><td>정치관여 또는 군무외의 일을 위한 집단행위</td></tr>
<tr><td rowspan="9">부대이탈금지위반</td><td rowspan="3">영외이탈</td><td>군무기피 목적의 영외 이탈 행위</td><td colspan="2">영창</td><td colspan="2">휴가제한</td></tr>
<tr><td>군무기피 목적 없는 일시적인 영외 이탈 행위</td><td colspan="2">영창</td><td colspan="2">휴가제한, 근신</td></tr>
<tr><td>휴가·외박·면회 등의 사유를 허위로 조작하여 휴가등을 얻어내는 행위</td><td colspan="2">영창</td><td colspan="2">휴가제한</td></tr>
<tr><td rowspan="4">지연복기등</td><td>군무기피목적으로 휴가·외박·면회 등에서 정하여진 시간보다 지연 복귀한 경우</td><td colspan="2">영창</td><td colspan="2">휴가제한</td></tr>
<tr><td>근무기피 목적없이 휴가 등의 지연복귀</td><td colspan="4">휴가제한</td></tr>
<tr><td>교통편을 놓치는 등의 부주의로 지연복귀</td><td colspan="2" rowspan="2">휴가제한</td><td colspan="2" rowspan="2">근신</td></tr>
<tr><td>외출·외박 허가구역을 이탈</td></tr>
<tr><td rowspan="2">상근지각등</td><td>상근예비역이 지연출근 또는 조기출근</td><td colspan="2" rowspan="2">휴가제한</td><td colspan="2" rowspan="2">근신</td></tr>
<tr><td>불시소집·통신점호 등 그 명칭을 불문하고 상근예비역 병사의 퇴근 후 소재를 파악하기 위한 부대의 시도에 응하지 않거나 응할 수 없는 상태를 조작하는 행위</td></tr>
</table>

<table>
<tr><th colspan="2" rowspan="2">징계사유</th><th rowspan="2">구체적 유형</th><th colspan="2">중대한 위반</th><th colspan="2">경미한 위반</th></tr>
<tr><th>계획적</th><th>우발적</th><th>계획적</th><th>우발적</th></tr>
<tr><td rowspan="3">공정의무위반</td><td>허위공문작성</td><td>공문서의 내용을 사실과 다르게 작성하는 행위</td><td colspan="2" rowspan="2">강등, 영창</td><td colspan="2" rowspan="2">휴가제한, 근신</td></tr>
<tr><td>문서위·변조</td><td>휴가·외박 등에 필요한 증명서류 기타 공문서를 위·변조하는 행위</td></tr>
<tr><td>직권남용</td><td>분대장이 다른 병사에게 부당한 명령을 내리거나 그 지위를 이용하여 의무 없는 일을 하게 하는 행위</td><td colspan="2">휴가제한</td><td colspan="2">근신</td></tr>
<tr><td rowspan="3">청렴의무위반</td><td>군용물은닉등</td><td>군용에 공하는 물건을 임의로 은닉·반출·손괴하는 행위</td><td colspan="2">강등, 영창</td><td colspan="2">휴가제한</td></tr>
<tr><td>절도 등</td><td>영내에서 타인의 물건을 훔치거나 기망 폭행 등의 수단으로 물건을 빼앗는 행위</td><td colspan="2">강등, 영창</td><td colspan="2">휴가제한, 근신</td></tr>
<tr><td>금전거출</td><td>동료병사들로부터 금전을 거출하는 행위</td><td colspan="2">휴가제한</td><td colspan="2">근신</td></tr>
<tr><td rowspan="3">비밀업수의무위반</td><td rowspan="3">보안위규</td><td>음어를 평문으로 통신하거나 음어를 분실하는 등 음어를 누설하거나 그러한 위험을 야기하는 행위</td><td colspan="2">영창</td><td colspan="2">휴가제한</td></tr>
<tr><td>군사기밀 기타 보안활동을 외부에 유출, 누설</td><td colspan="2">영창</td><td colspan="2">휴가제한</td></tr>
<tr><td>문서 및 정보통신 보안규정을 위배하는 행위</td><td>영창</td><td>휴가제한</td><td colspan="2">근신</td></tr>
<tr><td rowspan="4">품위유지의무위반</td><td rowspan="4">명정추태</td><td>술에 취한 위병·간부·동료병사의 제지에 불응</td><td colspan="2">영창</td><td colspan="2">휴가제한</td></tr>
<tr><td>술을마시고 난동·폭언·폭행을 하거나, 고성방가·인사불성 등으로 영내생활에 지장을 초래</td><td colspan="3">영창</td><td>휴가제한</td></tr>
<tr><td>영내로 주류를 무단으로 반입하거나 영내에서 음주한 경우</td><td colspan="2">영창</td><td colspan="2">휴가</td></tr>
<tr><td>대상관 및 상습 음주소란·추태</td><td>강등</td><td colspan="3">영창</td></tr>
</table>

<table>
<tr><th colspan="2" rowspan="2">징계사유</th><th rowspan="2">구체적 유형</th><th colspan="2">중대한 위반</th><th colspan="2">경미한 위반</th></tr>
<tr><th>계획적</th><th>우발적</th><th>계획적</th><th>우발적</th></tr>
<tr><td rowspan="8">품위유지의무위반</td><td rowspan="2">도박</td><td>영내도박, 상습도박</td><td colspan="2">영창</td><td colspan="2">휴가제한</td></tr>
<tr><td>단순도박</td><td colspan="2">휴가제한</td><td colspan="2">근신</td></tr>
<tr><td rowspan="2">성적 문란 행위</td><td>강간, 계간 기타 성추행</td><td>강등</td><td colspan="3">영창</td></tr>
<tr><td>성매매, 성희롱 기타 성군기 위반</td><td colspan="2">영창</td><td colspan="2">휴가제한</td></tr>
<tr><td rowspan="2">군풍 기위 반</td><td>상급자의 존재를 인식하였음에도 경례하지 않는 행위</td><td colspan="2">휴가제한</td><td colspan="2">근신</td></tr>
<tr><td>복장불량 또는 자세불량</td><td colspan="2">휴가제한</td><td colspan="2">근신</td></tr>
<tr><td rowspan="2">음주 운전</td><td>음주교통사고로 인하여 인적·물적 피해를 낸 경우</td><td colspan="2">영창</td><td colspan="2">휴가제한</td></tr>
<tr><td>단순음주운전, 무면허·음주측정 거부행위 기타</td><td colspan="2">영창</td><td colspan="2">휴가제한</td></tr>
</table>

4. 징계처벌 감경기준

신분	징계양정기준	공적에 의한 감경된 징계처벌
장교, 부사관	파면	해임
	해임	강등(소위·준사관·하사의 경우 정직)
	강등	정직
	정직	감봉
	감봉	근신
	근신	견책
	견책	감봉불가
병	강등	영창
	영창	휴가제한
	휴가제한	근신
	근신	감경불가
군무원	파면	해임
	해임	정직
	정직	감봉
	감봉	견책
	견책	불문

5. 사고처리관련 지휘 · 감독자 문책기준

가. 사고유형별 지휘 · 감독자 문책대상

3차 상급지휘 · 감독자 (극히 중대한 사고)	2차 상급지휘 · 감독자 (중대한 사고)	1차 상급지휘 · 감독자 (경미한 사고)
• 총기 또는 폭발물에 의한 인질 난동으로 1명 이상 사상자 발생 • 재물탈취 • 총기 및 실탄 휴대 군무이탈 (폭발물 휴대 군무이탈 포함) • 총기와 실탄 분식/폭발물 분실 • 총기와 실탄피탈/폭발물피탈 • 총기 또는 공포탄 피탈 • 구타 또는 가혹행위로 1명 이상 사망 또는 광범위한 물의 • 군무이탈후 정치·군사에 관한 개인 의견을 발표로 물의 야기 • 3명이상 집단 군무이탈 • 대민 집단 난동 또는 충돌로 사상자 발생 • 살인 · 강도 · 강간 · 폭행 · 방화 · 절도(정상출타후 개인적 원인에 의한 사고는 제외)	• 총기 또는 폭팔물에 의한 인질 난동(인명피해 없는 경우) • 총기휴대 군무이탈 (총기와 공포탄 휴대한 경우 포함) • 구타 또는 가혹행위로 1~2명 이상 중경상 • 소대 생활관내 상습구타 또는 상습 가혹행위 잔존 • 군 내부문제 여론화 목적으로 영외 자살 또는 자살미수 • 부대관계에 의한 군무이탈 • 야외훈련 중 농작물·산림 • 가축피해	
• 상관에 대한 집단항명 • 군재산 손실 또는 부정유출 (1000만원 이상) • 안전사고/교육훈련간 사고 - 3명 이상 사망 또는 7명 이상 사상 - 5,000만원 이상 피해 • 광범위한 사회물의 대형사고	• 군용물 부정 유출 (500만원~1,000만원 이상) • 안전사고/교육훈련간 사고 -1~2명 이상 사망, 6명 이하 중경상 - 1,000~5,000만원 미만 피해 • 광범위한 군내물의 야기 사고	• 군재산 손실/ 부정 유출 (500만원 이하) • 안전사고/교육훈련간 사고 - 3명이하 중경상 - 1,000만원 미만 • 부분적 물의 야기 사고

1) 국방부장관 지휘보고 사고 : 3차 이상 상급 지휘·감독자까지 문책대상

- 감독자까지 문책 대상
- 항공기 사고, 함정침몰 및 충돌사고, 전차/장갑차사고, 주요 인질난동 사고
- 3명 이상 사망, 7명 이상 중경상자 발생사고
- 극히 중대한 사고 - 사고처리 신상필벌기준 별호 2호 참조

나. 문책기준 요소별 기준

기준요소		배점기준(100)	고려사항
사고결과 (4명)	규 모	20	사상자 수, 피해액의 과다
	영 향	5	대민 물의 정도
	성 격	5	교통, 자살등 일반적 사고
	빈 도	5	동일유행 사고 반복여부
	장 소	5	영내, 지휘권내 여부
사고원인/ 예방활동 (45)	원 인	20	개인적/부대적 결합 여부
	예방활동	25	신상파악, 교육 등
사고 후속조치		15	사고 보고, 조치 정도
감경기준		-10점 이하	평소 근무실적을 고려 벌점 상쇠

- 감경 고려요소는 소명내용, 1차 상급지휘관 의견, 피해자 탄원서, 사단장급 이상 표창 등 평소 근무실적 고려 10점 범위내 각 징계위원이 결정

다. 징계종류 판단기준

<table>
<tr><td rowspan="3">문 책
범 위</td><td>신 분</td><td colspan="3">중 징 계</td><td colspan="3">경 징 계</td><td rowspan="3">경 고</td><td rowspan="3">혐의
없음</td></tr>
<tr><td>군 인</td><td>파면/
해임</td><td>강등</td><td>정직</td><td>감봉</td><td>근신</td><td>견책</td></tr>
<tr><td>군무원</td><td>파면</td><td>해임</td><td>정직</td><td>감봉</td><td colspan="2">견책</td></tr>
<tr><td colspan="2">벌 점</td><td colspan="3">81점 이상</td><td>71~80</td><td>56~70</td><td>40~55</td><td>40
이하</td><td>25
이하</td></tr>
</table>

제8절 현역복무 부적합 병 처리절차

1. 개 요

현역복무 부적합 병에 대한 처리 절차를 개선하여 일선 지휘관의 지휘부담을 덜어주기 위하여 육지시 09-1003호('09.2.1)를 하달하였으나, 제도 시행상 일부 문제점이 발견되어 이를 개선하여 시행함.

2. 배 경

가. 육군은 군사령부(작전사) 및 수방사에 『병역심사관리대』를 설치하여『현역복무 부적합 병』 처리절차를 개선하여 시행하였음.

나. 그러나, 시행상에 조사·전역심사위원회의 무리한 의견일치 규정에 의해 부적합자가 처리가 제한되고, 신병교육중 식별된 부적합자를 수료후 처리토록 규정되어 교육훈련 및 병력관리, 사고예방에 지휘부담이 가중되고 있음.

다. 따라서,『현역복무 부적합 병』을 처리시 조사·전역심사위원회의 의결정족수를 위원회의 역할과 병역기피 악용 방지 등을 고려하여 재설정하였으며, 신병교육중 식별된 부적합자에 대해서는 수시로 부적합 조치할 수 있도록 지시문을 수정·하달하게 되었음.

3. 기본 방향

가. 본 지시는 병역법시행령 제137조 제1항 제3호에 의한 현역병의 병력처분변경 사유 중 간질 야맹증 정신이상 성격장애 등 군복무가 곤란한 질병 또는 심신장애가 있는 사람으로서 신체등위가 5급에는 이르지 아니한 사람 "이하 근무부적격자"라 한다.)에게 적용한다.

나. 근무 부적격자에 대한 현역복무 부적합 처리는 아래와 같은 절차에 의거 시행하되, '군생활 적응 장애 및 정신과 관련 질환자'의 부적합처리와 '일반 질

환자'의 부적합 처리는 구분하여, '군생활적응장애 및 정신과 관련 질환자'의 부적합 처리는 구분하여 적용하며, '군생활 정응장애 및 정신과 관련 질환자'의 부적합 처리와 '일반 질환자'의 부적합 처리는 구분하여 적용하며, '군생활 적응장애 및 정신과 관련 질환자'는 『병역심사관리대』에 입소시켜 군복무 부적응 정도를 관찰하여 전역심사위원회에 회부한다.

1) 군생활 적응장애 및 정신과 관련 질환자 처리

가) 소속부대에서 현역복무 부적합자를 식별하여 사·여단급 조사 심의 위원회에 회부

나) 사·여단급 부대에서는 조사심의위원회를 개최하고, 현역복무 부적합으로 의결된 자를 군사령부(작전사) 또는 인사사에 보고

다) 군사령부(작전사) 또는 인사사에서는『병역심사관리대』입소 대상자를 선정후 해당부대에『병역심사관리대』로 입소 지시

라)『병역심사관리대』에서는 대상자를 관찰 후 군사령부(작전사) 또는 인사사 전역심사위원회에 회부

마) 군사령부(작전사) 또는 인사사에서는 전역심사위원회 개최 및 역종 판정

바)『병역심사관리대』에서 전역심사결과 처리(현역복무 부적합으로 결정된 자는 전역, 계속복무자는 원복 및 자대로 배출)

2) 저능, 야맹·야뇨 등을 포함한 일반 질환자 처리

가) 소속부대에서 현역복무 부적합자를 식별하여 사·여단급 조사심의위원회에 회부

나) 사·여단에서는 조사심의위원회를 개최하여, 현역복무 부적합으로 의결된 자를 군사령부(작전사) 또는 인사사 전역심사위원회에 회부

다) 군사령부(작전사) 또는 인사사에서는 전역심사위원회를 개최하고 역종을 판정한 후, 현역복무 부적합자로 결정된 자는 전역 명령을 발령한다.

라) 소속부대에서는 조사 및 전역심사기간 동안 부적합대상자를 관리하며, 전역심사 결과에 따라 아래와 같이 처리

(1) 현역복무 부적합으로 결정되어 전역명령이 발령된 자는 전역처리하고, 적합자는 계속복무

다. 신병교육대대에서 관찰결과 및 자대 복무간 식별된 현역복무 부적합 병을 조기에 소속부대로부터 분리하여 통합관리하기 위한

1) 『병역심사관리대』는 각 군사령부 및 작전사, 수방사에 설치한다.

2) 『병역심사관리대』 임무 및 기능은 다음과 같다.

가) 입소자의 행동관찰, 심리평가, 정신건강검진 및 진단실시

나) 심리평가결과 의견서 및 정신건강검진 소견서 작성, 전역 심사위원회에 자료 제공 및 전역심사시 참고인으로 관찰결과에 대한 의견 제시

3) 『병역심사관리대』 입소 대상자는 현역복무 부적합 병 중에서 '군생활 적응장애 및 정신과 관련 질환자'로 하며, 사·여단 조사심의에서 현역복무 부적합자로 의결 및 보고된 자로서 군사령부 및 인사사에서 입소를 결정한다.

4) 『병역심사관리대』 입소자는 병영생활지도기록부, 동료확인서(2인 이상), 사·여단 조사심의 의결서, 군병원 또는 민간병원 정신과 의무관련서류, 비젼캠프 의견서, 지휘관 의견서 등을 구비하여 입소하여야 한다.

가) 정신과 관련 질환자는 진단서·소견서·진료기록지·간호기록지 중에서 1개 서류 첨부 가능

나) 비전캠프 의견서를 첨부하여 입소하는 것을 원칙으로 하되, 비전캠프 주기가 맞지 않아 미입소한 경우는 제외 가능

다) 지휘관 의견서 첨부시 연대장과 대대장 중 가급적 대대장 의견서를 첨부하여 보고

5) 『병역심사관리대』 관찰기간은 2주를 원칙으로 하되, 입소자의 상태 및 정도에 따라 입원 또는 기간을 연장하여 관찰할 수 있다.

가) 상담 및 검사요원에 의한 관찰이 제한되거나 입원이 필요한 인원은 군병원에 입원 조치

나) 진단을 위한 추가적인 관찰이 필요한 인원에 대해서는 1주 또는 2주간 연장하여 관찰 가능하나, 이럴 경우 매주 단위로 종합 판정하여 군사령부(작전사) 또는 인사사 전역심사위원회에 회부

6) 『병역심사관리대』 입소자에 대한 일정별 운용계획은 아래와 같다.

가) 『병역심사관리대』 입소자에 대한 일정별 운용계획은 아래와 같이 기본적으로 2주 단위로 운용하되, 세부시행내용은 각 군사령부(작전사) 및 수방사

『병역심사관리대』 운용(예)

1 주차					2 주차				
월	화	수	목	금	월	화	수	목	금
업소/ 오리엔테 이션	• 심리검사 및 분석 ※ MMPI-II검사 • 임상심리상담 · 평가 • 정신건강검진 · 진단				• 정신건강 검진 • 집중상담		종합 판정/ 서류 보고	전역 심사	전역/ 자대 복귀

4. 세부 시행내용

가. 신병 교육중인 병의 '현역복무 부적합' 처리

1) 신병교육대대(육군훈련소 교육연대)에서는 개인면담과 관찰기록을 기초로 하여 아래 사유에 해당시 현역복무부적합자(근무부적격자)로 식별한다.

가) 저능아, 정신이상 및 성격장애자, 군생활 적응장애자, 군복무가 곤란한 일반 질환자 등

2) 현역복무 부적합으로 식별된 자는 교육주차와 관계없이 아래와 같이 현역복무 부적합 처리절차를 시행한다.

가) 신병교육대대(훈련소 교육연대)에서는 신병교육 기간 신상기록, 인성검사 결과, 면담, 관찰 등 식별활동을 통해 현역복무 부적합 대상자를 확정

나) 신병교육대대(훈련소 교육연대)에서 대상자로 확정된 인원은 즉시 사단 보충중대(훈련소 입소대대)로 인계하고, 사단 조사 위원회에 현역복무 부적합자로회부

다) 사단(훈련소)에서는 부적합자로 보고된 인원에 대하여 즉시조사위원회를 개최하며, 조사 심의 간에는 해당자를 사단 보충중대(훈련소 입소대대)에서 관리토록 한다. 단, 보충중대가 미편제된 사단은 자체적으로 별도 장소를 선정하여 관리

라) 사단(훈련소) 조사심의 결과에서 현역복무 부적합으로 의결된 자는 부대별 · 대장자별로 각각 아래 절차에 의거 처리

(1) 신병교육대대 '일반 질환자'와 육군훈련소 '근무부적격자'(병역심사관리대 미입소자)

(가) 사단(훈련소)에서는 대상자를 즉시 군사령부(작전사)또는 인사사 전역심사위원회 회부

(나) 전역심사권 부대(1·3군, 작전사, 인사사)에서는 회부된 인원에 대하여 매주 개최되는 전역심사위원회에 회부

(2) 신병교육대대 '군생활 적응장애 및 정신과 관련질환자' (병역심사관리대 입소자)

(가) 사단 및 육·국직부대는 대상자를 군사령부(작전사)또는 인사사에 보고

(나) 군사령부 또는 인사사 통제에 의거 『병역관리심사대』 에 입소

(다) 『병역관리심사대』 에서는 추가 관찰을 실시한 후, 군사령부(작전사) 또는 인사사로 보고

(라) 군사령부(작전사) 또는 인사사에서는 전역심사위원회를 매주 개최

(마) 전역심사위원회 심의결과 계속복무가능자로 의결된 인원은 원복 후 신병 교육계획에 의거 잔여교육을 마친 후 자대로 분류하고, 현역복무부적합자로 의결된 자는 군사령부(작전사) 또는 인사사에서 전역명령을 발령

나. 자대 복무중인 병의 '현역복무 부적합' 처리

1) 자대 복무간 관찰을 통해 아래와 같은 인원을 현역복무 부적합자(근무부적격자)로 식별한다.

가) 저능아, 정신이상 · 성격 장애자, 군생활 적응장애자, 군복무가 곤란한 질환자, 사고 우려자 등

2) 현역복무 부적합으로 식별된 자는 아래 절차에 따라 현역복무부적합으로 처리한다.

가) 『병역심사관리대』 에서 '전역심사위원회'로 회부하는 자

(1) 각군(작전사) 예하 각급부대에서는 '군생활 적응장애 및 정신과 관련 질환자'에 해당되는 부적합자가 발생되는 즉시 사·여단에 수시 보고

(2) 사 · 여단에서는 예하 소속부대에서 현역복무 부적합자를 보고시 최단기간내 조사위원회를 수시로 개최하여 부적합자를 의결한 후 군사령부(작전사) 또는 인사사에 서면 보고

(3) 군사령부(작전사)또는 인사사에서는 사 · 여단에서 보고된 부적합 대상자에 대해 『병역관리심사대』 입소여부를 결정하여 사 · 여단에 통보

(4) 사 · 여단에서는 군사령부(작전사) 또는 인사사로부터 입소 결정된 자에 대해 『병역관리심사대』 입소시 구비서류를 첨부하여 군사령부(작전사), 수방사 『병역관리심사대』 로 병력을 인계

(5) 『병역관리심사대』 에서는 입소병력에 대해 추가관찰을 실시한 후, 입소시 구비서류와 병영생활전문상담관 의견서 및 정신과군의관 소견서 등 추가관찰 서류를 첨부하여 군사령부(작전사) 또는 인사사로 보고

(6) 군사령부(작전사) 또는 인사사에서는 전역심사위원회를 매주 개최하고, 전역심사 결과에 따라 처리

나) 소속부대에서 '전역심사위원회'로 직접 회부하는 자

(1) 1군 · 2 작전사 · 3군 및 육 · 국직 부대 예하 각급부대장은 아래 사유에 해당하는 부적합자가 발생되는 즉시 구비서류를 첨부하여 사 · 여단 또는 인사사에 보고

(가) 군사령부(작전사)의 현역복무 부적합 병사 중에서 정신과 관련 질환을 제외한 일반 신체질환자(병역심사괸리대 미입소자)

(나) 육 · 국직부대의 정신과 관련 질환을 제외한 일반 신체질환자(병역심사관리대 미입소자)

(2) 사 · 여단장은 예하부대에서 현역복무 부적합자가 보고되면 최단 기간내 조사위원회를 개최하여 부적합자를 의결한 후 군단사령부(작전사)로 서면 보고하고, 육 · 국직 부대는 육본(인사사령부)으로 보고하여 처리

(3) 전역심사권 부대장(인사사령관, 군사령관 및 작전사령관)은 전역심사위원회를 매주 개최하여 전역심사 결과에 따라 처리

다. 현역복무 부적합 병 처리시 구비서류

1) 『병역심사관리대』 입소자와 소속부대에서 전역심사위원회로 직접 회부하는 자의 구비서류는 아래와 같다.

<table>
<tr><th colspan="2">구 분</th><th>「병역심사관리대」 입소자</th><th></th></tr>
<tr><td colspan="2">대 상</td><td>• 군생활 적응장애 및 정신과 관련 질환자
(1·3군, 2작사, 육·국직)</td><td>• 일반신체 질환자
(1·3군, 2작사,
육·국직)</td></tr>
<tr><td rowspan="2">구
비
서
류</td><td>공통</td><td colspan="2">• 병영생활지도기록부·동료확인서(2인)
• 지휘관 확인서(연·대대장 중 1인)</td></tr>
<tr><td>상담/
의무
진료
관련
서류</td><td>• 군병원 또는 민간병원의 의무관련서류
* 진단서, 소견서, 진료 기록지 중 1건 구비
• 비전캠프 의견서(입소자의 경우)
• 병역심사관리대 관찰서류
* 병영생활상담관 의견서, 정신과 군의관 소견서</td><td>• 군병원 전문의 관찰
소견서</td></tr>
<tr><td colspan="2">처 리
절 차</td><td>• 자대 → 사·여단 조사심의 → 병역심사
관리대 관찰 → 전역심사</td><td>• 자대 → 사·여단
조사심의 → 전역심사</td></tr>
</table>

라. 현역복무 부적합 조사 및 전역심사위원회 운영

1) 조사위원회는 편제상 장관급 이상 지휘부대에 설치하며, 위원회 구성 및 운영은 아래와 같다.

가) 위원회는 참모장이 위원장이 되며, 일반·법무참모, 헌병대장, 의무대장, 부사관 대표로 8인 이상으로 위원을 구성

※ 단, 법무·헌병·의무병과 장교가 편성되지 않은 부대는 인접부대에 위촉 의뢰하여 편성할 수 있다.

나) 신속한 행정처리 및 소속부대 지휘부담 해소를 위해 사유발생시 수시로 개최

다) 위원회는 위원장을 포함한 2/3 이상 위원의 출석으로 개최하고, 출석위원의 과반수 이상으로 의결

라) 위원회는 『병역관리심사대』로 입소시킬 인원과 전역심사위원회에 직접 회부시킬 인원을 구분하여 조사

마) 조사심의 결과 현역복무 부적합으로 의결된 병은 대상자별로 구비서류를 첨부하여 전역심사권 부대로 보고

바) 조사위원회를 설치할 수 없는 육군 및 군 직할부대 또는 기타부대에서 식별된 현역복무 부적합자는 상급부대(육군본부 또는 해당 군사령부/작전사)에 직접 보고

2) 전역심사위원회는 육군본부 및 각 군사령부와 작전사에 설치하며, 위원회 구성 및 운영은 아래와 같다.

가) 위원회 구성은 위원장을 포함한 8명으로 아래와 같이 구성

(1) 위원장 : 인사처장(육본 인사행정처장)

(2) 위 원 : 일반참모부 과장급(2명), 부관(인사처리)과장, 군의, 헌병, 법무, 부사관 대표

나) 군사령부(작전사) 또는 인사사는 『병역관리심사대』 입소인원에 대한 전역심사시에는 『병역관리심사대』 정신과군의관 및 병영생활 전문상담관을 참고인으로 추가 편성

다) 위원회는 위원장을 포함한 재적위원 2/3 이상 출석으로 개최하고, 출석위원 2/3 이상 찬성으로 의결하며, 참고인은 조언을 할 수 있으나 의사결정권은 가지지 않는다.

라) 전역심사위원회를 수시로 개최(주 1회 이상)하여 부적합자를 즉각적으로 처리하여 지휘부담을 최소화한다.

마) 전역심사 대상은 예하부대 조사위원회에서 조사심의 결과 현역복무부적합으로 의결된 자로 하며, 이때 『병역관리심사대』를 경유하여 회부된 자는 참고인의 의견을 종합하여 전역 심사한다.

마. 『병역관리심사대』 운영 및 후속조치에 대한 각관의 임무

1) 『병역관리심사대』 편성인원은 아래와 같다.

가) 『병역관리심사대』 운영인원은 각군 및 작전사, 수방사에 정신과 군의관, 병영생활 전문상담관, 병력관리요원, 행정담당관 통합추가 편성하여 운용

(1) 상담 및 검사요원은 임상심리 검사·평가와 정신건강 진단을 위해 병영생활 전문상담관과 정신과군의관으로 편성

(2) 병력관리요원은 신상파악, 병력통제 및 관리, 심사준비 및 종합 등의 임무수행을 위해 병력관리관과 행정담당관으로 편성

2) 『병역관리심사대』 운영인원은 다음과 같은 임무와 역할을 수행한다.

가) 보충대장은 『병역관리심사대』 입소인원에 대해 소속부대원으로서 일체의 지휘책임을 지고 병력에 대한 관리

나) 정신과군의관은 정신건강검진 및 진단을 실시한 후 소견서를 작성하여 군사령부(작전사) 또는 인사사 전역심사위원회에 참고자료로 제출

다) 병영생활전문상담관은 심리검사(MMPI-Ⅱ)실시하고 분석하며, 임상 심리 상담·평가를 실시한 후 의견서를 작성하여 군사령부(작전사) 또는 인사사 전역심사위원회에 참고자료로 제출

라) 병력관리관(병)은 자대·가정과 연계하여 신상파악을 실시하며, 병력을 통제하고 관리

마) 상담 및 검사요원(군의관, 전문상담관)과 병력관리요원이 상호토의하여 종합적으로 판단한 후 전역심사위원회 회부자료를 작성

바) 상담 및 검사요원은 군사령부(작전사) 또는 인사사 전역심사외원회에 참고인으로 참석하여 『병역관리심사대』 에서 회부된 인원에 대해 전역심사하여 의견을 제시

사) 군사령부(작전사) 및 수방사 인사처장은 『병역관리심사대』 운영에 관한 전반적인 확인·감독과 운영에 대한 책임을 지며, 수시로 운영평가를 실시

아) 인사사령부 인사행정처장은 각 군사령부(작전사) 및 수방사 『병역관리심사대』 운영 및 전역심사 결과를 월 단위로 분석·평가한 후 인사참모부에 서면으로 보고

3) 『병역관리심사대』 입소한 인원중 군사령부(작전사)또는 인사사 전역 심사 결과 복무적합 판정자 (원복)에 대한 관리는 아래와 같이 한다.

가) 복무 적합자의 부대복귀로 인한 심리적 부담감 및 조기 복무 적응 유도를 위해 부대별 여건에 따라 장관급 지휘관 판단하 비전캠프 입소, 부대·보직 변경, 부모 동행하 위로휴가 시행 등 다양한 프로그램 운용

5. 행 정 사 항

가. 본 지시는 '09. 10. 1일부로 시행하며, 기 하달된 육지시09-1003호(현역복무 부적합 명 처리절차 개선)를 대체하여 시행한다.

나. 본 지시 시행과 동시에 '08.12.31일부로 하달된 『병역관리심사대』 운영지침(안)은 폐기한다.

다. 본 지시에 포함되지 않는 사항은 육규 113 병 인사관리규정 및 인사사령부 『병역관리심사대』 세부운영기준 지시문을 우선하여 적용한다.

라. 본 지시문은 육군규정 반영시까지 유효하며, 기타 지시와 상충될 경우에는 본 지시문을 우선하여 적용한다.

마. 본 지시에서 위임된 사항은 각 군사령부(작전사) 및 인사사에서 부대별 여건을 고려하여 구체화하여 시행한다.

바. 각급 부대(서)의 지휘관(부서장)은 본 지시 내용에 대한 홍보 및 교육을 실시하여 '현역복무 부적합 처리 개선' 시행이 조기에 정착될 수 있도록 한다.

제9절 얼차려 규정

1. 얼차려 실시요령

① 얼차려를 부여하는 자는 피교육자의 병영생활 상태와 체력수준을 고려하여 얼차려 방법과 횟수를 결정하여야 한다.

② 얼차려를 부여하는 자는 얼차려 시행이 교정을 목적으로 하는 교육임을 명심하여 피교육생이 얼차려로 인하여 인간적인 수치심을 느끼거나 가혹행위(고통)로 받아들이지 않도록 한다.

③ 얼차려를 부여하는 자는 피교육생이 얼차려를 통하여 정신을 수양하고, 행동을 숙달하며, 체력을 단련했다는 등의 성취감을 느낄 수 있도록 해야 한다.

④ 육군 전 장병은 규정되지 않은 얼차려를 부여할 수 없다.

※ 얼차려를 집행하는 간부는 가능한 한 얼차려를 받는 병사와 동일한 복장을 착용하고 함께 하는 것이 가장 훌륭한 지휘통솔 방법임.

2. 얼차려 대상

① 각급부대는 법과 규정, 지침, 지시를 위반한 대상자(병사) 중 징계 또는 법적제재의 대상자와 군기 교육대 입소 대상자를 제외한 경미한 위반자에게 얼차려를 부여할 수 있다.("근신"처분자 중 얼차려 병과자 포함)

② 각급부대는 구두 교육에 의한 교정을 우선 시행후 교정이 불가능 할 경우, 동일한 잘못을 반복할 경우, 교육훈련시 훈련목적에 부합되는 범위내에서 필요한 경우에 얼차려를 시행할 수 있다.

3. 야전부대에서의 얼차려 방법

얼차려 종류	일·이병의 얼차려	상·병장의 얼차려
팔굽혀 펴기	1회 20번 이내/계속 4회 이내 반복	1회 20번 이내/계속 5회 이내 반복
앉았다 일어서기	1회 20번 이내/계속 4회 이내 반복	1회 20번 이내/계속 5회 이내 반복
개인호 파고 되메우기	1회 20분 이내/계속 2회 이내 반복(40분)	1회 20분 이내/계속 3회 이내 반복(60분)
보 행	1회 1Km이내 (단독, 완전군장)계속 3회 이내 반복(3Km)	1회 1Km이내 (단독, 완전군장)계속 4회 이내 반복(4Km)
뜀걸음	1회 2Km이내(단독군장)	1회 4Km이내 (단독, 완전군장)
순환식 체력단련	1회 10분 이내/계속 3회 이내 반복(30분)	1회 10분 이내/계속 4회 이내 반복(40분)
특정지역청소	1일 이내	1일 이내
반성문작성	1회 500자 이내	1회 500자 이내/계속 2회 이내 반복
좌 정 (반성, 수양)	1회 20분 이내	1회 20분 이내/계속 2회 이내 반복(40분)

4. 얼차려 부여절차

① 얼차려 시간 : 일과시관~자유시간 내(08:00~20:00), 1회 1시간 1일 2시간 이내로 실시,
※ 1시간 초과시 중간 휴식시간(1시간 이상) 부여
② 승인권자 : 소대장 이상 지휘관(관), 휴무간 당직사관
※ 승인권자는 "집행자, 시기, 장소, 방법 등을 명시"한다.
③ 집행권자 : 분대장 이상 간부
※ 얼차려는 반드시 집행자 감독하에 실시하며, "공개된 장소"(연병장, 복도, 부대 사전 등)에서 실시한다.
※ 승인권자는 감독을 병행해야함

제10절 예산사용 규정

1. 부대운영비 사용지침

가. 지급 기준

급호	총액	지휘부 운영비(204-02)				참모부 운영비			
		소계	지휘 활동비	격려 포상비	지휘부 운영비	소계	일반 수용비 (201-1)	국내 여비 (202-1)	특정 업무비 (204-2)
연대 (5-1)	2,360	1,646	600	720	326	714	616	98	
대대 (6-1)	1,071	583		583		488	430	58	
중대 (8-1)	530	288		288		242	200	42	

나. 집행 지침

구 분	세부사업	용 도
지휘부 운영비 참모부 운영비	지휘활동비	• 지휘관 판공비(1차수령 날인으로 영수증 갈음)
	격려/포상비	• 격려금, 생일자를 포함한 관혼상제 등 경조금 소요경비 • 유공자/경연대회 포상금, 전역/전출행사비 • 부대방문 내빈/예하지휘관, 참모 등 접대비 소요되는 관서 운영경비
	지휘부 운영 일반수용비	• 지휘부의 일상운영 및 기타 행정비 • 사무실 일상 행정소모품 및 집기, 비품수리 및 신문구독료, 전화요금
	국내여비	• 각종 회의, 시범훈련, 검열, 행사 등에 참여하는 소속장병의 공용여비

다. 회계 증빙 서류

1) 대대급 이상 제대 : 현금출납부, 영수증 증거서류철 유지
2) 중대급 부대 : 부대일지의 현금출납 사항란에 기록, 영수증

라. 지휘관 / 회계직위자 확인사항

1) 지휘관 / 회계직위자 확인사항
2) 예산편성 목적에 부합되도록 집행
3) 참모부 운영비로 부지휘관, 주임원사, 지휘부 운영비 할당 금지
4) 참모부/지휘부 운영비 통합사용 금지
5) 지휘관 개인적인 용도(동기생 진급축하 "난"등) 사용 금지

2. 소대장 지휘활동비

가. 지급 기준 단위 : 천원

구 분	병력규모(명)	기준액(월)
“가”급	30~49	90
“나”급	20~29	72
“다”급	10~19	45

나. 집행 지침

1) 소대단결 활동 : 체육행사 후 다과 음료, 계급별 간담회, 전입/전역자 회식
2) 격려활동 : 경조비, 생일자/진급자 축하, 순찰시 근무자 격려
3) 기타활동 : 포상/위로 휴가자 여비, 면담, 불우병사 관리, 기념사진 촬영

다. 회계증빙서류

1) 중대장은 소대지휘 활동비 사용시 근본취지에 부합되도록 수시교육 및 확인하되 과도한 통제 지양(결재 불필요)
2) 소대의 신문대금, 사무용품비 등 행정경비는 중대에서 지원

3. 체육 행사비

가. 지급 기준

구 분	연 대	대 대	중 대
기준액(년)	300	100	40

나. 집행지침

1) 현금출납부 기록유지
2) 예산사용계획/결과, 영수증, 재산(소모품) 대장등재, 부대일지 기록유지

4. 월동준비 자재비

가. 사용범위

구 분	사 용 범 위
시설보온	내무반 초소, 기타 병영시설 방풍 및 보온자재 구입(시설보온)
급식/급수	취사/급수시설 및 장비 동파방지 자재 구입
재난준비	화재안전 및 재난장비 설치자재(안전) 대책
전술도로	적사장설치 및 제설도구 준비
기 타	월동시에만 특히 필요한 자재

나. 집행 지침

1) 군에서 보급되는 월동물자 외에 필요한 자재를 자대에서 구매사용
2) 대대급 이하 부대를 대상으로 월동준비 실소요제대에서 집행

다. 회계증빙 서류

1) 예산사용계획
2) 구매영수증 / 무통장 입금증
3) 현금출납부 기록유지

라. 지휘관 / 회계직위자 확인 사항

1) 군보급품 구매금지(목재, 난로구매 등)
2) 부대운영비 등으로 전용 사용금지(좌변기, 소화기, 온수기 구매 등)

5. 교육훈련비

가. 사용범위

1) 중대훈련비는 연간 통합예산으로 중대 전술훈련 평가/전술훈련 등에 분할 사용
2) 연대 종합전투력 연대 전술훈련 평가시 연계하여 실시하고 대대 및 중대 종합전투력 측정은 연 1회 별도 실시
3) 훈련재료비는 훈련 준비 및 실시에 소요되는 제반 재료와 행정소모품 구입

나. 격려금 이란

1) 상급부대 및 상급기관의 격려금이란 대통령 하사금, 장관 또는 참모총장 격려금과 같은 성격의 격려/포상금을 말함

6. 생활쓰레기 처리비 활용지침

가. 생활쓰레기를 분리수거한 후 잔여 쓰레기를 군 차량으로 지자채 매립장에 처리할 때 수수료로 사용한다.

나. 생활쓰레기를 종량제로 처리할 경우 지자체에서 제작한 쓰레기 봉투 구입비용으로 사용한다.

다. 잔반처리기(발효식) 운용부대에서 "효소작용제" 구입비 용으로 사용할 수 있다.

라. 소각로 보유부대는 소각잔재 처리비용으로 사용한다. 다만 소각잔재가 지정폐기물로 분류된 경우에는 공해물자처리비로 처리하여야 한다.

마. 대형폐기물TV, 냉장고 세탁기 가구류 등 처리시 수수료로 사용한다.

제11절 부대일지 작성 요령

1. 작성법

가. 인원현황

1) 작성시기 :

매일 일조점호 인원을 기초로 중대인원 현황을 당일 08:00시를 기준하여 내용별로 기록

2) 작성책임

행정병 기록 후 행정보급관 직접 확인/감독

3) 작성방법/순서

가) 총 원 : 신분별로 중대 보직인원을 먼저 작성하고 타 부대에서 파견을 와서 근무중인 배속인원이 있으며 배속란에 기록, 보직인원과 배속인원 합한 인원을 좌측 계란에 기록한 후 신분별 합한 인원수를 상단 계란에 기록

※ 군무원 보직부대는 맨 밑 공란에 기록

나) 사고내용 : 신분별 관계없이 사고 유형별 구분하여 전체인원을 "계"란에 "인적사항"에는 계급성명을 기록

(1) 휴가 : 인사명령에 의한 병사 및 간부의 휴가 기재

(2) 파견 : 인사명령에 의한 중대 보직인원이 타 부대에서 일정기간 근무시 기재

(3) 외박 : 간부 "외박" 만 기재

※ 병사들 외박은 성과제에 의한 외박임, 따라서 병사들은 계획된 외박을 실시할 수도 있으나 갑작스런 면회에 의한 계획되어 있지 않은 외박을 할 수가 있음 이 경우 비고란과 9항 실시사항에 상세하게 기록을 하면 됨

※ 인원현황은 한번 기록하면 변경시 마다 계속 수정할 수 없음

(4) 입실 : 의무대에 “입실” 한 인원을 기재

※ 단, 한울타리에 주둔하고 있는 대대내 의무대는 입실자는 실시사항에 주둔지를 벗어난 인원 즉, 연대 의무중대 “입실자”를 기재

(5) 기타 : 명시되어 있지 않은 사고인원을 기재(예 : 출장, 탈영 등)

다) 사고 : 사고내용의 인원을 신분별로 구분하여 기재 후 상단 계란에 합산하여 기재

라) 현재원 : 총원의 좌측에 있는 “계” 인원에서 사고의 신분별 인원을 감한 수를 현재원에 신분별 기재 후 상단계란에 합산하여 기재

4) 양식구성(작성 “예”)

신 분	총 원			사 고	현재원	비 고
	계	보직	배속			
계	129	127	2	12	117	
장교	4	4		1	3	
부사관	5	5		1	4	
병	120	118	2	10	110	

사고내용	구분	계	인적사항
	휴가	9	계급 성명 기록
	파견	1	
	외박	1	
	입실	1	
	기타	1	

나. 일일결산

1) 작성시기 : 일과종료 직전 분야별 일일결산 후 기재

2) 작성책임 : 일일결산 한 당사자가 직접 자필로 기록

가) 병기 란 : 행정보급관 또는 당직사관
나) 탄약 란 : 행정보급관 또는 당직사관
다) 보안 란 : 당직사관 또는 중대장

3) 작성방법

가) 병기(2-1)

① 화기명 : 중대보유 화기명을 기록
② 장부수 : 중대 재산대장에 기록된 화기별 장부수 기록
③ 실셈결과 : 화기별로 일일결산 당시 실셈 한 위치별 수량을 기재 후 좌측의 계란 합한 수를 기재(시간대별 실셈 결과가 달라질 수 있음)
※ 여백은 기타 사유가 발생했을 경우 상단에 사유를 기재하고 하단에 해당화기 수량을 기재
※ 정비입고/소파견지는 현재 중대에 위치하고 있지 않은 화기로서 정확히 해석을 하면 실셈결과가 될 수 없지만 중대의 화기가 입고 및 파견되었다는 사유를 정확히 파악하는 의미에서 실셈 결과에 포함됨.
④ 차 이 : 실셈결과 계란의 수량과 장부수 수량의 차이를 기록
⑤ 비 고 : 병기 일일결산과 관련된 내용기록(예 : 배속된 인원의 총기 및 입고날짜 등)
⑥ 양식구성(작성 "예")

화기명	장부수	실 셈 결 과								차이	비고
		계	생활관	근무자	무기명	정비입고	소파견지				
K-1	18	18	11	0	7	0	0				
K-2	100	102	84	4	9	2	1			2	배속
K-3	9	9	9	0	0	0	0				
60mm	2	2	2	0	0	0	0				
		이		하		여		백			

나) 탄약(2-2)

탄약은 중대에서 운영되고 있는 탄약을 결산하고 기재함(예 : 경계용 탄약, 5'대기 탄약, 교육용 탄약 등)

① 탄종 : 중대보유 탄약을 탄종별로 구분하여 기재

② 장부수 : 중대 재산대장에 기록된 탄종별 장부수 기재

※ 교탄은 오늘 수령한 탄약의 수량을 기재

③ 소 모 : 탄종별 오늘 수령한 탄약의 수량을 기재

④ 재 고 : 탄종 위치를 공란에 작성 후 아래에 수량 기재

⑤ 소모내용 : 탄종별 소모한 내용을 기재(예:연습사격, 기록사격 등)

⑥ 양식구성(작성 "예")

탄종	장부수	소모	재 고				소모 내용
			계	탄약고	근무지	기타	
5.56mm 공포탄	80	0	80	40	40		기록 사격
5.56mm 보통탄 (교탄)	840	840 이	0 하	0 여	0 백		

다) 보안(2 -3)

보안일일결산은 육방침02 - 53호 중대급 장교와 부사관 책임한계 설정에 중대장이 전담 업무로 되어있고 행정보급관은 책임 부여가 되어 있지 않음, 따라서 부대별 내규로 정하거나 중대장 또는 당직사관이 해야 함.

① 인 원 : 병력 출타시 보안선서 실시사항, 특수자 신원조회, 문제병사 동태 파악, 면회자 교육사항 등 기재

② 문 서 : 비밀문서, 상황판 등 보안관계 문서 수량 및 이상 유무 기재

③ 시 설 : 보안과 관계되는 시설 점검 후 결과를 기재(울타리, 보안시설 잠금장치 등)

④ 보안장비 : 중대보유 보안장비 이상유무 확인 결과 및 점검 결과를 기재(ADU-95등)

⑤ 음어/CEOI : 이상유무 확인결과 및 수량을 기재

⑥ 기 타 : 보안 불시 점검결과 및 통화 위규자 등 기재

⑦ 양식구성(작성 "예")

인 원	출타자 3명 보안교육실시	보안 장비	ADU-95 5대 이상무
문 서	전투세부시행규칙 4부 이상무	음어/C EOI	음어 12부 이상무 CEOI 8부 이상무
시 설	중대 담당 울타리 점검 이상무	기타	통화 위규자 확인결과 없음

※ 종으로 된 양식을 횡으로 작성하였음.

다. 현금출납사항

1) 작성시기 :

각종 예산 및 자금 수령 및 지출 후 기재

2) 작성책임

행정보급관(자필로 작성)

3) 작성방법

가) 적 요 : 자금항목 기재(예 : 부대운영비, 격별보수비, 병봉급 등)

※ 부대운영비/격려금, 지원금 등은 '04년 후반기부터 중대급 부대에서도 금전출납부에 기재하게 되어 있으며 금전출납부는 5년간 보관을 함

※ 따라서 부대운영비는 부대일지와 금전출납부 두 곳에 기재함.

나) 수 입 : 금일 수령한 자금 금액/전일 잔액을 이월한 금액

다) 지 출 : 금일 사용 또는 지급한 금액 기재

라) 잔 액 : 수입에서 지출을 감한 금액(지출이 없을 경우 수입 금액이 잔액 됨)

4) 양식구성(작성 예)

적 요	수 입	지 출	잔 액
운영비 이월			250,000
운영비		30,000	220,000
1/4분기 격보비 수령	180,000		180,000

라. 자원유입 및 소모현황

1) 작성시기

각종 보급품 및 물자를 수령 / 불출후 기록

2) 작성책임

행정보급관(자필로 작성)

3) 작성방법

가) 품 명 : 수령 및 소모한 보급품 품명 기록

나) 수입 / 소모

① 수령 및 구입 시 : 수입으로 기재

② 수령 후 금일 소모 시 : 수입/소모로 기재

③ 소모 시 : 소모로 기재

다) 재고번호 / 탄종번호 : 해당품목의 재고번호 / 탄종번호 기재

라) 단 위 : 개, 족, 발, 매, 벌 등 기재(한글로 표기)

마) 사용목적 : 수령 및 소모한 목적 기재(예 교육훈련용, 채난용, 개인지급용, 작업용 등)

바) 수입/소모내용 : 수입 및 소모의 구체적 수량과 내용기재(예 : 좌측에 수량 기재, 우측에 수입 / 소모내용 기재)

사) 재 고 : 수령한 수량과 중대에서 보유하고 있는 현재고량 합한 수량 및 현재고량에서 소모한 수량을 감한 수량을 기재

4) 양식구성(작성 예)

<table>
<tr><td rowspan="2">품 명</td><td rowspan="2">수입
소모</td><td colspan="6">내 용</td><td rowspan="2">재고</td></tr>
<tr><td>재고번호/
탄종번호</td><td>단위</td><td>수량</td><td>사용목적</td><td colspan="2">수입/
소모내역</td></tr>
<tr><td>전투복하
556mm
보통탄</td><td>수입
수입/소모</td><td>000000000
0000000</td><td>매발</td><td>5
840</td><td>개인지급용
교육훈련용</td><td>3
80
0</td><td>지급
기록
사격</td><td>2
(휴가자)
잔탄40</td></tr>
</table>

마. 일품검사

1) 작성시기 : 일품검사 직후 기록

2) 작성책임 : 행정보급관(자필로 작성)

3) 작성방법

가) 품 명 : 일품검사 계획표의 지정된 품목 및 오늘 일품검사를 실시한 품명 기재

나) 운영 배당량 : 품목별 중대 운영 배당량 기재

다) 장부수 : 재산대장의 최근 거래일자의 현재 수량 기재(중대의 재산을 말함)

라) 검사결과 : 일품검사를 실시 후 실셈한 수량기재

마) 차 이 : 장부수와 검사결과 실셈한 수량의 차이 량을 기재

바) 사용가 : 검사결과 사용가능한 품목의 수량 기재

사) 폐 품 : 사용 불가능한 품목 수량 기재

아) 청 구 : 검사결과 운영 배당량 수량보다 부족할 시 부족 수량을 기재 (주간일품결과 보고서에 의해 청구예정 수량)

※ 단, 소모삭제 품목일 경우 편성부대 실무자와 유선으로 협조한 후 소모삭제 칸에 수량을 기재하고 운영배당량 부족량과 소모 삭제 수량을 합하여 청구할 수 있음.

자) 반납건의 : 폐품 수량 / 운영 배당량 초과 수량기재

차) 소모삭제 : 소모성 물자(소모삭제 품목)의 폐품수량 기재

카) 손망실 : 실셈한 결과 장부수보다 부족하여 망실한 경우 원인을 규명하여 장차 손망실 보고할 수량 기재

타) 특이사항 : 일품검사결과 차이난 수량 등 특이사항이 있을시 기재

4) 양식구성(작성 예)

품명	단위	운영배당량	장부수	검사결과	차이	상태별			조치				특이사항
						사용가	요정비	폐품	청구	반납건의	소모삭제	손망실	
전투복상	매	360	360	360	0	358	1	1	1	1	0	0	
전투복하	매	360	360	360	0	355	2	3	3	3	0	0	
			이		하		여		백				

바. 당직근무

1) 작성시기 : 근무시간중 업무처리시 기록

2) 작성책임 : 당식사관(자필로 작성)

3) 작성방법

가) 지휘관 지침/강조사항 : 대대장, 중대장, 당직사령 강조사항 기재

나) 복무계획 : 당직사관이 어떻게, 무엇에 중점을 두고 근무할 것인가를 기재(당직사관 복무계획)

※ 근무기간중 실질적으로 확인 및 점검사항 등 구체적으로 기재
(상황보고철저, 근무철저 등은 상급부대 당직근무자의 복무계획임)

※ 예 : 화재사고 취약요소 확인, 임무분담제 시행실태 점검

다) 복무결과 / 특기사항 : 복무계획에 의해 실제 근무한 결과와 근무기간중 발생된 특이한 사항을 사실대로 기재

라) 인계사항 : 인수받은 장비, 탄약/근무기간 중 특이한 상황 및 조치, 지시받은 사항, 미비사항 등 기재

마) 후번근무 : 다음 근무자 인적사항 기록

바) 양식구성(작성 예)

당직 사관	1월 5일 17:00부터 계급 : 중사 군번 : 99-12345 성명 : 백두산 서명 : 백두산 1월 6일 08:00까지		
지휘관 지침 강조사항	복무계획	복무결과/특이사항	인계사항
화재사고 예방 근무기강 확립	화재사고 취약요소 확인 임무분담제 시행실태점검 개인위생 상태 점검	누전차단기 작동불량 1개 후임병위주 청소실시 선임병 참여의식고취 교육 환자 : 감기증세 2명 (이병:한라산, 일병:백두산)	누전차단기 교체요망 환자현황 총기보관함 열쇠
후번 당직사관 계급 : 중위 군번 : 21-2345 성명 : 지리산 당직병 계급 : 병장 군번 : 22-3456 성명 : 설악산			

사. 일일명령

1) 작성시기 : 일과시간내

2) 작성책임 : 행정보급관

3) 작성방법

가) 중대의 위병/상황/초소근무/불침번 등 모든 경계 근무자 명령 기록

나) 근무일자에 맞도록 36시간 전에 게시가 되도록 금일 기준 3일 후 근무명

령 작성(양식에 자필 작성 또는 병원관리 종합프로그램 이용 작성 후 부착 가능)

다) 본란에 기재/부착 후 중대장이 서명함으로서 일일명령 발령 효력 발생

라) 중대장 서명 후 게시할 근무명령서 작성 또는 출력하여 게시

마) 양식구성

※ 전산출력 근무명령서 부착 가능 《　》　《　》							
시 간	소 속	계 급	성 명	시 간	소 속	계 급	성명
《　》				《　》			
시 간	소 속	계 급	성 명	시 간	소 속	계 급	성명

아. 상급부대 지 및 보고사항

1) 작성시기 : 각종 문서접수 / 발송 즉시

2) 작성책임 : 행정보급관

3) 작성요령

가) 총건수 : 접수받은 지시 / 하달사항의 전체 건수를 기재

나) 일반(시행)문서 : 명령지, 계획서, 시행문, 지휘서신 등 문서로 하달된 서류의 건수를 기재

※ 전자문서로 접수받은 경우 중대 컴퓨터 파일에 등록된 문서중 중대에 해당되는 문서 건수를 포함

다) 전 통 : 전화로 하달되는 각종 문건을 건수로 기재

라) 전 문 : FAX로 하달되는 문건을 건수로 기재

마) 기 타 : 회의나 결산시 구두로 지시 받은 사항을 건수로 기재

4) 상급부대 보고사항

가) 총건수 : 상급부대로 보고한 전체 건수를 기재

나) 전령전 : 중대에서 발송한 전령전 호수를 기재

다) 전화조치 : 전화로 각종 보고한 사항이나 건의한 사항을 건수로 기재

라) 업무보고시 : 중대장이 결산, 회의시 직접 보고한 건수나 간부가 상급부대에 가서 직접 조치한 건수기재

마) 양식구성(작성 예)

<table>
<tr><td rowspan="2">상급부대지시
/하달사항</td><td>총건수</td><td>일반문서</td><td>전 통</td><td>전 문</td><td>기타</td></tr>
<tr><td>5</td><td>3</td><td>0</td><td>0</td><td>2</td></tr>
<tr><td rowspan="2">상부부대
보고사항</td><td>총건수</td><td colspan="2">전력전</td><td>전화조치</td><td>업무보고시</td></tr>
<tr><td>6</td><td colspan="2">호수 :8,9호</td><td>1</td><td>3</td></tr>
</table>

자. 실시사항

1) 작성시기 : 시간대별 업무 실시 후 및 상황 접수/ 종료시 작성

※ 1항부터 8항에서 양식에 의해 작성된 부분을 제외한 근거, 실적 및 장소, 주관자 등 6하 원칙에 준해 상세히 기재

2) 작성책임 : 행정보급관(행정병 기록 후 확인/감독)

3) 작성방법

가) 온도파악 : 오늘 08:00부터 내일 08:00의 온도를 2시간 단위로 실내와 실외로 구분하여 기재

나) 순 번 : 업무를 처리하고 기록한 순서를 기재 (1,2,…)

다) 실시시간 : 상황이나 공문, 지시사항 등의 접수한 시간 및 전령전 발송, 유선보고 등 각종 사항을 상급부대에 보고/발송한 시간, 업무수행시간 등을 기재

라) 제 목 : 업무의 제목을 기재

마) 실시 / 처리결과내용(요약) : 실시사항 및 처리한 업무의 내용을 간략하게 요약하여 기재

※ 기재시 사실에 입각하여 중대의 모든 업무,병력의 이동관계, 상급부대 방문점검 등 근거/ 실적을 남길 수 있는 모든 내용 기재

바) 실시/처리결과 내용 기록사항

① 상급부대 공문접수시 : 제목, 근거, 주요내용 요약
② 각종 사고사례, 회보 접수시 : 제목, 근거, 주요내용, 병사교육 실시여부(장소, 누가, 몇 명 교육 등)
③ 상급부대 전령전 상신시 : 호수, 제목, 수신처, 주요내용
④ 중대장 표창수여자 : 인적사항, 호수, 명령근거
⑤ 손망실 보고서 : 근거
⑥ 군기위반 적발시 : 인적사항, 벌목, 처리결과
⑦ 부대 자금수령시 : 항목, 금액, 지출내용 및 각종근거
⑧ 상급부대 통제훈련/평가결과, 현장지도 결과
⑨ 사격훈련 및 측정결과
⑩ 중대 단결회의 결과/각종 검열 준비사항
⑪ 중대장, 간부, 정신교육시 : 시간, 장소, 인원, 교육내용
⑫ 각종 사고보고 내용
⑬ 휴가, 외출, 외박자 인적사항, 출발/복귀시 신고, 휴가비지급 내용 등
⑭ 면회자 접수현황 및 면회 실시자 인적사항
⑮ 중대에서 발송한 군사우편 발송내용(무료, 유료 구분)
⑯ 대민 지원사항, 면담실시사항(면담내용 미기재), 수색, 매복편성 등 작전활동사항, 물품구매 사항, 시설보수사항 등 제반 실시되고 있는 사항 누락 없이 기록

차. 결 재

1) 결재 순서 및 요령

가) 당직사관 : 당직근무자 익일 17:00부터 당일 08:00까지 해당란에 기록 정리하고 익일 08:00 이전에 서명한다.

나) 행정보급관 : 당일 08:00부터 익일 08:00까지 기록된 내용을 검토 및 확인후서명한 후 중대장에게 결재상신한다.(다) 중대장 : 당일 08:00부터 익일 08:00사이에 중대에서 업무 처리한 전반적인 기록 정리된 사항을 점검하고 익일 08:00에 서명한다.

※ 서명은 알아볼 수 있는 한글로 한다.

카. 실시/처리결과 내용 기록(예문)

<table>
<tr><th>순번</th><th>실시시간</th><th>제 목</th><th>실 시/처 리 결 과 내용(요약)</th></tr>
<tr><td>1</td><td>08:00</td><td>휴가신고</td><td>장소 : 중대연병장, 주관 : 행정보급관
대상 : 병장 김철호외 3명
내용 : 군사보안교육, 군기본자세, 복귀일(시간)
충효예교육, 관물회수 총번 :
휴가비 지급(0000원) 등
제목 : 정기휴가보고(제8호), 주관 :
행정보급관,
접수 : 인사장교
<table><tr><td>계급</td><td>군번</td><td>성명</td><td>군사특기</td><td>기간</td><td>행선지</td><td>비고</td></tr><tr><td></td><td></td><td></td><td></td><td></td><td></td><td></td></tr><tr><td></td><td></td><td></td><td></td><td></td><td></td><td></td></tr></table></td></tr>
<tr><td>2</td><td>09:00</td><td>전령전 발 송</td><td>접수 : 행정보급관 발신처 : 인사과
제목 : 인사명령(16호) 병 진급명령
내용 : 이-일병: 000, 000, 000
일-상병: 000, 000, 000
상-병장: 000, 000, 000</td></tr>
<tr><td>3</td><td>14:00</td><td>공문접수</td><td>제목 : 사고사례( )
내용요약 :
조치 : 일석점호시 일직사관에 의해 교육예정</td></tr>
</table>

결재	행정보급관	당직근무자	지휘관

부 대 일 지

년 월 일(요일) 날씨 :

	신 분	총 원			사 고	현재원	비 고
		계	보직	배속			
(1) 인원 현황	계						
	장 교						
	부사관						
	병						
	군무원						

	사고내용 구분	계	인적사항
(1) 인원 현황	휴가		
	파견		
	외박		
	입실		
	기타		

(2) 일일 결산

병기(2 -1)									
화기명	장부수	실셈결과						차이	비고
		소계	내무실	근무자	무기고	정비입고	소파견지		

탄약(2 -2)								보안(2 -3)	
탄종	장부수	소모	재고				소모내용	인원	
			계					문서	
								시설	
								보안장비	
								음어	
								기타	

	적요	수입	지출	잔액	적요	수입	지출	잔액
(3) 현금 출납 사항								

	품명	수입/소모	내 용					재고
			재고번호	단위	수량	사용목적	수입/소모내용	
(4) 자원 유입 및 소모 현황								

	품명	단위	운영배당량	장부수	검사결과	차이	상태별			조치				특이사항
							사용가	요정비	폐품	청구	반납건의	소모삭제	손망실	
(5) 일품 검사														

(6) 당직 근무	당직사관	계급: 군번: 성명: 서명: 기간: 년 월 일 시부터 월 일 시까지		
	지휘관 지침/ 강조사항	복무계획	복무결과/특이사항	인계사항
	후번 당직사관 계급: 군번: 성명: 당직병 계급: 군번: 성명:			

(7) 일일 명령	※ 전산출력 근무명령서 가능							
	《 》				《 》			
	시간	소속	계급	성명	시간	소속	계급	성명
	《 》				《 》			
	시간	소속	계급	성명	시간	소속	계급	성명

(8) 상급부대 지시 및 보고사항 (종합)	상급부대 지시/하달사항	총건수	일반(시행)문서	전통	전문	기타
	상급부대 보고사항	총건수	전령전		전화 조치	업무(일일 결산, 회의)보고 시

(9) 실시사항	· 일과표에 의한 일상업무를 제외한 근거, 실적을 위한 사항이나 특기사항 등 기록 · 부대관리사항, 교육훈련/작전사항 중 특이사항 기록 · 예비군 동원, 향토방위 훈련사항, 기타 자체에서 실시한 중요사항

순 번	실시시간	제 목	실시/처리결과 내용(요약)

온도 파악												
	시 간											
	실 내											
	실 외											

제12절 장병 건강관리 규정(육규 161)

1. 총 칙

가. 책 임

1) 각급 지휘관

가) 장병 건강증진

(1) 건강동태 파악 및 활용

(2) 신체 검사

(3) 영양관리

나) 전염병 관리

(1) 방역조치

(2) 예방접종

(3) 전염병 매개곤충 및 설치류 제거

다) 환경 및 식품위생관리

(1) 급수원 선정 및 위생관리

(2) 식품위생관리

(3) 부대환경 위생정화 및 막사 환기, 조명, 보온관리

(4) 오물(인분 및 폐기물)에 대한 위생관리

라) 보건교육

마) 안전사고 방지

(1) 식중독 예방

(2) 동상예방

(3) 온열손상 예방

(4) 일산화탄소 중독예방

(5) 사교상(Snake bite)

바) 기타 장병 건강에 관한 사항

2) 의무참모

장병 건강관리를 위한 위 각 사항에 대하여 참모조언 및 건의를 한다.

3) 공병참모

제반 위생시설의 공사 및 운영을 책임지며 부대주변 방역(오물처리, 늪지대, 매몰 등) 방충, 구서 및 급수원 설치와 관리를 한다.

4) 군수참모

방역약품(살충 및 살서 포함)의 획득, 저장, 분배를 한다. 또한 장병의 개인 건강 향상을 위해 주기적인 세탁, 목욕에 대한 계획, 실시 및 의무 참모 제의에 의거 피복을 방충한다.

2. 건강증진

가. 방 침

건강증진사업은 다음과 같은 방침하에 수행한다.

1) 개인의 잘못된 생활양식

운동부족 · 영양불균형 · 흡연 · 음주 · 비효율적 스트레스관리 등을 개선시킴으로써 만성퇴행성질환이나 성인병의 발생을 예방한다.

2) 건강생활의 실천을 통하여 최적의 건강상태를 유지 시킨다.

3) 건강증진프로그램의 시행을 통하여 장병 등의 삶의 질을 향상 시킨다.

나. 지휘관 · 참모 및 장병의 책무

1) 지휘관

가) 건강증진규정에 따른 자체 계획 수립 · 시행 · 분석 및 평가

나) 건강증진 프로그램의 시행 및 건강생활실천운동 전개

다) 건강증진 사업의 예산 반영 및 중기 계획 작성
라) 건강증진에 관한 교육 홍보자료의 획득 및 활용
마) 필요에 따라 건강증진위원회를 운영

2) 의무참모

가) 건강증진사업의 기본정책 수립, 시행결과의 분석 및 평가
나) 건강증진사업의 예산 및 중·장기계획 수립·조정 및 통제
다) 건강증진위원회의 구성 및 운영에 관한 지침 제공
라) 건강증진사업의 총괄조정·지도 및 기술적 협조
마) 건강증진사업 전반에 관한 교육, 홍보자료의 개발·보급
바) 건강증진 프로그램의 개발·보급

3) 장병 등은 자신의 건강을 증진시키도록 노력하여야 하며, 타인의 건강에 해를 끼치는 행위를 하여서는 아니된다.

다. 사업계획의 수립

각급 지휘관은 아래사항이 포함되는 보건교육실시계획 및 건강 증진 사업계획을 수립·시행하여야 한다.

1) 금연, 절주 등 건강생활실천에 관한 사항
2) 운동을 통한 체력관리
3) 영양섭취 및 식생활에 관한 사항
4) 만성퇴행성질환예방에 관한 보건교육
5) 스트레스 관리 등 정신건강관리에 대한 교육
6) 기타 건강증진에 관한 사항

라. 흡연억제 및 중단

1) 각급 지휘관은 장병 등에게 흡연 및 금연으로 인한 건강상의 이해, 득실을 적극적으로 교육·홍보하여야 한다.
2) 각급 지휘관은 공공시설에 대해 금연구역과 흡연구역을 구분, 지정하여야

한다. 이 경우 흡연구역은 시설의 규모나 특성에 따라 시설을 이용하는 자의 수에 비례하여 그 면적 및 장소를 지정하고 환기시설을 필히 설치하여야 한다.

마. 알코올 및 약물남용 방지

1) 각급 지휘관은 과음으로 인한 각종 사고와 건강상 폐해에 대하여 교육 및 홍보를 실시하여야 한다. 이 경우 음주운전으로 인한 교통사고의 위험성과 그 결과를 강조하여야 한다.
2) 의무참모는 알코올 및 약물의 남용을 방지하고, 마약류 등의 불법사용을 근절시키기 위한 교육과 홍보를 적극 실시하여야 한다.

바. 체력향상 활동

1) 각급 지휘관은 체력향상은 할 수 있는 부대시설 및 공간을 확보, 지원하여야 한다.
2) 의무참모는 체력향상 활동을 위하여 운동의 강도, 시간 빈도를 정하고, 지원, 격려하여야 한다.

사. 만성퇴행성질환예방에 관한 보건교육

1) 각급 지휘관은 모든 장병이 건강생활을 실천할 수 있도록 그 대상이 되는 개인 또는 집단의 특성, 건강상태, 건강의식수준에 따라 적절한 보건교육을 실시한다.
2) 상급부대는 다음의 사항을 조사하여 평가할 수 있다.
   가) 건강에 관한 지식, 태도 및 실천
   나) 장병의 성병유무등 건강상태

아. 스트레스, 정신건강 관리

1) 각급 지휘관은 장병 등이 스트레스에 직면할 때 자연스럽고 적절하게 대처할 수 있도록 여건을 조성하고 스트레스를 해소시킬 수 있는 방안을 강구하여야 한다.

2) 각급 지휘관 또는 의무참모는 장병 등이 직면하고 있는 개인신상과 관련된 문제 및 군생활 부적응자의 조기발견과 이를 극복할 수 있도록 하기 위하여 주기적인 면담·관찰 및 교육을 실시하여야 한다.

3. 질병관리

가. 전염병의 종류

1) 전염병이라 함은 다음의 제1군, 제2군, 제3군, 제4군 및 지정 전염병을 말한다.

제1군 전염병	제2군 전염병	제3군 전염병	제4군 전염병	지정전염병
• 콜레라 • 페스트 • 장티프스 • 세균성이질 • 파라티프스 • 장출혈성 대장균 감염증 (0157)	• 디프테리아 • 백일해 • 파상풍 • 홍역 • 유행성 이하선염 • 풍진 • 폴리오 • B형간염 • 일본뇌염	• 말라리아 • 결핵 • 성병 • 한센병(나병) • 성홍열 • 수막구균성 수막염 • 레지오넬라증 • 쯔쯔가무시증 • 렙토스피아증 • 브루세라증 • 신중후군 성출혈열 (유행성출혈열) • 인프루엔자 • 후천성면역 결핍증(AIDS)	• 신종전염병 증후군 • 재출현 전염병 • 해외유행	• 유행여부를 조사하기 위해 평상시 감시 활동이 필요한 전염병

2) 각 전염병이 종류는 다음과 같이 정의한다.

가) 제1군 전염병 : 전염속도가 빠르고 장병의 건강에 미치는 위해 정도가 심대하여 발생 또는 유행 즉시 방역대책을 수립하여야 하는 전염병

나) 제2군 전염병 : 예방접종을 통하여 예방 또는 관리가 가능하여 국가예방접종 사업의 대상이 되는 전염병

다) 제3군 전염병 : 간헐적으로 유행할 가능성이 있어 지속적으로 그 발생을 감시하고 방역대책의 수립이 필요한 전염병

라) 제4군 전염병 : 국내에서 새로 발생한 신종전연병증후군, 출현전염병 또는 국내 유입이 우려되는 외유행성전염병으로서 방역대책의 긴급한 수립이 필요하다고 인정되어 보건복지부령이 정하는 전염병

마) 지정전염병 : 제1군 내지 4군 전염병 외에 유행여부의 조사를 위하여 감시활동이 필요하다고 인정되어 육군참모총장이 지정하는 전염병

나. 특수질병의 종류

군의 특수성을 감안하여 신속하고 효과적인 관리 및 예방을 요하는 말라리아 수막구균성수막염, 쯔쯔가무시증, 렙토스피라증, 신증후군성 출혈열(유행성출혈열), 인플루엔자, 후천성면역결핍증(AIDS), A형 간염, 열사병(일사병), 동상을 특수질병으로 한다.

다. 환자발생보고 및 결과조치

1) 제1, 2, 4군 전염병 환자 발생시(B형 간염 제외)

조치부대	조 치 사 항
환자발생부대	• 환자는 군단지원병원급 이상 병원시설에 응급후송 조치하고 의무계통으로 보고한다. • 역학조사 및 방역조치결과는 환자발생 48시간 내 의무계통으로 보고한다.

병 원	• 후송되어온 환자에 대한 신속한 진단을 위하여 환자 가검물을 국군의학연구소, 국립보건원, 시 · 도 보건환경연구원, 군지원병이상 병원시설 중 가장 가까운 시설에 의뢰하고 그 결과에 따라 적절한 조치를 한다. • 환자가 진성으로 판명되었을 경우 의무계통과 환자 소속부대에 즉시 보고 및 통보한다.
군사령부	• 환자 발생 즉시 인사사령부(의무근무처장)에 보고 한다. • 환자 발생시 신속히 단계별 방역조치를 취하고 필요시 역학조사를 지원한다. • 역학조사 및 방역조치 결과는 환자발생 72시간 이내 인사사령부(의무근무처장)으로 보고한다.

2) 특수질병 환자 발생시

각 부대장은 특수 질병환자가 단위부대에 월 평균 발생의 3배 이상 동시 발생하였을 때 상급부대에 보고한다.

3) 제 3군 및 B형 간염환자 발생시

각급 부대장은 제3군 및 B형 간염 환자 발생 시 발생부대에서는 즉시 군단지원병원급 이상으로 후송 조치하고 병원장은 진으로 판명된 경우에 한하여 「즉시 소속부대로 통보」 및 해당부대장으로 「월1회 이상 의무계통으로 보고」 한다.

라. 방역 단계구분 및 단계별 조치

각종 전염병에 대한 방역대책 계획은 그 위험도 및 시기에 따라 다음 4단계로 구분한다.

구 분	위험도 및 시기	조 치 내 용
제1단계	법정 전염병의 국내 침입 또는 발생이 우려될 때	가. 부대환경, 위생강화 및 보건교육 나. 포로, 귀순병, 작전지역 민간인에 대한 검역 다. 민간행정 당국과의 협조 강화

제2단계	법정 전염병 환자가 국내에 산발적으로 발생하고 광범위한 전파가 우려되어 군내 발생이 우려될 때	가. 부대환경위생 및 주변 방역 강화 나. 위험지역 비상 예방접종 실시 다. 건강 격리시설 설정 및 환자 조기 발견책 강구 라. 이동방역반, 이동진료반 편성 마. 위험지역의 출장, 외출, 외박 제한 바. 급수원 관리 철저
제3단계	국내에 광범위하게 만연되어 집단적으로 환자가 발생 되고 군내에 환자 발생이 있을 때	가. 대책 상황실 운영(24시간 근무) 나. 역학조사반 편성 운영 다. 위험지역 출장 제한 및 외출, 외박 금지 라. 식품 및 음료수 관리 철저 마. 이동방역반 및 이동 진료반 운영 바. 환자격리 및 건강격리 사. 지역별 군·관·민 합동 방역대책 강화
제4단계	전염병이 쇠퇴단계에 있고 전염이 종식되어 갈 때	가. 쇠퇴단계에 있는 전염병의 재 유행 나. 제2단계 방역조치 지속 다. 전염병 완전 쇠퇴에 수반하여 각종 조치를 단계적으로 해제

마. 이동방역반 및 진료반 편성, 임무

1) 이동방역반 및 진료반은 다음과 같이 편성함을 원칙으로 한다.

편 성		
구 분	이동방역반	이동진료반
반 장	예방의무장교 1명(군의, 수의, 의정장교)	내과 군의관 1명
반 원	일반의무병 또는 수의병 3명	일반의무병 3명
장 비	방역장비 및 장비적재차량 1대	구급차 1대

※ 반 편성수는 각 군 사령관 조정

2) 이동방역반 및 진료반은 다음과 같은 임무를 수행한다.

임 무	
이동방역반	이동진료반
• 부대주변 소독 • 역학조사 • 보건교육 및 홍보 • 방역실시 • 기타 필요사항조치	• 환자 확인 • 환자 분류 및 격리 • 환자 처리 • 예방접종 • 기타 필요사항조치, 검역

바. 예방 접종

1) 예방접종 종류 및 구분

가) 장티푸스

(1) 접종대상/시기 : 위생시설근무자, 교도소 재소자/봄

(2) 접종방법 : 0.5ml 피하주사 또는 근육주사 1회

나) 파상풍

(1) 접종대상/시기 : 입소장정 / 입영시

(2) 접종방법 : 0.5ml 피하주사 또는 근육주사 1회

다) 신증후군 출혈열(유행성출혈열)

(1) 접종대상 : 위험지역 근무자

(2) 접종방법 : 0.5ml

라) 기타 예방접종 :

군사령관이 필요하다고 인정되는 예방접종은 참모총장의 승인을 받아 실시한다.

2) 의무부대장은 예방접종후 예방접종명부(양식)를 작성 · 보관해야 한다.

3) 전시 예비군에 대한 예방접종은 평시 보건소 및 보건지소에서 실시하고 군에서는 누락자에 대해서만 실시한다.

제13절 환경보전 규정(육규 498)

1. 개 요

가. 환경이란?

1) 일반적 개념

생물을 둘러싸고 그 생존과 직접, 간접적으로 영향을 미치는 자연적 환경과 사회적 환경을 말한다.

2) 법률적 개념

가) 자연환경 : 지하·지표 및 지상의 모든 생물과 이를 둘러싸고 있는 비생물적인 것을 포함한 자연 상태

나) 생활환경 : 대기, 물, 폐기물, 소음, 진동, 악취 등 사람의 일상생활과 관련된 환경

※ 일반적으로 환경오염이라 함은 생활환경의 오염을 말한다.

나. 환경보전의 중요성

1) 오염된 환경이 인간에 미치는 영향

가) 사람의 건강을 직접 위협

나) 유형적인 재산을 파괴하거나 수명 단축

다) 산업활동의 비용 증대

라) 생물의 다양성 파괴(생물 종류 감소)

2) 오염된 환경이 지구 생태계에 미치는 영향

가) 기후변화 초래

나) 오존층 파괴

다) 유해 폐기물의 생태계 축적 및 파괴
라) 산성비 피해

다. 군이 환경보전을 해야 하는 이유

1) 대부분 주둔지가 상수원 지역에 위치하여 수질에 영향을 미침
2) 부대전술공사, 훈련, 작전시 불가피한 자연훼손 발생
3) 병영생활로 인한 환경오염 유발요인 상존
4) 자연 생태계의 보고(寶庫)인 비무장 지대 및 민통선 지역 관리
5) 국민교육 도장으로 환경의 파수꾼 육성

라. 환경오염의 주요 원인

1) 인구 증가 및 도시 집중으로 자연의 “자정능력”이 상실
2) 산업발달로 인위적인“합성물질/폐기물”이 과다 발생
3) 에너지 개발 미 사용증가로 “배기가스” 배출이 증가
4) 인간의 편리함 추구로 “물자 및 에너지 사용”이 증가

마. 생활환경의 구성요소

1) 수 질

수질오염은 물의 자연정화능력을 초과하는 오염물질이 천연의 자연수역에 인위적으로 배출되어 이용목적에 적합하지 않게 된 상태를 말하며, 오염원은 생활하수, 산업폐수 및 농·축산폐수로 구분된다.

2) 대 기

대기오염물질은 매연, 먼지, 가스 및 악취 등으로 사람의 건강상, 재산상 해를 미치거나, 동·식물의 생육 또는 자연환경에 영향을 미치는 물질로 가스상 물질과 입자상 물질로 구분된다.

3) 토 양

토양오염은 유해물질이 배출되거나 매연, 분진, 하수, 폐수와 각종 폐기물 등에 함유된 유해 화학물이나 중금속이 토양으로 유입되어 잔류하는 것을 말한다.

4) 폐기물

폐기물은 쓰레기, 연소재, 슬러지(오니), 폐유, 폐산, 폐알카리, 동물의 사체 등으로서 일상생활에서 필요로 하지 않는 물질로써 사업장 및 생활폐기물, 지정 폐기물, 감염성폐기물, 건설폐기물 등이 있다.

2. 수질 환경 보전

가. 용어의 정의

1) 오수 : 액체성 또는 고체성의 더러운 물질이 섞여 그 상태로는 사람의 생활이나 산업 활동에 사용할 수 없는 물로서 수세식 화장실, 목욕탕, 취사장 등에서 배출되는 물을 말한다.
2) 폐수 : 액체성 또는 고체성 유독 물질이 혼입되어 그 상태로는 사용할 수 없는 물로서 세차 및 정비시설, 병원, 기타 사업장 및 공장 등에서 배출되는 물을 말한다.
3) 하수 : 오수가 "도관"을 통해 흐르면서 약간의 지하수가 추가 유입된 물을 말한다.
4) 슬러지(오니) : 오·폐수 처리시설에서 발생한 "부유물"로써, "미생물" 또는 "침전물"의 집합체를 말한다.
5) 스컴(Scum) : 발효 뒤에 생기는 거품(물에 뜨는 찌꺼기)을 말한다.
6) 수변구역 : 한강·금강·영산강·섬진강 수계에 인접한 지역을 말한다.
7) 특정지역 : 상수원보호구역, 자연공원 및 공원보호지역, 지하수보전구역, 청정지역 등을 말한다.

나. 오수 정화시설

1) 오수 정화시설 설치

가) 설치대상 시설 기준

구 분	대 상 규 모	대 상
일반부대	• 일반지역 : 건축 연면적 1,600m²(485평) 이상 • 특별구역 : 800m²(242평) 이상 – 상수원 보호구역 – 특정호소 수질관리지역 – 공원보호구역	※ 면적기준 • 내무반, 취사식당, 목욕탕, 화장실, 세면장의 연면적 합계 • 창고, 정비고 시설 제외
복지시설	• 단위업소별 바닥면적 400m² (121평) 이상 시설 – 18홀 이상의 골프장 – 식품 · 관광 · 숙박업	사단급 휴양소, 복지회관
목욕시설	• 단위업소별 바닥면적 200m² (61평) 이상 시설	

※ 지자체 하수종말처리장과 연계 처리시 오수 정화시설 설치는 제외되고, 처리장과의 연계공사 비용과 부대의 위치 조건에 따라 원인자 부담금 납부

다. 폐수 처리시설

1) 설치대상 시설 기준

시설명	대상시설	범위
세차장시설	• 보병 연대급 이상 수송부 • 공병, 포병, 기갑, 통신, 정비 보수 대대급 이상 수송부	• 면적 6평 이상 • 용수 $2m^3$/일 이상

정비시설	• 정비지원대급 이상	• 면적 70평 이상
세탁시설	• 사단 신교대, 훈련소	• 용적 $2m^3$ 이상 • 용수 $1m^3$/시간 이상
서비스업	• 야전병원	• 병상 80개 이상 • X-ray 2세트 이상
사진시설	• 사진 현상소	• 필름현상 1세트 이상 • 인화기현상 1세트 이상
기타시설	• 화학 실험소 • 인쇄창, 지도창, 정비창	• 특정유해물질 폐수량 $0.1m^3$/시간 이상

2) 오 · 폐수처리시설 관리

가) 기능이 정상적으로 유지되도록 설비의 관리상태, 오니의 적정 제거여부 및 방류수의 상태 등을 점검한다.

나) 1일 처리용량이 200톤 이상인 오수정화시설은 반기 1회 이상 허가된 민간 수질측정 대행업자에게 위탁하여 방류수질을 측정하여야 하며 그 결과는 3년간 보존한다.

다) 모든 폐수처리 시설은 아래 기준에 의거 허가된 민간 수질 측정 대행 업자에게 위탁하여 방류 수질을 특정하고 그 결과를 2년간 유지한다.

대상규모	측정회수
1일 배출량 700톤 이상	주1회 이상
1일 배출량 200톤 이상~700톤 미만	월2회 이상
1일 배출량 50톤 이상~200톤 미만	2개월 1회 이상
1일 배출량 50톤 미만	반기1회 이상

라) 오 · 폐수처리 시설 자가 수질 측정은 관할 구역내 화학부대에서 지원한다.(사단 화학지원대, 군단 화학대대, 군사령부 화학제독중대)

마) 수질측정 시료는 오·폐수처리시설 유입원수와 방류수에 대하여 실시한다.

바) 오수 정화시설, 합병정화조, 정화조 연 1회 이상 내부청소를 실시한다.

※ 환경부에서 정하는 기준에 적합한 청소업체에 의뢰하여 실시

사) 오·폐수처리시설에서 발생된 오니는 탈수 후 처리하거나 지정업체에 위탁처리 한다.

아) 악취가 발산되지 않도록 하고, 파리·모기등 해로운 벌레의 발생·번식 방지

라. 갈대습지 이용 하천/부대 방류수 수질개선

1) 개 요

하천변 / 부대 방류수로 등에 정화능력이 큰 갈대를 이식하여 수질의 자연정화효과 및 미관향상

2) 추진배경

가) 자연정화능력을 초과하는 오염물질 발생으로 수질오염 심각

나) 자연보호 활동을 위한 보다 적극적인 참여 필요성 대두

※ 쓰레기 줍기 위주에서 심고 가꾸기 병행

다) 방류수 수질기준 강화로 기존정화시설에 추가적인 시설 설치 필요성 대두

라) 경제적이고 자연친화적인 수질개선 방법으로 군부대에 적합시험/외국사례를 통한 갈대의 오염물질 정화능력 확인

3) 정화원리

가) 갈 대 : 오염물질흡수, 미생물 부착의 매체, 뿌리를 통한 오염물질 여과, 줄기 / 뿌리를 이용 대기로부터 수중으로 산소를 공급으로 정화 효율성 증대

나) 모래 / 재갈 : 오염물질여과 / 흡착, 미생물 부착 매체, 갈대를 견고하게 고정

다) 미생물 : 오염물질 분해

4) 갈대와 부레옥잠 비교

구 분	갈 대	부래옥잠	비 고
식물생장	다년생(1회 식재)	일년생(매년 분주)	
처리가능기간	1~12월	5~10월	매년여름 식물분주
오염물질처리	좋 음	좋 음	
관리유지	좋 음	좋 음	부레옥잠 함수율 : 95%
생장조건	온도/ 서식처에 관계없이 성장	온도제한 : -5℃ 2일간 노출시 사멸	
동 절 기	보온대책 불필요 (효율성 다소 저조)	보온대책 필요 (온실, 난로)	

5) 설치 요령

가) 갈대 식재기간 : 3월~4일, 10월말~11월

나) 실재 대상지역 : 다단계식 간이정화조 끝 단계 부분, 간이정화조 방류부에서 하천까지의 갈대 식재 가능 배수로 구간, 소하천(실개천) 변갈대 식재 가능 구간

다) 갈대 채취 / 식재요령

(1) 식재 갈대 채취 : 주변지역에 자생하는 갈대

(2) 채취요령 : 지하경 (뿌리)이 상하지 않도록 삽 등을 이용 지하경 전체를 채취(뗏장 뜨는 요령과 동일)

〈배수로 폭이 넓은 경우 (배수로중 일부를 이용하여갈대 식재)〉

〈배수로 폭이 좁은 경우(배수로 전체를 이용하되 깊게 설치하여 우기시 범람 방지)〉

☞ 식재요령 : 자갈의 일부를 파낸 후 지하경 전체를 식재하고 자갈로 갈대 고정

☞ 수로는 오염물질에 의한 막힘을 방지하기 위하여 직경 5cm 내외의 자갈로 충진 후 갈대 식재

☞ 하천변에 식재시 식재 가능지역의 토질에 관계없이 상기방법과 동일요령으로 식재

※ 우천으로 인한 갈대보호 및 우천 후 쓰러진 갈대는 지면으로부터 10cm 부분을 절단 => 절단 후 2~3주 후면 새줄기가 나옴

6) 기대효과

가) 간이 정화시설/법정 정화시설의 보강으로 수질정화 효율성 향상
나) 기설치된 배수로를 이용하여 군부대 발생 오수 정화 가능
다) 부대 규모, 지형 등에 따라 다양하게 설치 및 적용 가능
라) 시설 설치 및 관리유지비가 불필요한 경제적인 시설
마) 적극적인 환경보전 활동을 통한 친화적 대군 신뢰도 증진

마. 수질오염 사례

1) 제00부대 아파트에서 집중호우시 정화조가 파손되었으나 보수 예산(1천여만원)이 많이 소요된다는 이유로 2년째 방치함으로써 각 가정에서 배출하는 오수를 그대로 방류하여 인근 하천 오염
2) 제00부대는 3억 8천여만원을 들여 폐수처리시설을 설치하였으나 중화제 투여량 미달 등 운용 미숙으로 정화되지 않은 폐수를 방류하였다가 행정관서로부터 20만원의 범칙금을 부과당하는 등 군 위신 실추
3) 제00부대는 군에서 보급된 제초제 「헥사지논」 을 규정대로 사용하지 않고 불법 매몰시켰다고 폭우로 인하여 유출됨으로 인근 농경지 8,000여 평을 고사시키는 등 대민 피해 유발
4) 제0000부대에서는 보일러 병이 훈련복귀 후 병력의 목욕을 위해 보일러를 가동하던 중 기름이 누유되는 것을 확인하지 않고 배수펌프를 작동하여 인근 하천을 오염시킴으로써 민원 야기
5) 제00사단 아파트 오수정화시설은 준공검사 후 문제가 발생하였으나 보수를 하지 않고 방치하다가 육본 지도방문시 지적된 후에야 시공회사 및 아파트 관리부대에서 보수하여 정상가동 시킴
6) 제00사단 00연대 보일러 병이 보일러실 바닥에 누유된 경유 200L와 배관에서 누수된 물 등 혼합물을 제거할 목적으로 배수펌프를 작동시켜 인근 하천을 오염시킴으로서 언론 보도

3. 오존경보제 시행에 따른 조치

가. 개 요

정부의 오전경보제에 따라 장병 건강 보호 및 대기오염에 의한 피해감소를 위한 군 행동지침 마련

나. 적용 범위

본 지침은 부대 일상 업무 활동과 야외 교육훈련시 적용하며, 대간첩작전 및 합동 군사 훈련 등 대규모 군사 활동시에는 적용하지 아니한다.

다. 적용 대상지역

서울, 성남, 부천, 광명, 부산, 대구, 인천, 대전, 수원, 안산, 의정부, 광주, 구리, 과천, 청주

라. 행동 지침

구 분	발령기준	폐해방지조치	오염저감조치
주의보	0.12ppm 이상 ~ 0.3ppm 미만	• 실외에서 실시되는 교육 ·훈련 및 체육행사 등은 가급적 자제 • 호흡기환자, 심신허약자 등의 환자는 실외활동 자제	불필요한 차량의 사용을 자제하고 대중교통 수단 이용
경 보	0.3ppm 이상 ~ 0.5ppm	• 실외에서 실시되는 교육·훈련 및 체육행사 등은 가급적 제한 • 호흡기환자, 심신허약자 등의 환자는 실외 활동 제한	긴급을 요하는 차량이외는 정보발령 지역에의 운행을 가급적 제한
중 대 경 보	0.5ppm 이상	• 실외에서 실시되는 교육·훈련 및 체육행사 등은 가급적 제한 • 호흡기환자, 심신허약자 등의 환자는 실외 활동 제한	긴급을 요하는 차량이외는 정보발령 지역에의 운행을 가급적 제한

※ 오존 경보제 적용대상지역 부대는 시·도 오존경보 상황실과 자동ARS망 설치 및 경보 전파체계 유지

4. 토양 환경 보전

가. 토양오염 유발시설 신고

1) 신고대상 : 유류저장시설로서의 용량이 2만L 이상인 시설 또는 주둔지 내의 유류저장시설 개별용량의 총계가 2만L이상인 시설
2) 신고시기 : 토양오염물질을 저장 사용하기 10일전까지 신고
3) 신고기관 : 관할 지방자치단체장(시장, 도지사)
※ 단, 시 도지사에 의해 권한이 위임된 경우에는 군수 또는 구청장
4) 신고자 : 독립주둔지를 유지하는 부대장(편성부대장 이상)

5) 변경신고 시기

가) 토양오염 유발시설 사용 종료 또는 폐쇠의경우
나) 민간 타기관 등에 양도, 임대 등으로 토양오염 유발시설 운영자가 달라지는 경우
다) 토양오염 유발시설에 저장하는 토양오염물질의 종류가 달라지는 경우
라) 토양오염 유발시설의 저장시설 교체 증설, 시설의 부지 및 토양오염 방지
마) 조치 변경 사실이 있는 경우

나. 토양오염도 검사

1) 토양오염도 검사 주기

가) 신설시 : 완공검사를 받은 날부터 6개월 이내
나) 시설 설치 후 5년 이하 시설 : 최초 검사 후 3년, 5년이 되는 해 각 1회
다) 시설 설치 후 5~15년 시설 : 매 2년마다 1회
라) 매년 1회 토양오염도 검사 대상시설
(1) 저장시설 설치 후 15년이 경과된 시설
(2) 자연화경보전지역, 상수원보호구역, 특별대책지역(대기보전 특별대책지역 제외)에 설치된 시설

(3) 최종 토양오염도 검사 결과 누출검사 대상 시설로 판명된 시설 단, 누출방지 조치 및 누출이 미확인된 시설로 토양오염 우려기준 미만이며, 직전 토양오염검사 결과와 비교하여 오염도가 내려간 경우에는 제외한다.

마) 수시검사

(1) 토양오염 유발시설의 사용종료 및 폐쇄시

(2) 토양오염에 의한 민원이 발생하거나 오염물질이 누출되는 경우

2) 검사기관

토양관련 전문기관 및 국립환경연구원으로부터 공인받은 기관

3) 토양오염도 검사 시행

가) 토양오염유발시설로 신고 된 시설은 토양오염 검사주기에 의해 토양 관련 전문기관에 의해 검사를 반드시 받아야 하며, 검사대상부대는 검사요구를 X-2년 전에 군사령부로 보고하여야 한다.

나) 토양오염도 검사 당해연도에는 군사령부 책임하 오염도검사 계획을 수립, 통합 집행하여 예산을 절감하여야 한다.

4) 누출검사

가) 누출검사 대상

(1) 토양오염도 검사 결과 토양오염 물질이 기준이상 검출된 시설

(2) 민원발생이나 사고 등으로 저장물질이 누출이 인정(인근토양이나 하천에서 오염물질이 육안으로 확인 되거나, 시설의 안전 등이 우려되는 경우)되는 시설

나) 검사시기 : 오염도검사 결과를 통보받는 날로부터 30일 이내 또는 누출인지시

다) 누출검사 후 조치

(1) 누출이 확인된 경우 누출된 시설을 즉시폐쇄 후, 누출부위에 대한 개·보수 등 누출방지 조치를 하여야 한다.

(2) 누출검사결과 누출이 확인되지 않은 경우는 누출이외에 흘림, 넘침 등 오염원인을 파악하여 이를 개선하는 등 필요한 조치를 하여야 한다.

라) 토양오염검사 결과보고 및 보존

(1) 토양오염검사 결과는 토양오염도 검사 및 누출검사 후 1주일 이내에 육본에 보고하여야 하며, 해당부대에서는 검사기관에서 제출한 검사결과를 5년간 보존하여야 한다.

다. 토양오염 사례

가) 군 부대 유류 저장시설 토양오염 실태 조사결과

(국립환경연구원 조사결과)

구 분	조사대상	주유부주의	시설결함	폐유관리부실	원인불량
개 소	31개소	22	4	2	2
비 고	17개부대	표토오염	누유검사요망	관리보안	누유검사요망

※ 주유·관리부실 등에 의한 토양오염 사례 과다 : 77%

나) 제00정비창은 부대가 주둔해 있는 동안 폐기물을 불법으로 매립/방치후 이전하여 2만 톤의 폐기물을 처리하는데 16억원의 예산을 낭비

다) 제00정비창은 부대에서 발생되는 폐기물·폐유를 불법으로 매립하고 부대활동간 폐유관리 부실로 인하여 오염된 토양의 복구를 위한 조사비 2천 9백만원과 복구비용 약 41억여 원의 예산을 낭비함은 물론 4차례에 걸친 언론기관 보도로 대군 불신 초래

라) 제00부대는 부대를 이전하면서 발생전 폐기물과 유류탱크등을 완전하게 처리 하지 않고 이전하여 부지를 매입한 00시의 요청에 따라 미처리된 폐기물 처리를 위하여 많은 인력과 예산 낭비

5. 폐기물 관리

가. 개 요

1) 폐기물이란?

쓰레기, 연소재, 오니, 폐유, 폐산, 폐알카리, 동물의 사체 등 사람의 생활이나 산업활동에 불필요한 물질로 더 이상의 사용가치가 없어 이를 폐기하고자 하는 물질을 말하며 재활용 물질은 제외함

2) 폐기물 분류

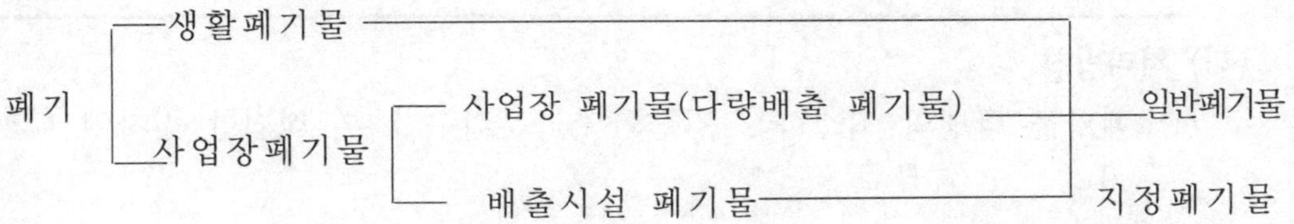

나. 폐기물의 처리

1) 일반 폐기물

가) 정 의

생활 폐기물을 의미하며, 1일 300kg미만 발생하는 부대는 종량제 봉투를 사용하여 배출하며, 수집 · 운반 · 처리책임은 시장 · 군수 · 구청장에게 있고, 300kg 이상 발생부대는 스스로 처리하거나 위탁처리업자에게 위탁하여 처리

나) 관련법규 : 폐기물 관리법

- 제12조(폐기물 처리기준)
  - ○ 환경오염이 최소화되도록 수집·운반·처리할 것
  - ○ 재활용품, 가연성, 불연성으로 구분하여 수집·운반할 것
  - ○ 폐기물 처리시설에서 처리할 것
- 제24조 (사업장 폐기물 배출자의 의무)
  - ○ 사업장안에서 발생하는 모든 폐기물은 적정하게 처리
- 제25조 (사업자 폐기물의 처리)
  - ○ 사업장에서 발생하는 폐기물은 스스로 처리하거나 폐기물 처리업자, 다른 사람의 폐기물을 재생 처리하는 자, 폐기물 처리시설을 설치·운영하는 자에게 위탁하여 처리

다) 처리방침

(1) 폐기물 발생의 최소화 / 감량화 및 분리수거 후 적법한 절차에 따라 처리

(2) 재활용 가능한 폐자원은 전량 수거하여 매각

※폐기물 처리 우선순위 : 감량⇒재활용⇒소각⇒매립

라) 처리기준

(1) 군에서 발생하는 폐기물은 최대한 감량/ 재이용, 분리수거하여 재활용

(2) 폐기물의 적정처리를 위해 효율적인 관리방안을 계획 · 수립 · 시행

(3) 수집 · 운반 · 보관 · 처리하는 과정에서 2차 오염을 방지할 수 있도록 관리

(4) 시설규모, 발생형태 등을 감안하여 분리수집이 용이한 장소에 분리 수집장을 설치 · 운영

(5) 분리 수집된 재활용 가능자원은 스스로 재활용하거나 재활용 하고자 하는 자에게 매각

(6) 음식물쓰레기 발생량이 최소화되도록 노력하고, 자원화 방안 강구

2) 일반 폐기물 처리 절차

가) 처리기준

(1) 생활 폐기물 : 300kg/일 발생부대는 지자체에 사업장 폐기물 배출자 신고 서식을 사용하고 소각처리 하거나, 위탁 처리하는 등 적법한 절

차에 따라 처리하며, 간이소각 및 불법매립은 금지하고, 300kg/일 미만 발생부대는 규격봉투에 담아 처리(수집 · 운반은 지자체 책임)

(2) 소각 잔재 : 군에서 발생하는 소각잔재는 대부분이 일반 폐기물로서 적법한 절차에 따라 생활쓰레기 처리비로 처리(지정폐기물이 아님)

(3) 대형 폐기물(가구, 냉장고 TV등) 처리권한이 있는 부대에서 지자체와 협조하여 생활쓰레기 처리비로 처리

(4) 음식물 쓰레기

(가) 1일 평균 100kg이상 발생부대는 감량화 처리

(나) 감량화 기기는 최대한 활용하고, 미보유 부대는 농가지원을 원칙으로 하며, 기타부대는 종량제 봉투를 이용하여 처리

(5) 폐자원 (재활용품)

(가) 대상품목 : 종이류, 캔류, 공병류, 합성수지류, 폐우유팩, 폐카트리지 등 재활용이 가능한 품목

(나) 수집 및 매각 : 쓰레기 분리수거 및 매각이 용이한 단위 부대 별로 부대장 책임하에 수집 · 매각 (처리 애로부대는 통합처리)하며, 처리는 한국 자원 재생공사, 재향군인회, 폐기물 재생 처리업자 등에 매각 후 현황을 유지하며, 매각대금은 수집부대장 책임하에 장병복지와 관련된 필수품, 분리 수거 용기, 캔압축기 구입등에 활용

※ 폐기문서 및 고철류 등, 경제성이 있는 군폐물자는 매각 후 국고에 반납 · 처리

(6) 유해성 폐기물

(가) 폐건전지 (연간 5억개 발생) : 수은 / 산화은 폐전지는 자원 재생공사에 처리하고, 리튬전지는 별도의 지시가 있을 때까지 지원시설에 반납하여, 기타 전지는 발생부대에서 종량제 봉투에 담아 처리

(나) 폐형광등 (연간 1억개 발생) : 수은 함(30mg/개)이 높아 처리방안 검토중(환경부)이며 지침 하달시까지 생활폐기물로 발생부대에서 처리

(다) 폐타이어(연간 2,000만개 발생) : 사용을 지양하고, 현재 사용중인 폐타이어 폐기물로 발생시는 수거 · 보관 후, 상급부대 통제하 주기적으로 재활용 시설에 위탁처리

※ 현실태 : 시멘트 소성로에 유연탄 대체용으로 재사용하고 있는 (주) 쌍용양회에 무상으로 위탁처리

다. 폐기물 관리법 위반 사례

가) 00부대에서는 폐통신장비 부품 및 폐가구 5대 분량을 인근 공터에 무단 투기하였다가 행정관서의 시정통보를 받고 수거

나) 00부대는 부대를 이전하면서 발생한 쓰레기 3대 분량을 야산에 매립하였다가 지난 8월 집중호우시 매립한 쓰레기가 인근 마을을 오염시켜 물의야기

다) 00부대 군인 아파트는 쓰레기 분리수거함 미설치, 쓰레기 종량제 봉투 미사용, 고장난 소각로 방치 등 전반적으로 환경 관리상태가 부실하여 군 위상 실추

라) 00부대는 지자체에서 쓰레기 반입을 기피한다는 이유로 부대내에서 불법으로 매립, 소각을 하다 환경 감시단체에 적발되어 고발조치

마) 00부대는 적출물, 잔반 등 부대에서 발생하는 쓰레기 간이소각 및 처리하는 과정에서 비위생적으로 관리하여 민원 야기

6. 자연 환경보전

가. 관련법규

- 자연환경 보전법 제2조(원칙)
  자연 생태계는 인위적인 훼손과 오염으로부터 보호되어야 하며,훼손된 자연 생태계는 그 원래의 기능이 발휘되도록 복원되어야 한다.
- 자연환경 보전법 제8조 (자연보호 운동)
  정부는 자연보호원등이 추진도록 지원하고 모든 국민은 자연보호운동에 적극 참여하여야 한다.
- 환경영양 평가법 시행령 제2조 (환경영향평가 대상사업 및 범위)
  33만m^2이상 국방, 군사시설의 사업, 활주로 길이 500m이상의 비행장, 30만m^2이상의 체육시설 등은 환경영향 평가를 실시하여야 한다.
- 국무총리 훈령 제299호
  관계부처에서 각종개발사업에 대한 개발 예정지구 지정, 기본계획수립, 실시계획 승인 등과 관련된 사업은 사전 환경성 검토를 받아야 한다.
- 국방부 훈령 제538호 제5조
  자연환경은 원래대로 보존되어야 하며, 교육훈련, 각종 공사시 자연환경이 훼손되지 않도록 필요한 조치를 하여야 한다.

나. 군 자연 환경보전 지침

1) 국토 청결의 날 행사

가) 시 기 : 부대여건 고려, 월 1회
나) 내 용 : 강, 하천, 산, 계곡 및 부대주변 자연정화활동

2) 1부대 1산 1하천 가꾸기 운동

가) 부대주변 산, 강, 하천을 책임 정화구역으로 선정·관리
나) 지역선정은 지방 행정관서와 연계하여 선정

3) 자연보호 활동

가) 야생동물 보호를 위한 올무, 덫, 함정 등 제거
나) 야생동물 보호를 위한 분재, 수목절단, 괴목수집 행위 등 금지
다) 자연 휴식년제 실시지역 및 생태계 보존지역 출입지양
라) 산림지역내 취사행위 금지/쓰레기 수거 및 폐진지 등 철거
마) 산불 예방 조치 : 육규 477 방화규정 참조

4) 진지공사/작전 활동시 생태계 보전 활동

가) 부대활동 계획단계에서 환경오염 저감대책수립
나) 폐타이어 사용 제한/ 폐진지 복원
다) 사계청소시 수목절단을 지양하고 가지치기 위주 실시
라) 진지 /교통호 작업시 가급적 수목 회피
마) 훈련 /작전 종료 후 쓰레기 수거 및 훼손지복구

5) 민통선 이북지역의 생태계 보전 활동

가) 시설공사시 환경영향평가 또는 환경성 검토
나) 시설 철거시 폐기물 처리 및 토지형상 복구
다) 미상용 시설/ 장비의 방치 금지
라) 주요 동·식물 서식지 파악/보호대책 시행
마) 수색정찰, 자연 정화활동간 애상 동·식물 보호를 위한 올무, 덫, 함정 등 제거

환경보전 국민생활 수칙

우리가 살고 있는 이 땅은 예로부터 금수강산이라 하였습니다. 그러나 오늘날 산업의 발달과 도시화로 인하여 이 강산은 날로 오염되고 우리의 생활환경마저 악화되어 가고 있습니다. 우리 삶의 보금자리인 이 터전이 온갖 공해로부터 병들지 않도록 함으로써 자손만대까지 건강하고 복된 삶을 누릴 수 있도록 다함께 다음사항을 지켜 나갑시다.

1. 물과 전기를 아껴 쓰는 습관을 생활화합시다.
2. 합성세제와 1회용 생활용품은 되도록 적게 사용합시다.
3. 쓰레기는 규격봉투에 담아 버리고, 다시 쓸 수 있는 것은 잘 골라 자원활용에 보탭시다.
4. 음식물은 적당하게 준비하고, 음식찌꺼기는 물기를 짜낸 후 버립시다.
5. 고무, 비닐 등 독한 냄새를 내는 물질을 함부로 태우지 맙시다.
6. 승용차 사용을 줄이고, 되도록 대중교통을 이용합시다.
7. 이웃에 피해를 주는 소음을 내지 않도록 합시다.
8. 하천에 쓰레기를 버리거나, 세차 등 물을 오염시키는 행위를 하지 맙시다.
9. 낚시, 등산시에는 도시락을 이용하고, 각종 음식찌꺼기, 비닐류, 카바이트, 빈병, 빈 깡통 등의 쓰레기를 처리할 수 있는 곳까지 되가져 옵시다.
10. 풀 한포기, 새 한 마리도 우리의 가족처럼 아끼며 보호합시다.
11. 세탁시에는 인이 없는 합성세제를 적정량 사용합시다.
12. 분뇨를 하수구나 하천에 버리지 맙시다.
13. 정화조는 1년에 한번 이상 보수점검 및 청소를 합시다.
14. 하수구에는 침전조를 설치하고 정기적으로 청소합시다.
15. 식기, 냄비 등에 묻어 있는 기름을 종이로 닦아낸 후 설거지를 합시다.
16. 독극물이나 전기를 이용하여 물고기를 잡지 맙시다.

제14절 재물조사 규정(육규 422)

1. 개 요

가. 재물조사 목적

1) 일정기간 동안 사용자가 사용중 손망실한 재산을 파악
2) 일정기간 동안 재산거래(수령, 반납 등)간 착오 또는 누락된 재산을 파악하여 재수입 계정
3) 일정기간 동안 변경된 소요인가 기준량을 재입력하여 보유량과 비교함으로써 재산 보유수준을 파악하고 초과 부족재산은 타부대로 신속히 재물 조정하여 군수준비태세를 완비하고 조달 및 예산 편성 계획에 반영하는데 있다.

나. 재물조사 범위

1) 장부수(수작업 전산재산대장)에 대한 실제 보유재산의 과부족 조사
2) 보유재산의 질정 및 소재파악 분석
3) 미등록 재산파악 및 수입계정
4) 소유 또는 인가에 대한 가용재산의 부족판단
5) 거래간 발생되는 착오 및 누락 재산의 파악 및 수입계정

다. 재물조사의 종류

1) 전산 재물조사

육군의 군수품을 수불 계정하는 전 부대가 매월 말 시점을 기준으로 1개월간에 거래된 내용에 대하여 전산적으로 결산을 실시하여 거래간 착오/누락 재산을 정확히 파악하는 것(일명 월말 전산재산결산제도라 칭한다.)

2) 실셈 재물조사

육군의 군수품을 직접 사용하고 관리하는 전 부대가 일정 시점을 기준으로 일정 기간동안 거래내용에 대하여 실셈을 통해 장부상재산(수작업대장, 전산대장)과 실보유 재산을 정확히 파악하는 것으로 손망실 여부를 확인하는 제도

라. 재물조사 주기 및 시기

1) 주기

가) 전산 재물조사 : 월 1회

나) 실셈 재물조사 : 수시

2) 시기

가) 전산 재물조사 : 매월 말

나) 실셈 재물조사 : 필요시 / 일상적 일품검사 시

마. 재물조사 품목

1) 전산 재물조사

전산 재산대장에 기록 계정된 전 품목을 대상으로 실시함을 원칙으로 하되 재물조사 종류별 품목만 지정하여 실시할 수 있다.

2) 실셈 재물조사

전 보유품목을 대상으로 실시하되 선정된 특정품목만 지정하여

2. 실셈 재물조사 계획 / 실시

가. 실셈 재물조사의 구분

1) 일일 실셈 재물조사

가) 사용자가 일일단위로 보유하고 있는 물품을 실제로 조사하는 것으로서

일명 일품검사 및 일일 장비검사라 한다.

나) 창고를 보유하고 있는 관리자가 일일단위로 보유하고 있는 물품을 실제로 재고조사 하는 것으로서 일명 창고 재고조사라 한다.

2) 수시 실셈 재물조사

가) 군수품을 관리하고 있는 부대별로 지휘관, 물품관리관, 출납관 및 운용관 교체시 또는 특정 품목에 대한 재물조사 사유가 발생시 실시하는 것으로 일명 특별 실셈 재물조사라 한다.

나) 국방부에서 통제하여 2년마다 실시하는 전군 재물조사는 특별실셈조자 개념에 입각하여 실시한다.

나. 수시 실셈 재물조사 계획 / 실사

1) 단위 부대장(중대장, 포대장), 물품출납관 및 운용관이 교체시에는 교체 1~3주전에 차 상급 지휘관 책임 하 보유중인 전 품목에 대하여 반드시 실셈 재물조사를 실시한다.

2) 편성부대장 교체 시「실셈 재물조사」는 교체 2~3주전에 차상급 지휘관 책임 하 보유중인 전 품목에 대하여 반드시 실셈 재물조사를 실시한다.

가) 실셈 재물조사 실시제대 : 모든 편성부대

(1) 보병여단/연대 : 부대규모 고려 대대장 교체시 대대별 재물조사 실시

(가) 여단장/연대장 교체시는 직할(중)대를 대상으로 실시

(나) 대대 재물조사 후속조치는 편성부대장인 여단장/연대장 책임 하 실시

나) 실시시기

(1) 편성부대 지휘관은「지휘관 보직종료에 따른 예방 감별 활동」시 병행 실시할 수 있도록 일정을 확인하여 실셈 재물조사 계획을 수립하여 시행한다.

(2) 실셈 재물조사는 주간 교육훈련예정표에 반영하여 실시한다.

(3) 단, 6개월 이내 실셈 재물조사(수시/특별)를 실시한 경우는 기실시한 재물조사로 대체 할 수 있다.

다) 단위부대 임무

(1) 상급부대 계획에 의거 세부행사 시간계획 수립 및 주간 훈련

(2) 행사실시/결과보고

다. 실셈 재물조사의 사후처리

1) 일품검사나 일일창고 재고조사 한 후

가) 장부상 부족재산은 손망실 보고서를 작성, 자원관리 부대급에 보고 한 후 기타 보급거래문서(육양 4-1-3)에 작성하여 입력한다.

나) 초과재산은 인가에 초과일 경우는 상급부대에 반납하고, 장부상보다 초과일 경우에는 재산수입계정을 하며 이때 반납증을 작성하여 전산입력

다) 일품검사 및 일일 창고 재고조사하고 사후처리 결과를 월단위로 종합하여 전투지원태세 확인의 날 행사시 확인 및 결산한다.

2) 수시 재물조사시 사후처리도 일품검사시 동일한 요령으로 실시한다.

3) 재산대장 기록 정리

가) 편성부대/단위부대 재산대장상에 실시일자와 보유량을 기록하고 확인란에 물품출납관이 날인하며 비고란에는 재물조사 종류를 아래와 같이 표기한다.

※ 실셈 재물조사 : 실재조사

라. 질정별 분류 기준

1) 물자류

분 류 기 준		내 용
A	신 품	• 사용하지 않은 완전한 상태의 물자
B	중 고 품	• 사용중인 물자
C	요 정 비	• 수리후 사용가능 상태의 물자
D	폐 품 (반납대상)	• 원가의 65% 이상 수리비가 요하는 물자

2) 장비류

분류기준		내 용
A	사 용 가	• 신품에 준한 상태의 장비 • 중량물(고가부속)을 한번도 교체하지 않은 장비 • 신완전 가동상태로서 장비수명의 25% 이내의 장비
B	사 용 가 (중 고)	• 중량물(고가부속)을 교체한 장비 • 완전 가동상태로 장비수명의 26% 이상 사용한 장비 • A급 장비로서 소결함 수리예정 장비 • 사용중이던 도입장비
C	요 정 비	• 불가동 장비로 수리비가 경제적 수리 한계를 초과하지 않는 장비 • 가동은 되나 임무수행 불가한 장비 • 순환 정비중 장비
D	폐 품 (도태상태)	• 폐처리 및 도태대기 장비 • 원래의 목적대로 사용할 수 없는 상태의 장비 • 수리비가 경제적 수리한계를 초과하는 장비

제15절 손망실처리 규정(육규 911)

1. 개 요

가. 용어의 정의

1) 금전 : 세출금, 세입금, 유가증권 및 세입, 세출의 현금

2) 물품 : 군수품 및 시설물로부터 철거한 것

3) 망실 : 재산기록에는 있으나 현금 또는 현품이 없는 것으로 양의 감소 또는 물체가 멸시된 것
4) 손망실 : 금전, 물품 및 회계서류의 망실, 훼손 또는 손해가 발생한 것
5) 손망실 보고서 : 회계적 공무원이 작성하여 변상책임 여부를 규명하는 근거문서가 되며 손망실된 금전 또는 물품의 수량을 조정하는 증빙서류

나. 위임전결 한도액

1) 한도액(건당)

처리권자	금 전	물 품	
		통상품	전비품
C급	5만원 이하	300만원 미만	300만원 미만

2) 처리권자

가) C 급 : 편성상 준장급 이상 장관급 직위 부대장(사단급)

3) 처리계통

각급 처리권자는 위임전결 한도액 범위내에서 예·배속 부대에 대한 손망실을 처리한다.

2. 변상 책임

가. 형사책임과 변상책임

1) 손망실에 따르는 변상책임은 처벌수단으로 종결지을 수 없다.
2) 회계직 공무원에게 귀속될 책임 중 형사책임(징계포함)과 변상책임과는 별개로써 형사 책임 추궁 여부에 의하여 변상책임이 좌우될 수 없다.

나. 작성 및 보고책임

1) 저장중인 물품

저장하고 있는 물품을 손망실한 때 출납 공무원(주임, 대리, 또는 분임)이 손망실 보고서를 작성하며 이에 대한 책임은 물품 관리관에게 있다.

2) 사용중인 물품

사용하기 위하여 보유중인 물품을 손망실한 때 물품 운용관은 보고서를 작성하며 이에 대한 책임은 물품 관리관에게 있다.

3) 관급 물품

가) 보고기한

(1) 손망실 보고서는 사고가 동시에 발생하였을지라도 금전, 전비품, 통상품으로 각각 구분작성

(2) 손망실(발생부대)이 확인되면 다음 기일내에 처리권자에게 보고한다.

① 수송간 송망실 : 60일 이내

② 기타 손망실 : 30일 이내

(3) 지연보고 시에는 기관(부대)장 지연 사유서를 붙임하여야 하며, 60일 이상 지연시는 감찰조사 보고서를 붙임한다.

나) 작성 부수

(1) 전비품

① 건당 300만원 미만 : 2부

② 건당 300~500만원 미만 : 2부

③ 건당 500만원 이상 : 3부

(2) 통상품

① 건당 300만원 미만 : 2부

② 건당 300~500만원 미만 : 2부

③ 건당 500만원 이상 : 4부

다. 손망실 보고서 작성요령

1) 전비품, 통상품의 별도작성동일 손망실 및 동일 회계직 공무원의 손망실 사건이라도 전비품과 통상품은 나누어 작성한다.(전비품은 국방부, 통상품은 감사원 심의)

가) 전비품

(1) 군 기밀에 속하는 물품(비밀문서, 비밀지도 및 비밀 연구기재 포함)

(2) 군사보안 시설이나 지역에 보관된 물품

(3) 전투장비 및 전투 지원장비와 이들의 운용에 필요한 보조장비, 수리부속

나) 통상품 : 전비품을 제외한 군수품

2) 손망실 처리시 보험관계 중대장 임무수행시 손망실 처리를 하게 될 경우 중대에서는 보험 수혜를 위해 1년 3,000원을 부대운영비에서 보험료로 납부하면 150만원까지 보험회사에서 손망실 변상금액을 지불하도록 되어있다.

3. 심사조치

가. 처리권자의 조치 : 위임전결

1) 손망실 보고서에 대하여 필요에 따라 아래와 같이 조치할 수 있다.

가) 변상 조치

나) 시정 및 시정 납입조치

다) 징계 요구

라) 개선요구 : 관계 지휘관/기관의 장에게 제도/운영의 개선요구(건의)

마) 무책

4. 물품회계직 공무원의 관직구분

구 분	대 상
물품 관리관 (주임, 분임, 대리)	○ 군수품관리(계획, 수립, 출납명령, 운용, 관리)를 위하여 물품 출납공무원과 물품 운용관을 지휘 감독하는 명령기관 • 주임 물품관리관 : 군(사)단의 군수참모 • 분임 물품관리관 : 연대장, 포병대대장, 군(사)단 직할대대장, 영관장교가 지휘하는 독립중대장
물품 출납공무원 (주임, 분임, 대리)	○ 물품 관리관으로부터 물품을 수령, 보관, 불출재산계정에 관한 행위와 이에 따른 회계, 기록서류 유지를 위임받은 자 • 대상 : 장교, 준사관, 6급 이상의 군무원 • 주임 물품출납관 : 연대의 군수주임 • 분임 물품튤납관 : 연대의 창고장
물품 운용관 (대리)	○ 물품 관리관으로부터 물품사용 및 관리에 관한 업무를 위임받은 사용기관 • 대상 : 중대 행정보급관 • 위관장교가 지휘하는 독립 중대의 경우 (시설을 직접거래시) - 해당 중대장이 물품관리간 업무를 수행 - 물품 출납공무원, 물품 운용관은 중사이상 부사관 및 8급이상 군무원으로 임명가능 ※ 물품 사용공무원 사용공무원은 "변상" 판정시 보험혜택 을 받을 수 없다.
물품사용공무원	○ 장교, 단기회사 이상 부사관은 자기 개인에게 지급된 물품에 대하여는 본인이 사용자로서 전적인 책임을 진다. ※ 물품 사용공무원은 "변상" 판정시 보험혜택을 받을 수 없다.
대리, 분임, 보조자	○ 대리자 : 물품회계직자의 유고시(출장, 휴가, 교육 등) 업무를 대행하는 자 ○ 분임자 : 회계사무의 일부 또는 전부를 관장(분장)하는 자 ○ 보조자 : 회계사무의 일부를 처리하는 자(수령, 불출, 검수 계원 등)

5. 처리 계통 및 위임 한도액별 작성 부수

구 분 / 처리계통	건당한도액	작성부수	비 고
군 단	• 물품(통상품, 전비품) : 400만원이하 • 금 전 : 10만원이하	2부	발생부대, 군단 (군사는 군단에 기준)
여 단	• 물품(통상품, 전비품) : 300만원 이하 • 금 전 : 5만원이하	2부	발생부대, 여단 (감찰미편제 부대는 군수처)
발생부대			손망실보고 • 일반손망실:30일이내 • 수송간손망실:60일이내

6. 보고 방법

가. 원 본 : 1부는 필히 원본을 보고

나. 기타부수 : 부본(사본)을 보고시는 필히 작성관의 확인날인 조치

다. 확인날인 (예문)

위 사본은 원본과 상위 없음을 확인함 2006. 3. 24일 oo중대장대위 o o o (인)

1) 확인위치 : 손망실보고서 표지 여백에 확인날인

* 손망실 원본상의 증거서류가 부본(사본)일 경우에도 상기 서식에 의거 관계관의 명으로 확인날인 조치

7. 보고지연시 조치

- ○ 해당 부대장 명의로 "지연이유서"를 작성첨부 (관인날인)
- ○ 감찰부에서 확인결과 관리 / 근무태만으로 지연보고한 사실이 확인되면 관계관을 문책하고 그 결과를 첨부(징계 처분장, 경고장 등)

8. 손망실 작성책임

유 형 별		보 고 책 임	작 성 책 임
저장중인 물품		물품 관리관	물품출납 공무원 (주임, 대리, 분임)
사용중인 물품 (보관, 공용, 개인지급)		분임물품관리관	물품운용관
사망 / 탈영자 망실		분임물품관리관	물품 출납공무원
관급물품		관급담당 분대장	물품 출납공무원
수송간	하수부대 미계정	물품 관리관	하송부대 물품 출납공무원
	하수부대 계정후	물품 관리관	하수부대 물품 출납공무원
포장내 결함		수송간 손망실에 준함	물품 수령 책임자
금 전		재무관	금전출납공무원

9. 전비품/ 통상품 구분

가. 전비품

1) 군사 기밀에 속하는 물품(비밀문서, 비밀지도, 비밀연구기재 포함)
2) 군사보호 시설이나 지역에 보관 배치된 물품
3) 전투장비 및 전투지원 장비와 운용에 필요한 보조장비(탑재장착장비) 수리부속 및 탄약

4) 전투장비

분 류	세 목
화 력	개인화기, 공용화기, 화포, 함포, 수중병기, 함정병기류와 이에 관련되는 장비 및 통제기기
특수무기	방공유도무기, 대공화기, 대전차유도무기, 지대지무기류의 방공통제 장비류 (지상 및 함상)
기 동	전차, 장갑차, 토우차, 수륙약용장갑차, 사격통제차량
일 반	발연기, 화생방장비, 지뢰제거장비
통신전자	무선통신기, 전파기기, 다중통신장비, 항법장비, 레이더 장비, 음향탐지장비, 전자전장비 등
함 장	함정, 소해장비, 수뢰장비, 항해광학장비, 수중공격 및 항망방어장비 등
항 공	항공기, 직접 지원장비, 무장 장착장비 등
기 타	기타 전투장비에 준하는 것으로서 국방부장관이 감사원장과 협의하여 정한 전투용장비 및 기재

5) 전투지원 장비

분 류	세 목
기 동	트럭(지휘정찰, 작전연락, 장비가설, 병력 및 물자수송용), 견인차, 구난차, 통신가설차, 중장비 운반차 및 기타 군용트럭과 트레일러 등
일 반	도하장비류
통 신 전 자	전화기(야전용), 전신기, 교환장치, 전화중계장치, 반송장치, 중계대, 시험대, 원격조정장치 및 반송전화 단말장치
화력, 특수무기, 통신전자, 기동, 일반, 항공, 정밀측정	전투장비의 검사시험 및 정비용 장비
기 타	기타 전투지원장비에 준하는 것으로서 국방부장관이 감사원장과 협의하여 정한 전투지원용 장비 및 기재

나. 통상품

1) 전투장비 / 전투지원 장비를 제외한 전구수품은 통상품으로 분류

저자소개

안태호

국민대학교 정보통신공학 석사

광운대학교 방위사업학과 박사

방위사업청 전술정보통신사업(TICN) 총괄담당관

방위사업청 차기군위성사업 총괄담당관

육군 정보통신병과 대령 예편

현 경북도립대학 전문사관 교수

이영구

육군 화학병과 중령 예편

현 경북도립대학 전문사관 교수